结构间相互作用减震参数优化

孙黄胜　刘祺晖　黄一杰　著

同济大学 出版社
TONGJI UNIVERSITY PRESS

内 容 简 介

结构振动控制技术能够显著提高结构的地震安全性,减轻结构地震震害。其中,被动控制方法技术成熟、设备简单、可靠性高,广泛应用于建筑结构、桥梁等领域,并取得了良好的社会效益和经济效益。本书主要介绍相邻结构减震优化连接参数和连廊结构优化连接参数。

本书主要内容分为三大部分,一是阻尼装置连接两相邻结构减震参数优化分析,二是阻尼装置连接连廊与双塔楼结构减震参数优化分析,三是阻尼装置连接三相邻结构减震参数优化分析。在黏弹性阻尼器和黏滞阻尼器、线性阻尼器和非线性阻尼器情况下,基于多目标、多参数得到了最优连接刚度、连接阻尼参数及相应的减震系数。书中提供了详细的数据表格,便于工程应用时查取,供工程师在结构减震设计时参考。

图书在版编目(CIP)数据

结构间相互作用减震参数优化 / 孙黄胜,刘祺晖,
黄一杰著. —上海:同济大学出版社,2021.11
　ISBN 978-7-5608-9986-2

Ⅰ. ①结⋯ Ⅱ. ①孙⋯②刘⋯③黄⋯ Ⅲ. ①建筑结
构—抗震结构—参数分析 Ⅳ. ①TU352.1

中国版本图书馆 CIP 数据核字(2021)第 226818 号

结构间相互作用减震参数优化

孙黄胜　刘祺晖　黄一杰　著

责任编辑：李　杰
责任校对：徐逢乔
封面设计：陈益平

出版发行　同济大学出版社 www.tongjipress.com.cn
　　　　　(地址:上海市四平路 1239 号　邮编:200092　电话:021-65985622)
经　销　全国各地新华书店、建筑书店、网络书店
排　版　南京文脉图文设计制作有限公司
印　刷　常熟市华顺印刷有限公司
开　本　787 mm×1092 mm　1/16
印　张　13.75
字　数　343 000
版　次　2021 年 11 月第 1 版　2021 年 11 月第 1 次印刷
书　号　ISBN 978-7-5608-9986-2
定　价　88.00 元

前　言
FOREWORD

随着科学技术的发展,结构振动控制技术已得到广泛应用,相较于传统的抗震设计,结构振动控制技术可显著提高建筑物(或构筑物)的地震安全性。其中,结构减震被动控制技术比较成熟,已成为抵御地震破坏的一种有效方法。目前已开发出了多种类型的隔震支座、消能器等装置,供工程师在减震设计时选择。

现代城市建筑密度越来越大,建筑物之间的间距不断减小,在强震作用下建筑物间有可能发生碰撞,从而导致建筑物受损。采用减震装置连接相邻建筑物,既可以避免结构发生碰撞,又可以减小结构地震反应。此外,连廊连接多塔楼的连体结构越来越多,为了释放连廊的温度应力,尤其是大跨度连廊连体结构,一般采用柔性连接方式连接连廊与塔楼结构,既可以释放温度应力,还可以减小结构地震反应。采用减震连接装置连接多结构,利用结构之间的相互作用来消耗地震能量,可以减小结构的地震反应,而连接装置参数的选择则成为减震设计的关键。

本书是作者在总结多年科研成果的基础上撰写而成,旨在提供相邻结构、连廊结构减震优化设计参数,供工程师在设计时参考,包括两相邻结构或三相邻结构间连接黏弹性阻尼器或黏滞阻尼器的最优连接刚度及连接阻尼参数、连廊连接双塔楼结构的最优连接刚度及连接阻尼参数。书中还提供了一些算例,便于确定连接装置参数。

本书撰写突出以下特点:①介绍优化分析理论,总结了前人的研究成果并加以改进,以数据表格的形式提供详细的设计参数;②提供基于多目标、多参数情况下的最优设计参数,方便工程应用参考;③考虑多层及高层结构、线性及非线性阻尼装置情况下的设计参数。

本书共分为8章,第1章绪论扼要介绍相邻结构和连廊结构减震应用背景;第2章介绍黏弹性阻尼器连接两相邻结构减震参数优化,考虑结构频率比、质量比、阻尼比的影响,通过简化模型分析提供多目标下的理论优化参数和实用优化参数;第3章介绍黏滞阻尼器连接两相邻结构减震参数优化,亦考虑了结构频率比、质量比、阻尼比的影响,提供各控制目标下的最优连接参数值;第 4 章介绍两相邻结构多自由度体系减震参数优化,通过多个数值算例指出了简化模型和多自由度体系间优化参数的差别及影响;第 5 章介绍连廊连接双塔楼结构减震参数优化,提供对称或非对称连接情况下的最优连接刚度及阻尼参数值,指出了多层及高层塔楼情况下连廊位置对优化参数的影响;第 6 章介绍黏弹性阻尼器连接三相邻结构减震参数优化,提供了多工况、多目标、多参数情况下的优化连接刚度及连接阻尼参数值;第 7 章介绍黏滞阻尼器连接三相邻结构减震参数优化,亦提供了优化连接阻尼参数值;第 8 章介绍三相邻结构减震算例在地震作用下的减震效果,提供了优化参数取用方法,并考虑了线性和非线性不同类型阻尼器的应用。本书内容安排从理论到应用逐步递进,尽量接近工程实际并方便工程应用参考。

在本书撰写过程中,作者学习并参考了国内外大量论著,在此谨向原著者致以诚挚的谢意和敬意。

本书由孙黄胜统稿,硕士研究生刘祺晖在稿件编辑、计算、绘图等方面做了大量工作,第 6～8 章为刘祺晖在孙黄胜指导下完成的硕士论文的部分内容。黄一杰撰写了第 1 章和第 8 章的部分内容。其余章节内容由孙黄胜撰写。所有计算程序均由孙黄胜编写并严格校核。

感谢国家自然科学基金项目(51978389)的资助和山东科技大学的资助。

由于作者水平有限,书中难免存在纰漏,敬请读者批评指教,作者不胜感激。

孙黄胜

2021 年 10 月
于山东科技大学

目 录
CONTENTS

第1章 绪 论

1.1 地震灾害

地震是一种自然现象,全世界每年都会发生大小地震约 500 万次,其中破坏性地震有十几次。大的地震会造成地裂、地陷、山崩等地表破坏,建筑物和构筑物损坏、倒塌以及火灾、水灾、海啸等次生灾害。每次强烈地震都会给人类带来巨大的灾难和损失。例如,1976 年中国唐山发生 7.8 级大地震,在短短 10 多秒时间内将一座百万人口的工业城市夷为平地,24 万人丧生,是近代世界上最惨痛的一次地震灾害;1995 年日本阪神大地震,使神户突然间横墙断壁,死亡 5 000 多人,30 万人无家可归;1999 年中国台湾集集地区发生7.6 级地震,造成 13 000 多幢建筑物倒塌,死亡 2 400 多人,10 万人无家可归;2001 年印度古吉拉特邦发生 7.9 级地震,造成 2 万多人死亡,55 000 多人受伤,财产损失高达 45 亿美元;2001 年秘鲁发生 7.9 级地震,30% 的历史建筑遭到破坏,70 多人死亡,1 200 多人受伤;2004 年印度尼西亚苏门答腊岛以北海域发生 8.7 级地震,地震引发高达几十米的巨大海啸横扫印度洋,波及东南亚多个国家并造成 16.4 万人死亡和巨大的经济损失[1]。2008 年5 月 12 日,中国汶川发生 8.0 级地震,共造成 69 227 人死亡,374 643 人受伤,17 923 人失踪,是新中国成立以来破坏力最大的地震,也是唐山大地震后伤亡最严重的一次地震。

随着城市人口的不断增长和土地资源的持续紧张,建筑密度不断增大,结构之间的距离减小,在强烈地震作用下,相邻建筑有可能发生相互碰撞。另外,建筑结构设置变形缝后,在地震作用下,变形缝两侧的结构亦可能发生碰撞破坏。1985 年墨西哥发生 8.1 级强震,8 000 幢建筑物受到不同程度的破坏,市中心严重损坏或倒塌的建筑中,超过 40% 发生了碰撞[2]。1989 年美国洛马•普雷塔大地震,大量建筑在地震作用下由于结构相互碰撞而损坏或倒塌[3]。在世界历史上的其他大地震中,如 1906 年美国旧金山大地震、1923 年日本关东大地震、1960 年智利大地震、1976 年中国唐山大地震、1994 年美国洛杉矶北岭大地震、1995 年日本阪神大地震等,均有部分建筑物因发生相互碰撞而导致损坏。

此外,由于建筑造型和使用功能的需要,现代城市出现了很多连廊连接双塔楼或多塔楼的连体结构(图 1.1)。相较于单体结构,连体结构设计主要有两个问题:①温度作用。尤其是对于跨度达到几十米甚至一百多米的大跨度连廊连体结构,一般采用竖向刚度较大的钢桁架连廊。在温度变化作用下,若采用刚性连接或铰接连接方式,会产生巨大的温度内力。②地震作用。连廊一般连接于塔楼顶部或中部位置,当跨度较大时其质量亦较大,地震作用也很大,节点受力复杂。因此,选择合适的连廊与塔楼的连接方式是解决上述问题的关键。目前有强化连接和弱化连接两种方法,可分为刚性连接、铰接连接和柔性连接等多种方式。刚性连接使得连接处应力复杂,历次地震中也出现了连廊连接破坏现象,如 1995 年阪神地震和 1999 年台湾集集地震中,许多架空连廊发生连接节点破坏和塌落现象,破坏较为严重。

(a) 上海国际赛车场新闻中心

(b) 临沂市文化广场

(c) 某酒店大楼

(d) 某高校教学楼

图 1.1　连廊连体结构

1.2　结构振动控制

地震造成的人员伤亡和财产损失主要是由建(构)筑物的损坏、倒塌引起,因此,提高建(构)筑物的抗震能力已成为工程设计人员的目标。传统的结构抗震设计方法是利用结构自身的承载力和变形能力来抵御地震作用,而在强烈地震作用下,结构会产生剧烈的震动反应,不可避免会产生开裂、屈服甚至倒塌等破坏。现代建(构)筑物结构越来越复杂,造价越来越高,地震作用下一旦出现严重破坏或功能中断,损失会非常大。而且,有些建筑物要求在地震时不能出现严重损坏,例如政府办公楼、医院、学校等,还有些建筑物内仪器设备价值昂贵,要求地震时不能出现较大的振动反应。因此,传统的抗震设计方法已不能满足现代要求,于是结构振动(震动)控制技术应运而生,其基本原理是在结构中设置一定的元件,利用元件调谐结构动力特性,吸收地震能量,从而减小结构的地震反应,达到保护建筑结构的目的。

结构振动控制方法较多,大体可以分为被动控制、半主动控制和主动控制。其中,被动控制技术目前较为成熟,应用较多,很多实例经历了地震的考验并证明了其减震效果。

被动控制方法有基础隔震、消能减震等技术。消能减震技术是在建筑物内或建筑物间安装消能减震装置,地震时消能装置率先屈服,利用消能装置吸收并耗散地震能量,减小结构的振动反应,从而保护主体结构。消能减震结构体系具有安全、经济、技术合理等优点,广泛应用于"柔性"工程结构减震,如高层、高耸结构等,减震效果显著。

目前在结构振动控制研究领域,学者们致力于控制方法、控制装置开发、参数优化及工程应用等方面的研究。在控制方法方面,集中于各种控制算法研究;在控制装置开发方面,目前已开发出了众多经济、高效的减震装置,例如各种阻尼器、消能支撑等,在工程中都有应用;在参数优化方面,集中于各种减震装置应用于基础隔震、消能减震等情况下的最优参数分析。

为了避免相邻结构间相互碰撞,可用消能装置将结构连接起来,利用结构间的相互作用消耗地震能量,从而减小结构的地震反应。同样,采用柔性连接装置连接连廊与塔楼结构,既可以释放连廊温度应力,还可以利用子结构间的相互作用调谐振动、消耗能量,从而实现减震目的。这种多结构体系被动控制减震研究,主要集中于连接装置参数优化分析和应用方面。

1.3 利用结构间相互作用减震研究

1.3.1 相邻结构减震

1. 两相邻结构减震

Feng 等[4]提出采用消能装置连接高层结构形成结构振动控制系统,利用阻尼器的耗能作用来减小结构在风和地震作用下的振动反应。采用数值分析方法研究了这种控制系统的有效性。Luco 等[5]先用两悬臂梁模拟相邻高层结构,采用阻尼单元连接两悬臂梁,分析结构的动力反应。结果表明,阻尼装置可以减小结构地震反应,并且阻尼器的优化阻尼系数与悬臂梁的相对刚度有关。Luco 等[6]用黏弹性阻尼器连接两相邻不等高结构,以控制较高结构的前两阶模态的地震反应,采用虚拟激励法进行参数优化分析和连接位置优化分析,得到阻尼器的最优阻尼值。结果表明,当较高结构高度为较低结构高度的两倍时,第一阶模态的地震反应最小。

在相邻结构减震优化理论和试验研究方面,徐幼麟、张文首等做了开拓性研究工作。徐幼麟等[7]从理论方面推导了流体阻尼器连接的多自由度相邻结构的运动方程,采用虚拟激励法研究了相邻结构间的随机响应,分析了体系的位移、加速度和层间剪力的减震效果。张文首等[8,9]采用虚拟激励法和复模态叠加法,采用 Kelvin 型阻尼器和 Maxwell 型阻尼器连接相邻结构,进行了结构动力特性和地震反应分析,从而对阻尼器的参数进行了优化。随后,徐幼麟等[10,11]进行了采用黏滞阻尼器连接两个三层相邻结构的减震模型试验,得到了最优连接阻尼参数和连接位置,表明通过黏滞阻尼器连接相邻结构可以显著增加结构的模态阻尼比并减小结构地震反应;采用黏滞阻尼器连接两相邻钢框架结构,进行了数值模拟分析和振动台试验研究,分别在小震和大震情况下,对比了有阻尼器连接和无阻尼器连接时结构的线性和非线性地震反应。理论分析和模型试验均证明了黏滞阻尼器连接相邻结构的减震效果。郭安薪等[12]通过等价线性化方法探究了黏弹性阻尼器连接的相邻结构在不同强度地震作用下的随机反应。研究结果表明,连接阻尼器时,在小震作用下能够显著增加结构的阻尼比并减小地震反应,但在大震作用下,可能出现连体结构地震响应增大的现象。张恒晟等[13]分析了在具有不同动力特性的相邻结构间连接阻尼杆件(黏滞阻尼器)的抗震性能,指出通过连接阻尼杆件可改变原结构的动力特性,并采用拉普拉斯变换求得系统运动方程的传递函数。在不同激励下得到频率响应图,对比连接阻尼杆件前后结构的共振频率和等效阻尼比,证明结构刚度和质量越大,阻尼杆件起到的减震效果就越明显。

为得出更具一般性的阻尼器最优参数,朱宏平等[14-19]将相邻结构简化为由 Kelvin 型和 Maxwell 型黏弹性阻尼器连接的双体单自由度体系,在白噪声激励下,以主体结构或整体结构振动能量最小为控制目标,得到了以两结构频率比和质量比为参数的阻尼器优化参数的解析解。更进一步地,朱宏平等[20,21]将基于单自由度相邻结构体系理论分析所得的优化参数推广到相邻多自由度结构体系,认为理论优化分析结果与相邻结构第一阶自振频率和总质量有关。

对于多自由度体系,还存在阻尼器最优布置问题。在这方面,庞迎波[22]采用数值分析的方法,通过某工程算例对黏滞阻尼器设置位置和阻尼系数进行了优化分析,对比了减震效果,初步得出优化位置和优化参数。Bharti 等[23]采用数值分析的方法,在两个非对称结构楼层间安装 MR 阻尼器进行半主动、被动控制,分析了控制方法、阻尼器安装位置的影响以及减震效果。Karabork[24]采用数值分析方法研究了两结构不同高度比对黏滞阻尼器连接两相邻结构减震效果的影响规律。

黄潇等[25]、吴巧云等[26]对连接 Maxwell 模型的两相邻钢筋混凝土框架结构进行了基于性能的阻尼器优化布置研究,对确定阻尼器数目下的相邻结构进行了阻尼器布置位置优化的研究,得出了相邻结构间 Maxwell 型阻尼器优化布置的一般规律。

在相邻结构减震数值模拟和试验研究方面,刘绍峰等[27]对 Maxwell 型黏滞阻尼器连接不同的两相邻结构的地震反应进行了数值分析,对阻尼器设置位置和阻尼参数进行了优化研究,继而对 15 层＋7 层两相邻框架剪力墙结构进行了 1：20 的地震振动台模型试验,研究了在三个不同位置连接阻尼器的减震效果。

2. 三相邻结构减震

除了在两相邻结构间安装减震装置以实现结构减震目的外,还可在多结构间安装减震装置,例如结构群体、裙房与主楼之间等。相对于两相邻结构减震,三相邻结构组合工况、减震目标、影响参数更多,这方面的减震控制研究目前还较少。刘良坤等[28]只考虑第一振型的影响,将三相邻结构简化为三体单自由度体系,以 Kelvin 型阻尼器连接,采用虚拟激励法,推导了各自由度位移传递函数和方差,考虑了对称、非对称共四种结构组合工况,初步分析了结构减震系数随结构频率比的关系。

1.3.2 连廊-塔楼连体结构减震

连廊连体结构是由连廊连接两端塔楼结构形成,当采用减震装置连接连廊与塔楼时,需要分析连接参数及减震效果,从而确定最优连接参数。Kim 等[29]忽略连廊重量的影响,将减震结构简化为黏弹性阻尼器连接的双体单自由度体系,以结构振动能量最小为目标,分析了阻尼参数优化问题。由于没有考虑连廊重量的影响,因此,该研究模型实际上退化为前述两相邻结构减震问题。

对于大跨度连廊连体结构,则不能忽略连廊重量影响。当考虑连廊重量及其自由度时,若两侧塔楼对称,连接体(连廊)和塔楼间类似于 TMD 减振结构[30,31],关于 TMD 减振控制优化研究目前已经较为成熟,对于更一般的非对称塔楼连体结构,研究相对较少。

在工程实例研究方面,施卫星等[32]根据上海国际赛车场主看台、比赛控制塔和新闻中心[图 1.1(a)]组成的大跨度连廊连体结构,采用组合隔震支座连接连廊与塔楼结构,利用有限元模拟分析的方法对比了不同连接方式下的结构地震反应。根据基础隔震原理,李永华等[33,34]以某实际连体结构工程为分析对象,对高位隔震结构进行减震分析,对塔楼顶部地震反应输出进行了功率谱分析,得出对称双塔高位隔震结构的减震设计原则。

在优化分析方面,孙黄胜等[35]对某多自由度连体结构简化分析模型进行了时程分析,探讨了连廊两端连接支座刚度和阻尼参数对结构减震效果的影响。董博等[36]将连接体作为附加点加以考虑,建立了多连廊连接双塔楼的分析模型,讨论了影响控制效果的因素及控制器参数的优化。彭文海等[37-39]基于非对称双塔连体结构柔性连接体系的3-DOF力学模型,考虑了 22 种不同参数组合工况,利用虚拟激励法分析了连接构件的频率比、阻尼比和质量比等参数对结构体系地震反应的影响,将这方面的研究向前推进了一大步。孙黄胜等[40,41]将连体结构简化为 3-DOF 模型,采用黏弹性阻尼器连接连廊与塔楼结构,基于多目标减震控制,分别分析了连廊质量比、塔楼质量比和频率比对最优连接刚度、连接阻尼以及相应的减震效果的影响规律。当考虑大跨度结构地震激励的行波效应时,桂国庆等[42]采用多点激励,进行了高层多塔连体结构连廊随机地震反应分析,对比了考虑和不考虑行波效应时连廊的内力。

综上,利用结构间相互作用减震得到了理论、数值和试验研究的验证。关于两相邻结构减震的研究,目前较为成熟,但存在以下问题有待深入研究:①两相邻结构间连接阻尼器最优参数理论解是基于双体单自由度体系分析得到的,且忽略了结构自身阻尼影响,优化结果如何应用于多自由度体系及其差异;②相邻高层塔楼结构间连接阻尼器的连接位置、数目与阻尼器参数的相关性,连廊-双塔连体结构中两端连接刚度与连接阻尼最优值的相关性;③非线性阻尼器参数优化。

1.4 黏弹性阻尼器与黏滞阻尼器

消能阻尼器种类繁多,可分为位移相关型、速度相关型及复合型阻尼器。位移相关型阻尼器的阻尼力与阻尼器两端相对位移相关,包括摩擦消能阻尼器、金属消能阻尼器和屈曲约束支撑等;速度相关型阻尼器的阻尼力与阻尼器两端的相对速度相关,包括黏弹性阻尼器、黏滞阻尼器等;复合型阻尼器的阻尼力与阻尼器两端的相对位移和相对速度相关,如铅黏弹性阻尼器等。

1.4.1 黏弹性阻尼器

黏弹性阻尼器由黏弹性材料和约束钢板或圆钢筒等组成,是利用黏弹性材料的剪切变形或拉(压)应变产生阻尼来消耗结构振动能量。黏弹性阻尼器既可以提供较大的刚度,也可以提供一定的阻尼,可实现震后自复位。由于黏弹性阻尼器是速度相关型,因此在结构振动较小的条件下就可耗能。

黏弹性阻尼器的恢复力模型有 Kelvin 模型、Maxwell 模型等。其中,Kelvin 模型由弹簧单元和阻尼单元并联组成,Maxwell 模型由弹簧单元和阻尼单元串联组成。

1.4.2 黏滞阻尼器

黏滞阻尼器是利用缸体中黏滞流体材料来回穿梭进行活塞运动时产生黏滞阻尼耗散能量。黏滞阻尼器能提供较大的阻尼,可以有效减小结构的振动,当结构变形最大时,消能阻尼器的控制力为零,从而使结构的受力更加合理。此外,由于黏滞流体消能阻尼器不提供附加刚度,因此,不会因为安装阻尼器而改变结构的自振周期进而增大地震作用,同时受激励频率和温度的影响较小,其在结构抗震和抗风设计中有着广阔的应用前景。

黏滞阻尼器的力-位移为速度相关型,学者根据试验结果总结出多种不同的力学模型,例如美国 Taylor 公司的模型[43-46]:

$$F_{\mathrm{d}} = c \mid \dot{x} \mid^{\alpha} \mathrm{sign}(\dot{x}) \tag{1.1}$$

式中,F_{d} 为阻尼力;c 为阻尼系数;$\dot{x}$ 为阻尼器两端相对运动速度;α 为速度指数,$0 \leqslant \alpha \leqslant 1$;$\mathrm{sign}(\cdot)$ 为符号函数。

建议速度指数 α 的取值范围为 0.2～1.0,工程中比较常用的速度指数 α 的取值范围在 0.2～0.4 之间。当 $\alpha = 1.0$ 时为线性阻尼器,当 $\alpha < 1.0$ 时为非线性阻尼器。线性阻尼器的阻尼力与相对速度呈线性关系;非线性阻尼器在较小的相对速度下,可输出较大的阻尼力,当速度较大时,阻尼力的增长率较小,不至于产生过大的阻尼力而对结构造成不利影响。

1.5 虚拟激励法

工程结构所承受的许多环境荷载具有鲜明的概率特征,例如地震、风、海浪等,因此,计算工程结构在这些随机荷载作用下的反应较确定性荷载作用下的反应要困难得多,且应采用随机振动理论求得结构反应的统计参数。传统的随机振动计算方法过于烦琐,尤其当结构自由度较多时计算量过大,采用简化方法计算时误差又较大。林家浩于 1985 年开始对单点平稳随机激励问题提出了虚拟激励法,由此构成一个"确定性算法",不仅计算简单,而且得到了原问题的精确解,使得结构随机振动的计算量大大减少。后来又相继发展到多点平稳随机振动的虚拟激励算法、非平稳随机振动的虚拟激励法等。

1.5.1　虚拟激励基本理论[47-49]

当线性系统受平稳随机激励 $x(t)$ 作用时,设激励的自谱密度为 $S_{xx}(\omega)$,则系统响应的自谱密度为

$$S_{yy}(\omega) = |H(\mathrm{i}\omega)|^2 S_{xx}(\omega) \tag{1.2}$$

式中,$H(\mathrm{i}\omega)$ 为频响函数。

设激励为 $x(t)=\sqrt{S_{xx}(\omega)}\cdot \mathrm{e}^{\mathrm{i}\omega t}$,则有:

$$y(t)=\sqrt{S_{xx}(\omega)}\cdot H(\mathrm{i}\omega)\mathrm{e}^{\mathrm{i}\omega t} \tag{1.3}$$

通过系统运动方程求解出响应的频响函数 $H(\mathrm{i}\omega)$ 时,即可通过核心公式(1.2)得到响应的自谱密度 $S_{yy}(\omega)$,于是可得响应的方差:

$$\sigma_y^2=\int_{-\infty}^{+\infty}S_{yy}(\omega)\mathrm{d}\omega=\int_{-\infty}^{+\infty}|H(\mathrm{i}\omega)|^2 S_{xx}(\omega)\mathrm{d}\omega \tag{1.4}$$

由于地震具有强烈的随机性,结构反应亦具有随机性。在不同地震波激励下,结构反应不同,在地震波激励下根据结构反应大小进行参数优化所得结果不具有普适性和一般性,因此,本书根据随机振动理论,采用虚拟激励法,利用白噪声作为地面激励进行优化分析。设地面激励为零均值的平稳随机过程,则结构振动亦为零均值的平稳随机过程,结构振动反应大小可以用均方差值表示。

1.5.2　白噪声模型

目前已有多种能够代表地面运动的随机模型,工程界应用较多的有白噪声、过滤白噪声等[50,51]。

(1) 白噪声(Spec-1 谱),假设地面激励能量在全频域范围内均匀分布,即:

$$S_g(\omega)=S_0 \tag{1.5}$$

地震地面振动能量并不是在全频域范围内均匀分布的,故采用白噪声 S_0 作为地震激励不完全合适,因此又有学者采用考虑了一定频谱特性的过滤白噪声作为地面激励。

(2) Kanai-Tajimi 过滤白噪声(Spec-2 谱),假设基岩输入为白噪声过程,经过基岩上覆盖的土层过滤后得到地震动加速度功率谱密度函数:

$$S_g(\omega)=\frac{1+4\xi_g^2\left(\dfrac{\omega}{\omega_g}\right)^2}{\left[1-\left(\dfrac{\omega}{\omega_g}\right)^2\right]^2+4\xi_g^2\left(\dfrac{\omega}{\omega_g}\right)^2}\cdot S_0 \tag{1.6}$$

式中,场地卓越频率 ω_g 取 15.6 rad/s;场地土的阻尼比 ξ_g 取 0.6;S_0 为谱强度因子。

(3) Kanai-Tajimi 两次过滤白噪声(Spec-3 谱),功率谱密度函数:

$$S_g(\omega) = \frac{\omega^2}{\omega^2 + \omega_c^2} \cdot \frac{1 + 4\xi_g^2\left(\dfrac{\omega}{\omega_g}\right)^2}{\left[1 - \left(\dfrac{\omega}{\omega_g}\right)^2\right]^2 + 4\xi_g^2\left(\dfrac{\omega}{\omega_g}\right)^2} \cdot S_0 \qquad (1.7)$$

式中,控制低频含量参数 ω_c 取 2.3 rad/s。

（4）Clough-Penzien 建议的过滤白噪声模型（Spec-4 谱），功率谱密度函数：

$$S_g(\omega) = \frac{1 + 4\xi_g^2\left(\dfrac{\omega}{\omega_g}\right)^2}{\left[1 - \left(\dfrac{\omega}{\omega_g}\right)^2\right]^2 + 4\xi_g^2\left(\dfrac{\omega}{\omega_g}\right)^2} \cdot \frac{\left(\dfrac{\omega}{\omega_k}\right)^4}{\left[1 - \left(\dfrac{\omega}{\omega_k}\right)^2\right]^2 + 4\xi_k^2\left(\dfrac{\omega}{\omega_k}\right)^2} \cdot S_0 \qquad (1.8)$$

式中,ω_k 和 ξ_k 为低频过滤器参数,通常取 $\xi_k = \xi_g$,$\omega_k = (0.1 \sim 0.2)\omega_g$。本书取 $\xi_k = 0.6$,$\omega_k = 1.5$ rad/s。

以上四种地面加速度功率谱密度曲线如图 1.2 所示,反映了地震激励的能量分布规律。本书参数优化分析时采用白噪声（Spec-1 谱）和过滤白噪声（Spec-2 谱）激励。

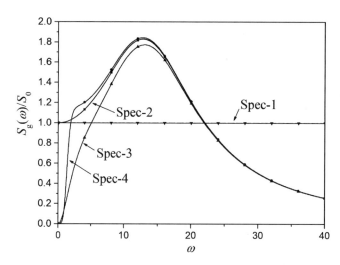

图 1.2 四种白噪声功率谱密度函数曲线

参考文献

[1] 包澄澜.海啸灾害及其预警系统[J].国际地震动态,2005,1:14-18.

[2] Bertero V V. Observation of structural pounding[C]//Proceedings of the International Conference on the Mexico Earthquake-1985. New York: ASCE, 1987: 264-278.

[3] Kasai K, Maison B F. Dynamics of pounding when two buildings collide[J]. Earthquake Engineering and Structural Dynamics, 1992, 20(21): 771-786.

[4] Feng M Q, Mita A. Vibration control of tall buildings using mega-sub configuration[J]. Journal of Engineering Mechanic. ASCE, 1995, 12(10): 1082-1088.

[5] Luco J E, Barros F. Control of the seismic response of a composite tall building modelled by two

interconnected shear beams[J]. Earthquake Engineering & Structural Dynamics，1998，27 (3)：205-223.

[6] Luco J E, Barros F. Optimal damping between two adjacent elastic structures[J]. Earthquake Engineering & Structural Dynamics，1998，27(7)：649-659.

[7] Xu Y L, Ko H. Dynamic response of damper connected adjacent buildings under earthquake excitation[J]. Engineering Structures，1999，21(21)：135-148.

[8] Zhang W S, Xu Y L. Dynamics characteristics and seismic response of adjacent buildings linked by discrete dampers[J]. Earthquake Engineering and Structural Dynamics，1999，28(10):1163-1185.

[9] Zhang W S, Xu Y L. Vibration analysis of two buildings linked by Maxwell model-defined fluid dampers[J]. Journal of Sound and Vibration，2000，233(5)：775-796.

[10] Xu Y L, Zhan S, Ko J M, et al. Experimental investigation of adjacent buildings connected by fluid damper[J]. Earthquake Engineering and Structural Dynamics，1999，28(6)：601-631.

[11] Xu Y L, Yang Z, Lu X L. Inelastic seismic response of adjacent buildings linked by fluid dampers [J]. Structural Engineering and Mechanics，2003，15(5)：513-534.

[12] 郭安薪，徐幼麟，吴波.黏弹性阻尼器连接的相邻结构非线性随机地震反应分析[J].地震工程与工程振动,2001,21(2):64-69.

[13] 张恒晟，王志强.相邻结构体间安装阻尼连杆装置的减震模式探讨[J].公路交通科技,2006,23(12):81-85.

[14] Zhu H P, Iemura H. A study of response control on the passive coupling element between parallel structures[J]. Structural Engineering and Mechanics，2000，9(4)：383-396.

[15] Zhu H P, Iemura H. A study on interaction control for seismic response of parallel structures[J]. Computers & Structures，2001，79(2)：231-242.

[16] Zhu H P, Xu Y L. Optimum parameters of Maxwell model-defined dampers used to link adjacent structures[J]. Journal of Sound and Vibration，2005，279(2)：253-274.

[17] 朱宏平,俞永敏,唐家祥.地震作用下主-从结构的被动优化控制研究[J].应用力学学报,2000,17(2):63-69.

[18] 朱宏平,杨紫健,唐家祥.利用连接装置控制两相邻结构的地振动响应[J].振动工程学报,2003,16(1):60-65.

[19] 朱宏平,翁顺,陈晓强.控制两相邻结构地振动响应的 Maxwell 模型流体阻尼器优化参数研究[J].应用力学学报,2006,23(2):296-300.

[20] Zhu H P, Ge D D, Huang X. Optimum connecting dampers to reduce the seismic responses of parallel structures[J]. Journal of Sound and Vibration，2011，330(9):1931-1949.

[21] Ge D D, Zhu H P, Wang D S. Seismic response analysis of damper-connected adjacent structures with stochastic parameters[J]. Journal of Zhejiang University-SCIENCE A，2010，11(6):402-414.

[22] 庞迎波.黏滞液体阻尼器用于非对称双塔连体结构的消能减震分析[J].四川建筑科学研究,2010,36(4):162-166.

[23] Bhardi S D, Dumne S M, Shrmali M K. Seismic response analysis of adjacent buildings connected with MR dampers[J]. Engineering Structures，2010，32：2122-2133.

[24] Karabork T. Optimization damping of viscous dampers to prevent collisions between adjacent structures with unequal heights as a case study[J]. Arabian Journal for Science and Engineering，

2020，45：3901-3919.

[25] 黄潇，朱宏平.地震作用下相邻结构间阻尼器的优化参数研究[J].振动与冲击，2013，32(16)：117-122.

[26] 吴巧云，朱宏平，陈旭勇.基于性能的相邻结构间 Maxwell 阻尼器优化布置研究[J].振动与冲击，2017，36(9)：35-44.

[27] 刘绍峰，施卫星.相邻结构连接黏滞阻尼器减震效果的振动台试验研究[J].结构工程师，2017，33(3)：156-165.

[28] 刘良坤，谭平，闫维明，等.三相邻结构的减震效果分析[J].振动与冲击，2017，36(15)：9-28.

[29] Kim J, Ryu J, Chung L. Seismic performance of structures connected by viscoelastic dampers[J]. Engineering Structures, 2006, 28(2)：183-195.

[30] Lee C L, Chen Y T, Chung L L, et al. Optimal design theories and applications of tuned mass dampers[J]. Engineering Structures, 2006, 28：43-53.

[31] Hoang N, Fujino Y, Warnitchai P. Optimal tuned mass damper for seismic applications and practical design formulas[J]. Engineering Structures, 2008, 30：707-715.

[32] 施卫星，孙黄胜，李振刚，等.上海国际赛车场新闻中心高位隔震研究[J].同济大学学报(自然科学版)，2005，33(12)：1576-1580.

[33] 李永华，李思明.高位隔震连体结构地震反应分析[J].华东交通大学学报，2007，24(5)：34-38.

[34] 李永华，李思明.弱连体结构地震反应分析[J].四川建筑科学研究，2010，36(1)：132-136.

[35] 孙黄胜，傅伟，孙跃东.桥式连体结构减震优化分析[J].山东科技大学学报(自然科学版)，2007，26(2)：32-36.

[36] 董博，邹立华，戴素亮，等.考虑 Md 对联体结构振动控制影响的研究[J].振动与冲击，2008，27(1)：131-134.

[37] 彭文海，谭平，侯家健，等.非对称双塔连体结构柔性连接体系参数研究[J].华南地震，2009，29(1)：8-16.

[38] 赖任府，彭文海.非对称双塔结构柔性连接体系地震响应分析[J].科技资讯，2009，18：10-12.

[39] 侯家健，韩小雷，谭平，等.随机地震激励下柔性连接双塔连体结构位移参数分析[J].工程抗震与加固改造，2009，31(3)：65-72.

[40] 孙黄胜，朱宏平，黄潇.连廊连接非对称双塔连体结构的连接参数研究[J].华中科技大学学报(自然科学版)，2012，40(4)：123-127.

[41] Sun H S, Liu M H, Zhu H P. Connecting parameters optimization on unsymmetrical twin-tower structure linked by sky-bridge[J]. Journal of Central South University, 2014, 21：2460-2468.

[42] 桂国庆，李永华.高层多塔连体结构连廊随机地震反应分析[J].工业建筑，2010，40(12)：28-33.

[43] 张志强，李爱群.建筑结构黏滞阻尼减震设计[M].北京：中国建筑工业出版社，2012.

[44] 中华人民共和国住房和城乡建设部.建筑消能减震技术规程：JGJ 297—2013[S].北京：中国建筑工业出版社，2013.

[45] 翁大根，李超，胡岫岩，等.减震结构基于模态阻尼耗能的附加有效阻尼比计算[J].土木工程学报，2016，49(S1)：19-24.

[46] Karabork T. Optimization damping of viscous dampers to prevent collisions between adjacent structures with unequal heights as a case study[J]. Arabian Journal for Science and Engineering, 2020，45：3901-3919.

［47］ 林家浩,张亚辉.随机振动的虚拟激励法［M］.北京:科学出版社,2004.

［48］ Lin J H,Zhang H,Zhao Y. Seismic spatial effects on long-span bridge response in nonstationary inhomogeneous random fields［J］. Earthquake Engineering and Engineering Vibration,2005,14(1):75-82.

［49］ 林家浩,张亚辉,赵岩.虚拟激励法在国内外工程界的应用回顾与展望［J］.应用数学和力学,2017,38(1):1-31.

［50］ 李宏男.结构多维抗震理论［M］.北京:科学出版社,2006.

［51］ 张振浩,杨伟军.结构动力可靠度理论及其在工程抗震中的应用［M］.北京:北京理工大学出版社,2019.

第 2 章　黏弹性阻尼器连接两相邻结构减震参数优化

2.1　分析模型与运动方程

两相邻结构通过阻尼装置连接,只考虑结构在水平方向的减震。连接装置提供水平方向刚度和阻尼。为简化分析,只考虑结构第一振型影响,将两相邻结构分别简化为单自由度体系,连接装置简化为 Kelvin 阻尼模型,即由弹簧单元和阻尼单元并联组成,形成的连体结构体系为 2-DOF 模型,如图 2.1 所示。

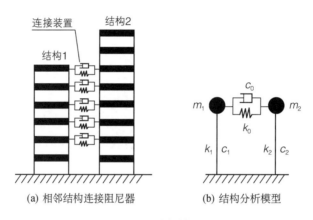

(a) 相邻结构连接阻尼器　　　(b) 结构分析模型

图 2.1　结构模型

相邻结构体系中,设左结构(结构 1)、右结构(结构 2)的质量、刚度、阻尼分别为 m_1,k_1,c_1 和 m_2,k_2,c_2;连接装置的刚度、阻尼系数分别为 k_0,c_0。结构体系在地面振动激励下的运动方程为

$$\begin{cases} m_1\ddot{x}_1 + c_1\dot{x}_1 + k_1x_1 + c_0(\dot{x}_1 - \dot{x}_2) + k_0(x_1 - x_2) = -m_1\ddot{x}_g(t) \\ m_2\ddot{x}_2 + c_2\dot{x}_2 + k_2x_2 - c_0(\dot{x}_1 - \dot{x}_2) - k_0(x_1 - x_2) = -m_2\ddot{x}_g(t) \end{cases} \tag{2.1a}$$

写成矩阵形式为

$$\boldsymbol{M}\ddot{\boldsymbol{X}} + \boldsymbol{C}\dot{\boldsymbol{X}} + \boldsymbol{K}\boldsymbol{X} = -\boldsymbol{M}\boldsymbol{I}\ddot{x}_g(t) \tag{2.1b}$$

式中,

质量矩阵 $\boldsymbol{M} = \begin{bmatrix} m_1 & \\ & m_2 \end{bmatrix}$;阻尼矩阵 $\boldsymbol{C} = \begin{bmatrix} c_1+c_0 & -c_0 \\ -c_0 & c_2+c_0 \end{bmatrix}$;刚度矩阵 $\boldsymbol{K} = \begin{bmatrix} k_1+k_0 & -k_0 \\ -k_0 & k_2+k_0 \end{bmatrix}$;

单位向量 $\boldsymbol{I} = \begin{bmatrix} 1 \\ 1 \end{bmatrix}$；质点相对地面位移向量 $\boldsymbol{X} = \begin{bmatrix} x_1 \\ x_2 \end{bmatrix}$；$\ddot{x}_g(t)$ 为地面运动加速度时程。

定义下列参数：

左、右结构自振圆频率 $\omega_1 = \sqrt{k_1/m_1}$，$\omega_2 = \sqrt{k_2/m_2}$；

左、右结构自身阻尼比 $\xi_1 = c_1/(2m_1\omega_1)$，$\xi_2 = c_2/(2m_2\omega_2)$；

连接刚度的名义圆频率 $\omega_0 = \sqrt{k_0/m_1}$；

连接频率比 $\beta_0 = \omega_0/\omega_1$；

连接阻尼的名义阻尼比 $\xi_0 = c_0/(2m_1\omega_1)$；

左、右结构的自振频率比 $\beta = \omega_2/\omega_1$，并设左结构为较刚结构，右结构为较柔结构，即 $\beta \leqslant 1.0$；

左、右结构的质量比 $\mu = m_1/m_2$。

将式(2.1a)第一式等号两侧除以 m_1、第二式等号两侧除以 m_2，则式(2.1b)变为

$$\overline{\boldsymbol{M}}\ddot{\boldsymbol{X}} + \overline{\boldsymbol{C}}\dot{\boldsymbol{X}} + \overline{\boldsymbol{K}}\boldsymbol{X} = -\boldsymbol{I}\ddot{x}_g(t) \tag{2.2}$$

式中，

质量矩阵 $\overline{\boldsymbol{M}} = \begin{bmatrix} 1 & \\ & 1 \end{bmatrix}$；阻尼矩阵 $\overline{\boldsymbol{C}} = \begin{bmatrix} a_1 & a_3 \\ a_5 & a_7 \end{bmatrix}$；刚度矩阵 $\overline{\boldsymbol{K}} = \begin{bmatrix} a_2 & a_4 \\ a_6 & a_8 \end{bmatrix}$。其中，阻尼矩阵 $\overline{\boldsymbol{C}}$ 和刚度矩阵 $\overline{\boldsymbol{K}}$ 的各元素如表 2.1 所示。

表 2.1　　　　　　　　　　　　　　　矩阵元素

矩阵	元素	表达式	矩阵	元素	表达式
$\overline{\boldsymbol{C}}$	a_1	$2\xi_1\omega_1 + 2\xi_0\omega_1$	$\overline{\boldsymbol{K}}$	a_2	$\omega_1^2 + \omega_0^2$
	a_3	$-2\xi_0\omega_1$		a_4	$-\omega_0^2$
	a_5	$-2\xi_0\omega_1\mu$		a_6	$-\omega_0^2\mu$
	a_7	$2\xi_2\omega_2 + 2\xi_0\omega_1\mu$		a_8	$\omega_2^2 + \omega_0^2\mu$

2.2　结构振动能量

设地面运动为平稳随机振动过程，令

$$\ddot{x}_g(t) = \sqrt{S_g(\omega)} \cdot e^{i\omega t} \tag{2.3}$$

式中，$S_g(\omega)$ 为地面运动加速度功率谱密度，虚数单位 $i = \sqrt{-1}$。

根据虚拟激励理论[1,2]有：

$$\boldsymbol{X} = \boldsymbol{H}(i\omega) \cdot \sqrt{S_g(\omega)} \cdot e^{i\omega t} \tag{2.4}$$

式中，质点位移频响函数向量 $\boldsymbol{H}(i\omega) = [H_1(i\omega) \quad H_2(i\omega)]^T$；$\omega$ 为圆频率。

将式(2.3)、式(2.4)代入式(2.2)，得到：

$$\hat{\boldsymbol{D}}\boldsymbol{H}(\mathrm{i}\omega) = -\boldsymbol{I} \tag{2.5}$$

式中, $\hat{\boldsymbol{D}} = \begin{bmatrix} d_{11} & d_{12} \\ d_{21} & d_{22} \end{bmatrix}$, 矩阵中各元素 d_{ij} 是用 $(\mathrm{i}\omega)$ 及 a_n $(n=1,2,\cdots,8)$ 表示的函数, 如表 2.2 所示。

表 2.2 矩阵元素

元素	表达式	元素	表达式
d_{11}	$(\mathrm{i}\omega)^2 + (\mathrm{i}\omega)a_1 + a_2$	d_{12}	$(\mathrm{i}\omega)a_3 + a_4$
d_{21}	$(\mathrm{i}\omega)a_5 + a_6$	d_{22}	$(\mathrm{i}\omega)^2 + (\mathrm{i}\omega)a_7 + a_8$

由式(2.5)即可用结构体系参数表示频响函数 $H_1(\mathrm{i}\omega)$ 和 $H_2(\mathrm{i}\omega)$:

$$H_j(\mathrm{i}\omega) = \frac{|\hat{\boldsymbol{D}}_j|}{|\hat{\boldsymbol{D}}|} \quad (j=1,2) \tag{2.6}$$

式中,

$$|\hat{\boldsymbol{D}}| = \begin{vmatrix} d_{11} & d_{12} \\ d_{21} & d_{22} \end{vmatrix} = d_{11}d_{22} - d_{12}d_{21} = (\mathrm{i}\omega)^4 A_4 + (\mathrm{i}\omega)^3 A_3 + (\mathrm{i}\omega)^2 A_2 + (\mathrm{i}\omega)A_1 + A_0$$

$$|\hat{\boldsymbol{D}}_1| = \begin{vmatrix} -1 & d_{12} \\ -1 & d_{22} \end{vmatrix} = d_{12} - d_{22} = (\mathrm{i}\omega)^2 K_2 + (\mathrm{i}\omega)K_1 + K_0$$

$$|\hat{\boldsymbol{D}}_2| = \begin{vmatrix} d_{11} & -1 \\ d_{21} & -1 \end{vmatrix} = d_{21} - d_{11} = (\mathrm{i}\omega)^2 L_2 + (\mathrm{i}\omega)L_1 + L_0$$

参数 $A_0 \sim A_4$, $K_0 \sim K_2$, $L_0 \sim L_2$ 的表达式如表 2.3 所示。

表 2.3 参数表达式

参数	表达式	参数	表达式	参数	表达式
A_4	1	K_2	-1	L_2	-1
A_3	$a_1 + a_7$	K_1	$a_3 - a_7$	L_1	$-a_1 + a_5$
A_2	$a_2 + a_8 + a_1 a_7 - a_3 a_5$	K_0	$a_4 - a_8$	L_0	$-a_2 + a_6$
A_1	$a_1 a_8 + a_2 a_7 - a_3 a_6 - a_4 a_5$				
A_0	$a_2 a_8 - a_4 a_6$				

结构在动力荷载激励下,产生位移、速度、加速度、剪力等结构反应,在进行连接参数优化分析时,以结构振动能量大小来表征结构反应强烈程度。单体塔楼结构的平均相对振动能量[3]为

$$E_j = m_j \dot{x}_j^2 = m_j \int_{-\infty}^{+\infty} |(\mathrm{i}\omega)H_j(\mathrm{i}\omega)|^2 S_g(\omega) \mathrm{d}\omega \quad (j=1,2) \tag{2.7}$$

设地震激励为平稳白噪声 $S_g(\omega) = S_0$, 则有:

$$E_1 = m_1 S_0 \int_{-\infty}^{+\infty} |(i\omega) H_1(i\omega)|^2 d\omega$$

$$= m_1 S_0 \int_{-\infty}^{+\infty} \left| \frac{(i\omega)^3 K_2 + (i\omega)^2 K_1 + (i\omega) K_0}{(i\omega)^4 A_4 + (i\omega)^3 A_3 + (i\omega)^2 A_2 + (i\omega) A_1 + A_0} \right|^2 d\omega$$

$$= m_1 S_0 \pi \frac{A_3 K_0^2 + A_1(K_1^2 - 2K_0 K_2) + [(A_1 A_2 - A_0 A_3)/A_4] K_2^2}{A_1(A_2 A_3 - A_1 A_4) - A_0 A_3^2} \tag{2.8a}$$

$$E_2 = m_2 S_0 \int_{-\infty}^{+\infty} |(i\omega) H_2(i\omega)|^2 d\omega$$

$$= m_2 S_0 \int_{-\infty}^{+\infty} \left| \frac{(i\omega)^3 L_2 + (i\omega)^2 L_1 + (i\omega) L_0}{(i\omega)^4 A_4 + (i\omega)^3 A_3 + (i\omega)^2 A_2 + (i\omega) A_1 + A_0} \right|^2 d\omega$$

$$= m_2 S_0 \pi \frac{A_3 L_0^2 + A_1(L_1^2 - 2L_0 L_2) + [(A_1 A_2 - A_0 A_3)/A_4] L_2^2}{A_1(A_2 A_3 - A_1 A_4) - A_0 A_3^2} \tag{2.8b}$$

可以看出,结构振动能量与结构参数(结构频率比、质量比、阻尼比)、连接参数(刚度和阻尼)以及地震激励相关,通过式(2.8)可采用数值方法分析连接参数 k_0(以 ω_0 表示)和 c_0(以 ξ_0 表示)对结构振动能量的影响规律。

在进行连接参数优化分析时,确定以下三个减振控制目标:

(1) 目标 I:结构 1 振动能量最小;

(2) 目标 II:结构 2 振动能量最小;

(3) 目标 III:结构 1 与结构 2 整体振动能量最小。

可根据结构重要性、刚度、地震反应不同,选择上述减振控制三目标之一。以下数值分析中,分别根据上述三个控制目标,求解最优连接参数。

2.3　连接参数最优值解析解[4-8]

由于影响参数较多,在所有影响因素均考虑的情况下难以得到最优连接参数的解析解,因此,忽略相邻结构自身阻尼影响,即取 $\xi_1 = \xi_2 = 0$,根据式(2.8)可推导出最优连接参数解析解。

2.3.1　最优连接刚度

1. 目标 I

以结构 1 振动能量最小为目标,由式(2.8a),结构 1 相对振动能量函数为

$$E_1 = m_1 S_0 \pi \frac{A_3 K_0^2 + A_1(K_1^2 - 2K_0 K_2) + [(A_1 A_2 - A_0 A_3)/A_4] K_2^2}{A_1(A_2 A_3 - A_1 A_4) - A_0 A_3^2}$$

$$= m_1 S_0 \pi \frac{(2\xi_0)\omega_1^5 (\beta_0^4 J_{12} + \beta_0^2 J_{11} + J_{10})}{(2\xi_0)^2 \omega_1^6 C_0}$$

$$= \pi \frac{m_1}{\omega_1} S_0 \frac{\beta_0^4 J_{12} + \beta_0^2 J_{11} + J_{10}}{(2\xi_0) C_0} \tag{2.9}$$

式中,参数 J_{12}, J_{11}, J_{10}, C_0 的表达式如表 2.4 所示。

表 2.4   参数表达式

参数	表达式
J_{12}	$(1+\mu)^3$
J_{11}	$2\mu(1+\mu)(\beta^2-1)$
J_{10}	$(\mu+\beta^2)[2\xi_0(1+\mu)]^2+\mu(\beta^2-1)^2$
J_{22}	$(1+\mu)^3$
J_{21}	$2(1+\mu)(1-\beta^2)$
J_{20}	$(\mu+\beta^2)[2\xi_0(1+\mu)]^2+(\beta^2-1)^2$
C_0	$\mu(\beta^2-1)^2$

求解连接刚度参数 β_0 的最优值 β_{0opt}，将能量方程式(2.9)对连接刚度参数平方值求导并令函数值等于 0，即 $\dfrac{\mathrm{d}E_1}{\mathrm{d}(\beta_0^2)}=0$，可得：

$$2J_{12}(\beta_0^2)+J_{11}=0$$

进而得到：

$$\beta_0^2=-\frac{J_{11}}{2J_{12}}=-\frac{2\mu(1+\mu)(\beta^2-1)}{2(1+\mu)^3}=\frac{\mu(1-\beta^2)}{(1+\mu)^2}$$

因此，当 $\beta\leqslant1$ 时，

$$\beta_{0opt}=\sqrt{\frac{\mu(1-\beta^2)}{(1+\mu)^2}} \tag{2.10}$$

由式(2.10)可以看出，最优连接刚度解析解只与两结构的频率比、质量比相关，与连接阻尼不相关。最优连接刚度参数随结构频率比、质量比的变化（$\beta<1$）如图 2.2 所示。从图中可以看出，最优连接刚度几乎不受结构质量比的影响，只与结构频率比相关。

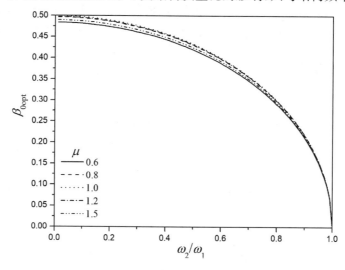

图 2.2 最优连接刚度参数随结构频率比、质量比的变化（$\beta<1$）

2. 目标Ⅱ

以结构 2 振动能量最小为目标,由式(2.8b),结构 2 相对振动能量函数为

$$
\begin{aligned}
E_2 &= m_2 S_0 \pi \frac{A_3 L_0^2 + A_1(L_1^2 - 2L_0 L_2) + [(A_1 A_2 - A_0 A_3)/A_4] L_2^2}{A_1(A_2 A_3 - A_1 A_4) - A_0 A_3^2} \\
&= m_2 S_0 \pi \frac{(2\xi_0)\omega_1^5(\beta_0^4 J_{22} + \beta_0^2 J_{21} + J_{20})}{(2\xi_0)^2 \omega_1^6 C_0} \\
&= \pi \frac{m_2}{\omega_1} S_0 \frac{\beta_0^4 J_{22} + \beta_0^2 J_{21} + J_{20}}{(2\xi_0) C_0}
\end{aligned}
\tag{2.11}
$$

式中,参数 J_{22},J_{21},J_{20},C_0 的表达式如表 2.4 所示。

求解连接刚度参数 β_0 的最优值 $\beta_{0\text{opt}}$,将能量方程式(2.11)对连接刚度参数平方值求导并令函数值等于 0,即 $\dfrac{\mathrm{d}E_2}{\mathrm{d}(\beta_0^2)} = 0$,可得:

$$
2J_{22}(\beta_0^2) + J_{21} = 0
$$

进而得到:

$$
\beta_0^2 = -\frac{J_{21}}{2J_{22}} = -\frac{2(1+\mu)(1-\beta^2)}{2(1+\mu)^3} = \frac{(\beta^2-1)}{(1+\mu)^2}
$$

因此,当 $\beta \leqslant 1$ 时,

$$
\beta_{0\text{opt}} = 0
\tag{2.12}
$$

3. 目标Ⅲ

以结构 1 和结构 2 整体振动能量最小为目标,总振动能量为

$$
\begin{aligned}
E_1 + E_2 &= \pi \frac{m_1}{\omega_1} S_0 \frac{\beta_0^4 J_{12} + \beta_0^2 J_{11} + J_{10}}{(2\xi_0) C_0} + \pi \frac{m_2}{\omega_1} S_0 \frac{\beta_0^4 J_{22} + \beta_0^2 J_{21} + J_{20}}{(2\xi_0) C_0} \\
&= \pi \frac{m_2}{\omega_1} S_0 \frac{\beta_0^4(\mu J_{12} + J_{22}) + \beta_0^2(\mu J_{11} + J_{21}) + (\mu J_{10} + J_{20})}{(2\xi_0) C_0}
\end{aligned}
\tag{2.13}
$$

将总振动能量方程式(2.13)对连接刚度参数平方值求导并令函数值等于 0,即 $\dfrac{\mathrm{d}(E_1 + E_2)}{\mathrm{d}(\beta_0^2)} = 0$,可得:

$$
2(\mu J_{12} + J_{22})(\beta_0^2) + (\mu J_{11} + J_{21}) = 0
$$

进而得到:

$$
\begin{aligned}
\beta_0^2 &= -\frac{\mu J_{11} + J_{21}}{2(\mu J_{12} + J_{22})} = -\frac{1}{2} \times \frac{2\mu^2(1+\mu)(\beta^2-1) + 2(1+\mu)(1-\beta^2)}{\mu(1+\mu)^3 + (1+\mu)^3} \\
&= \frac{(\mu-1)(1-\beta^2)}{(1+\mu)^2}
\end{aligned}
$$

因此,当 $\beta < 1$ 且 $\mu > 1$ 时,

$$\beta_{0opt} = \sqrt{\frac{(1-\beta^2)(\mu-1)}{(1+\mu)^2}} = \frac{1}{(1+\mu)}\sqrt{(1-\beta^2)(\mu-1)} \qquad (2.14a)$$

当 $\beta \leqslant 1$ 且 $\mu \leqslant 1$ 时,

$$\beta_{0opt} = 0 \qquad (2.14b)$$

最优连接刚度参数随结构频率比、质量比的变化($\beta < 1$, $\mu > 1$)如图 2.3 所示。

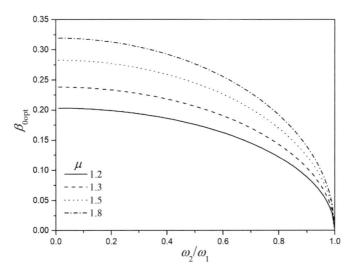

图 2.3 　最优连接刚度参数随结构频率比、质量比的变化($\beta < 1$, $\mu > 1$)

2.3.2　最优连接阻尼

1. 目标 I

结构 1 能量表达式(2.9)可写为

$$E_1 = \pi \frac{m_1}{\omega_1} S_0 \frac{\beta_0^4 J_{12} + \beta_0^2 J_{11} + J_{10}}{(2\xi_0)C_0} = \frac{\pi m_1}{\omega_1} S_0 \frac{1}{2C_0} \frac{\xi_0^2 F_{11} + F_{10}}{\xi_0} \qquad (2.15)$$

式中,参数 F_{11} 和 F_{10} 的表达式如表 2.5 所示。

表 2.5　　　　　　　　　　　　参数表达式

参数	表达式
F_{11}	$4(\mu+\beta^2)(1+\mu)^2$
F_{10}	$\beta_0^4 J_{12} + \beta_0^2 J_{11} + \mu(\beta^2-1)^2$
F_{21}	$4(\mu+\beta^2)(1+\mu)^2$
F_{20}	$\beta_0^4 J_{22} + \beta_0^2 J_{21} + (\beta^2-1)^2$

将能量方程式(2.15)对连接阻尼比 ξ_0 求导并令函数值为 0,即 $\dfrac{dE_1}{d\xi_0} = 0$,可得:

$$\frac{2F_{11}\xi_0\xi_0 - (\xi_0^2 F_{11} + F_{10})}{\xi_0^2} = 0$$

进而得到:

$$\xi_{0\text{opt}}^2 = \frac{F_{10}}{F_{11}} = \frac{\beta_0^4 J_{12} + \beta_0^2 J_{11} + \mu(1-\beta^2)^2}{4(1+\mu)^2(\mu+\beta^2)}$$

将式(2.10)代入,当 $\beta \leqslant 1$ 时,

$$\xi_{0\text{opt}} = \sqrt{\frac{\mu(1-\beta^2)^2[1-\mu/(1+\mu)]}{4(1+\mu)^2(\mu+\beta^2)}} = \sqrt{\frac{\mu(1-\beta^2)^2}{4(1+\mu)^3(\mu+\beta^2)}}$$

$$= \frac{(1-\beta^2)}{2(1+\mu)}\sqrt{\frac{\mu}{(1+\mu)(\mu+\beta^2)}} \tag{2.16}$$

由式(2.16)可以看出,最优连接阻尼解析解亦只与结构频率比、质量比相关,与连接刚度不相关。最优连接阻尼参数随结构频率比、质量比的变化($\beta < 1$)如图 2.4 所示。从图中可以看出,最优连接阻尼随频率比增大而显著减小;在结构频率差别较大时,最优连接阻尼受结构质量比影响显著,随着结构自振频率接近,其受质量比影响减弱。

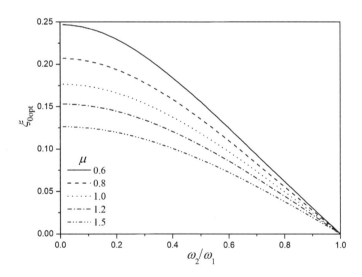

图 2.4　最优连接阻尼参数随结构频率比、质量比的变化(目标Ⅰ)

2. 目标Ⅱ

结构 2 能量表达式(2.11)可写为

$$E_2 = \pi\frac{m_2}{\omega_1}S_0\frac{\beta_0^4 J_{22} + \beta_0^2 J_{21} + J_{20}}{(2\xi_0)C_0} = \frac{\pi m_2}{\omega_1}S_0\frac{1}{2C_0}\frac{\xi_0^2 F_{21} + F_{20}}{\xi_0} \tag{2.17}$$

式中,参数 F_{21} 和 F_{20} 的表达式如表 2.5 所示。

将能量方程式(2.17)对连接阻尼比 ξ_0 求导并令函数值为 0,即 $\dfrac{\mathrm{d}E_2}{\mathrm{d}\xi_0} = 0$,可得:

$$\frac{2F_{21}\xi_0\xi_0 - (\xi_0^2 F_{21} + F_{20})}{\xi_0^2} = 0$$

进而得到：

$$\xi_{0opt}^2 = \frac{F_{20}}{F_{21}} = \frac{\beta_0^4 J_{22} + \beta_0^2 J_{21} + (1-\beta^2)^2}{4(1+\mu)^2(\mu+\beta^2)}$$

当 $\beta \leqslant 1$ 时，$\beta_{0opt} = 0$，所以，

$$\xi_{0opt} = \sqrt{\frac{(1-\beta^2)^2}{4(1+\mu)^2(\mu+\beta^2)}} = \frac{(1-\beta^2)}{2(1+\mu)}\sqrt{\frac{1}{(\mu+\beta^2)}} \tag{2.18}$$

最优连接阻尼参数随频率比、质量比的变化如图 2.5 所示。

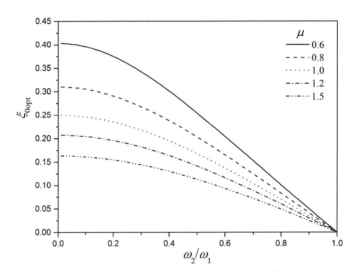

图 2.5　最优连接阻尼参数随结构频率比、质量比的变化(目标Ⅱ)

3. 目标Ⅲ

由式(2.15)和式(2.17)得结构 1 和结构 2 的总振动能量表达式为

$$
\begin{aligned}
E_1 + E_2 &= \frac{\pi m_1}{\omega_1} S_0 \frac{1}{2C_0} \frac{\xi_0^2 F_{11} + F_{10}}{\xi_0} + \frac{\pi m_2}{\omega_1} S_0 \frac{1}{2C_0} \frac{\xi_0^2 F_{21} + F_{20}}{\xi_0} \\
&= \frac{\pi m_2}{\omega_1} S_0 \frac{1}{2C_0} \frac{\xi_0^2(\mu F_{11} + F_{21}) + (\mu F_{10} + F_{20})}{\xi_0}
\end{aligned} \tag{2.19}
$$

将总振动能量方程式(2.19)对连接阻尼比求导并令函数值为 0，即 $\dfrac{\mathrm{d}(E_1 + E_2)}{\mathrm{d}\xi_0} = 0$，

可得：

$$\frac{2(\mu F_{11} + F_{21})\xi_0\xi_0 - [\xi_0^2(\mu F_{11} + F_{21}) + (\mu F_{10} + F_{20})]}{\xi_0^2} = 0$$

进而得到：

$$\xi_{0\text{opt}}^2 = \frac{\mu F_{10} + F_{20}}{\mu F_{11} + F_{21}} \tag{2.20}$$

因此，当 $\beta \leqslant 1$ 且 $\mu \leqslant 1$ 时，由式(2.14b)有 $\beta_{0\text{opt}} = 0$，则

$$\xi_{0\text{opt}}^2 = \frac{\mu F_{10} + F_{20}}{\mu F_{11} + F_{21}} = \frac{(1+\mu^2)(1-\beta^2)^2}{4(1+\mu)^3(\mu+\beta^2)}$$

$$\xi_{0\text{opt}} = \frac{(1-\beta^2)}{2(1+\mu)}\sqrt{\frac{1+\mu^2}{(1+\mu)(\mu+\beta^2)}} \tag{2.21a}$$

当 $\beta < 1$ 且 $\mu > 1$ 时，将式(2.14a)代入式(2.20)可得：

$$\xi_{0\text{opt}}^2 = \frac{\mu F_{10} + F_{20}}{\mu F_{11} + F_{21}} = \frac{2\mu(1-\beta^2)^2}{4(1+\mu)^3(\mu+\beta^2)}$$

$$\xi_{0\text{opt}} = \sqrt{\frac{2\mu(1-\beta^2)^2}{4(1+\mu)^3(\mu+\beta^2)}} = \frac{(1-\beta^2)}{(1+\mu)}\sqrt{\frac{\mu}{2(1+\mu)(\mu+\beta^2)}} \tag{2.21b}$$

最优连接阻尼参数 $\xi_{0\text{opt}}$ 随结构频率比、质量比的变化如图 2.6 所示。

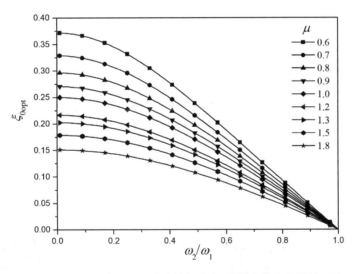

图 2.6 最优连接阻尼参数随结构频率比、质量比的变化(目标Ⅲ)

以上为朱宏平等[3]通过双体单自由度体系推导所得最优连接刚度和最优连接阻尼解析解，表达式简洁，应用方便。但上述解析解是在忽略两结构自身阻尼情况下所得，实际结构自身存在阻尼，例如钢筋混凝土结构阻尼比一般约为 0.05，钢结构阻尼比约为 0.03，结构自身阻尼比对最优连接参数有影响。因此，尚应考虑结构自身阻尼与连接刚度和连接阻尼相关性的影响。

2.4 最优连接参数数值解

本书采用连接后塔楼结构振动能量与无连接时塔楼结构振动能量的比值作为控制指标,即定义结构连接后的振动能量与无连接时的振动能量之比为减震系数,对于结构 1、结构 2 及双塔楼结构整体,减震系数分别为

$$R_1 = \frac{E_1}{E_{01}} \tag{2.22a}$$

$$R_2 = \frac{E_2}{E_{02}} \tag{2.22b}$$

$$R_3 = \frac{E_1 + E_2}{E_{01} + E_{02}} \tag{2.22c}$$

式中,相邻结构间有连接时各塔楼的振动能量 E_1 和 E_2 按式(2.8)计算,无连接时单体塔楼振动能量 E_{01} 和 E_{02} 的计算式为

$$E_{0j} = m_j \int_{-\infty}^{\infty} |(\mathrm{i}\omega)H(\mathrm{i}\omega)|^2 S_0 \mathrm{d}\omega = \frac{m_j \pi S_0}{2\xi\omega_1} \quad (j = 1, 2) \tag{2.23}$$

减震系数越小则减震效果越优,参数优化即确定在减震系数最小时的连接刚度和连接阻尼。

2.4.1 连接刚度、连接阻尼对减震系数的影响

结构减震系数的影响因素有连接刚度、连接阻尼以及结构频率比、结构质量比和结构自身阻尼比等,因此,最优连接参数与结构频率比、结构质量比和结构自身阻尼比相关。为分析各目标减震系数随上述参数的变化规律,数值分析时取结构频率比范围 $\beta = 0.01 \sim 1.0$,结构质量比范围 $\mu = 0.6 \sim 1.8$,结构自身阻尼比范围 $\xi_1(\xi_2) = 0.01 \sim 0.05$。连接刚度参数取值范围 $\beta_0 = 0.01 \sim 1.0$,连接阻尼参数取值范围 $\xi_0 = 0.01 \sim 0.30$。

各目标减震系数随连接参数的变化如图 2.7~图 2.15 所示。

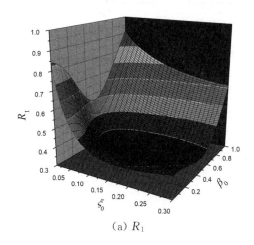

(a) R_1

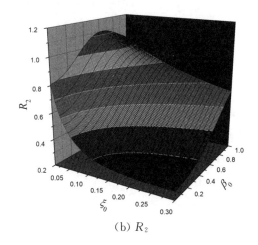

(b) R_2

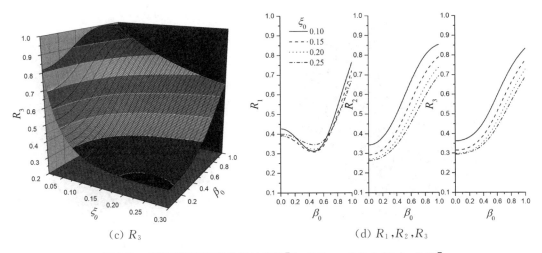

(c) R_3 (d) R_1, R_2, R_3

图 2.7　减震系数随连接参数的变化 $[\beta = 0.5, \mu = 0.6, \xi_1(\xi_2) = 0.05]$

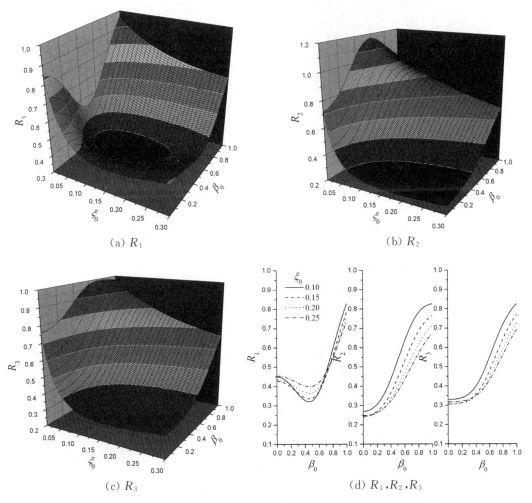

(a) R_1 (b) R_2

(c) R_3 (d) R_1, R_2, R_3

图 2.8　减震系数随连接参数的变化 $[\beta = 0.5, \mu = 1.0, \xi_1(\xi_2) = 0.05]$

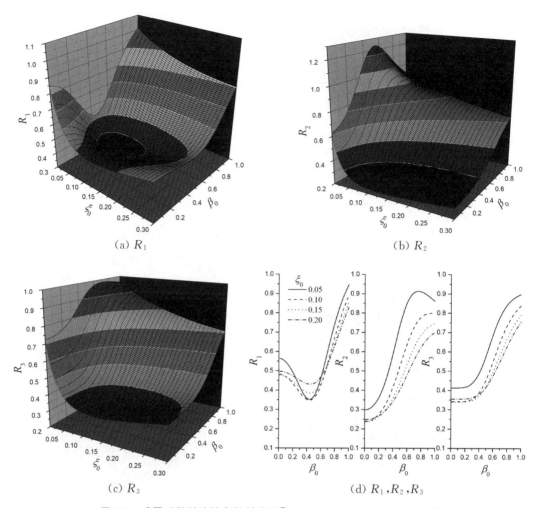

(a) R_1　　　　　　　　(b) R_2

(c) R_3　　　　　　　(d) R_1, R_2, R_3

图 2.9　减震系数随连接参数的变化 $[\beta = 0.5, \mu = 1.5, \xi_1(\xi_2) = 0.05]$

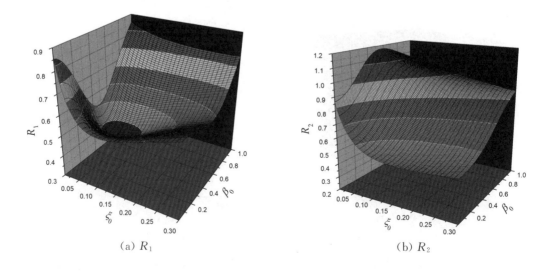

(a) R_1　　　　　　　　(b) R_2

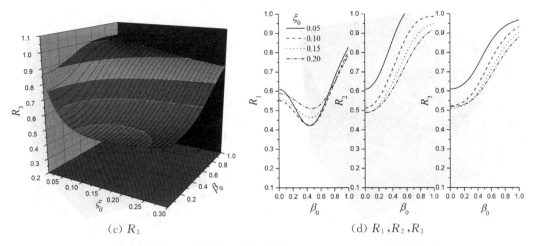

(c) R_3　　　　　　　　(d) R_1, R_2, R_3

图 2.10　减震系数随连接参数的变化 $[\beta = 0.7, \mu = 0.6, \xi_1(\xi_2) = 0.05]$

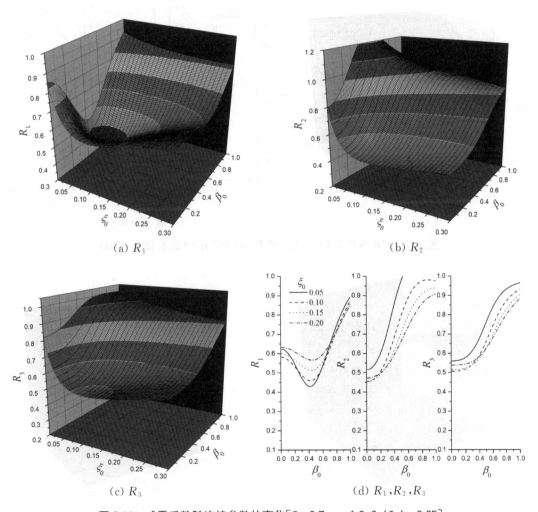

(a) R_1　　　　　　　　(b) R_2

(c) R_3　　　　　　　　(d) R_1, R_2, R_3

图 2.11　减震系数随连接参数的变化 $[\beta = 0.7, \mu = 1.0, \xi_1(\xi_2) = 0.05]$

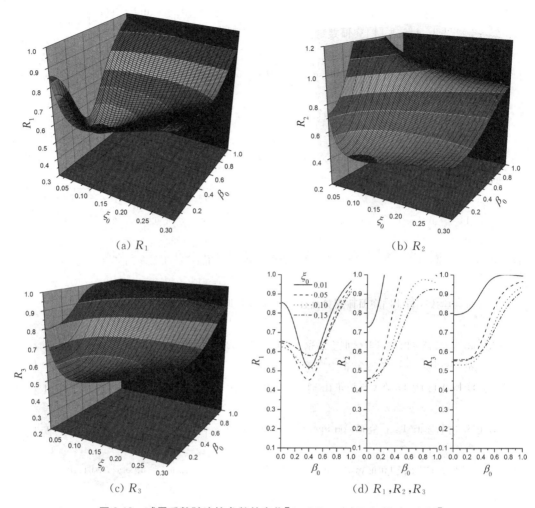

(a) R_1 (b) R_2

(c) R_3 (d) R_1,R_2,R_3

图 2.12　减震系数随连接参数的变化$[\beta = 0.7, \mu = 1.5, \xi_1(\xi_2) = 0.05]$

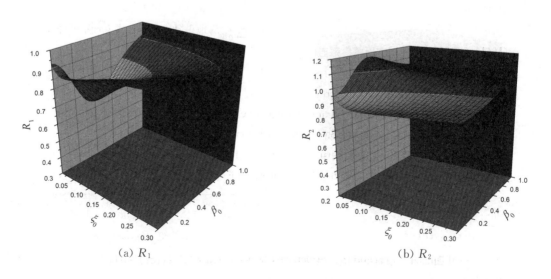

(a) R_1 (b) R_2

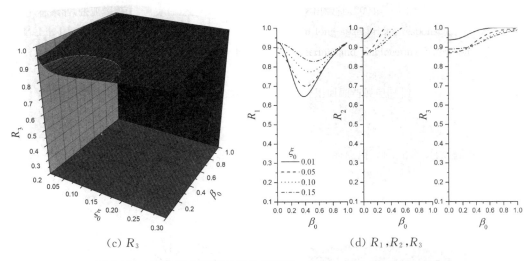

(c) R_3　　　　　　　　　(d) R_1,R_2,R_3

图 2.13　减震系数随连接参数的变化 $[\beta=0.9, \mu=0.6, \xi_1(\xi_2)=0.05]$

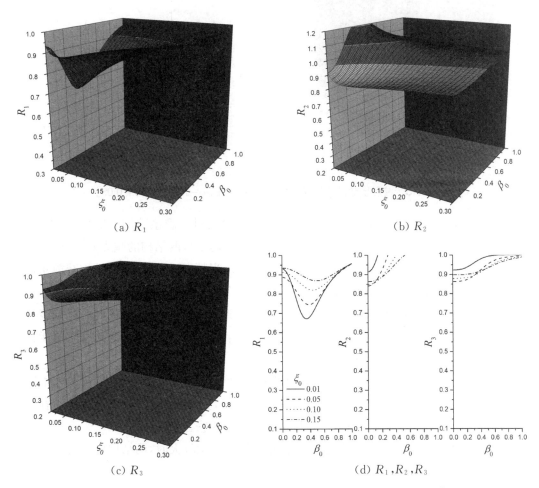

(a) R_1　　　　　　　　　　　　　　(b) R_2

(c) R_3　　　　　　　　　(d) R_1,R_2,R_3

图 2.14　减震系数随连接参数的变化 $[\beta=0.9, \mu=1.0, \xi_1(\xi_2)=0.05]$

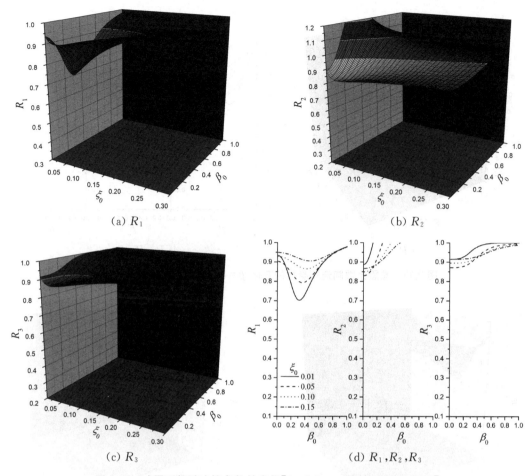

图 2.15　减震系数随连接参数的变化[$\beta=0.9,\mu=1.5,\xi_1(\xi_2)=0.05$]

从图 2.7～图 2.15 可以看出,连接刚度和连接阻尼对减震系数均有影响,其中,连接刚度的影响更加显著。两结构自振频率差别越大(β 越小),两结构的减震效果越好;随着两结构自振频率接近,两结构的减震效果逐渐降低。当频率比等于 1 时,结构减震系数等于 1,即连接装置起不到减震作用。

此外,对于较刚结构,只要二者自振频率不同,连接装置均可使其获得一定减震效果($R_1<1.0$);对于较柔结构,当二者自振频率接近时,随着连接刚度增大,其反应可能会放大($R_2>1.0$),连接装置起负面作用。

对于较刚结构(R_1),具有明显的最优连接刚度值和最优连接阻尼值;对于较柔结构(R_2),连接刚度越小越好(最优连接刚度参数接近 0),具有最优连接阻尼值,且随着结构频率比和质量比增大,其减震系数受连接阻尼影响不敏感。

两结构不能同时达到最佳减震效果,但结构频率差别较大时,两结构可同时获得较好的减震效果。

2.4.2　最优连接刚度、连接阻尼数值解

各参数组合下,各目标的最优连接参数 $\beta_{0\text{opt}},\xi_{0\text{opt}}$ 及相应可达到的减震系数参见附录 A。

1. 结构 1

对于结构1,最优连接刚度参数 β_{0opt} 随结构频率比 β 的增大而减小。当频率比 β 较小时,最优连接刚度参数 β_{0opt} 随结构阻尼比 $\xi_1(\xi_2)$ 的增大而略有减小;当频率比 β 较大时,最优连接刚度参数 β_{0opt} 随结构阻尼比 $\xi_1(\xi_2)$ 的增大而增大。最优连接刚度参数 β_{0opt} 随质量比 μ 的增大而略有减小。最优连接阻尼参数 ξ_{0opt} 随结构频率比 β 的增大而减小,随结构阻尼比 $\xi_1(\xi_2)$ 的增大而略有减小,随结构质量比 μ 的增大而减小。

当两结构频率比较小即动力特性差异较大时,结构1可获得较好的减震效果,随着结构频率比增大,减震效果降低。随着结构阻尼比增大,减震效果降低。结构质量比对减震效果影响微弱,随着质量比增大,减震效果略有降低。

2. 结构 2

对于结构2,最优连接刚度值取0,最优连接阻尼参数 ξ_{0opt} 随结构频率比 β 的增大而减小,随结构阻尼比 $\xi_1(\xi_2)$ 的增大而略有增大,随结构质量比 μ 的增大而减小。

减震效果随着结构频率比的增大而降低,随着结构阻尼比的增大而降低,随着质量比的增大而略有提高。

在特殊情况下,当两结构频率比为1,即两结构基本自振频率相同时,不论连接参数取值如何,结构的减震系数均为1.0,即连接装置起不到减震效果,此时最优连接参数均取0。

2.5 最优连接参数解析解与数值解比较

2.5.1 目标 I

当以结构1为减震控制目标时,其最优连接刚度参数(β_{0opt})的数值解与解析解[式(2.10)]的对比如图2.16所示。从图中可以看出,随着相邻结构频率比($\beta=\omega_2/\omega_1$)逐渐增大至1.0,最优连接频率比 β_{0opt} 逐渐减小,与解析解变化趋势一致。当两结构自振频率相差较大($\beta \leqslant 0.6$)时,解析解误差不大;而当两结构自振频率较接近($\beta > 0.6$)时,解析解所得最优连接刚度参数值偏小,且误差较大。计入结构自身阻尼比(ξ_1 和 ξ_2),阻尼比 ξ_1 和 ξ_2 越大, β_{0opt} 解析解误差越大。

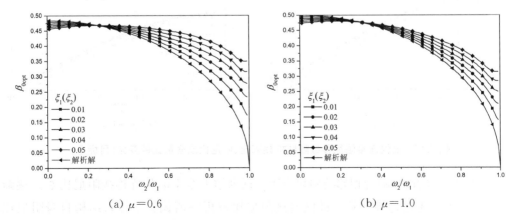

(a) $\mu=0.6$　　　　　　　(b) $\mu=1.0$

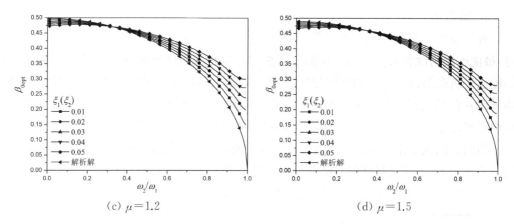

(c) $\mu=1.2$ (d) $\mu=1.5$

图 2.16 最优连接刚度参数随结构频率比、阻尼比及质量比的变化(目标 I)

对比图 2.16(a)~(d)可以看出,两结构质量比(μ)对最优连接刚度参数影响不显著,随着结构质量比增大,最优连接刚度参数值略有减小,解析解误差减小。

最优连接阻尼参数(ξ_{0opt})的数值解与解析解[式(2.16)]的对比如图 2.17 所示。

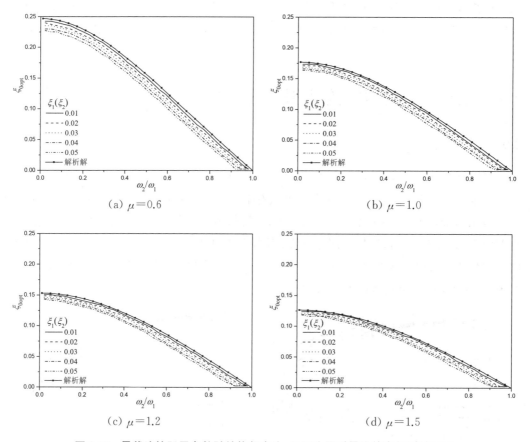

(a) $\mu=0.6$ (b) $\mu=1.0$

(c) $\mu=1.2$ (d) $\mu=1.5$

图 2.17 最优连接阻尼参数随结构频率比、阻尼比及质量比的变化(目标 I)

从图中可以看出,随着相邻结构频率比 β 逐渐增大至 1.0,最优连接阻尼比 ξ_{0opt} 逐渐减小,与解析解变化趋势一致。最优连接阻尼比解析解值偏大。计入结构自身阻尼比

（ξ_1 和 ξ_2），阻尼比 ξ_1 和 ξ_2 越大，解析解误差越大，结构自身阻尼比取 0.05 时，ξ_{0opt} 解析解值偏大 0.015～0.025。

对比图 2.17(a)～(d)可以看出，两结构质量比（μ）对最优连接阻尼比影响显著，尤其在结构频率比较小（即自振频率差别较大）时。随着结构质量比增大，最优连接阻尼参数值减小。结构质量比越小，解析解误差越大。

由于相邻结构自振频率较接近时，减震效果逐渐降低，而且连接参数在最优值附近变化时引起的减震系数变化不显著，最优连接刚度和连接阻尼解析解均有一定误差，因此还应该进一步分析其对减震效果的影响程度。

根据最优连接参数数值解或解析解所得结构 1 的减震系数对比如图 2.18 所示。可见，当结构频率比 β 约大于 0.7 时，解析解所得减震系数存在一定误差，减震系数值偏大，按本书最优连接参数取值时可以获得更佳的减震效果。

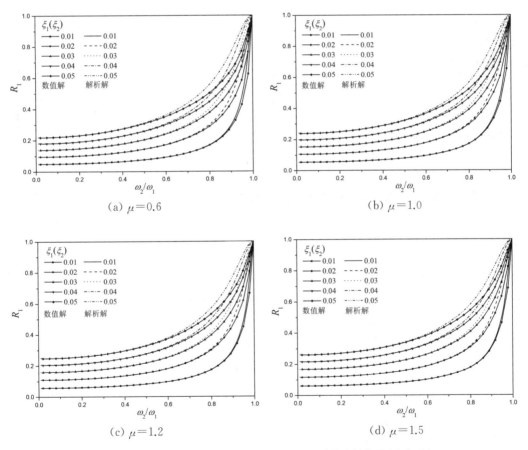

图 2.18　减震系数随结构频率比、阻尼比及质量比的变化（目标 Ⅰ）

在不同结构阻尼比、质量比情况下，解析解与数值解所得结构 1 的减震系数误差分布如图 2.19 所示。当两相邻结构自身阻尼比相同且在 0.01～0.05 范围取值，质量比为 0.6，1.0，1.2，1.5 时，结构 1 的减震系数最大偏差的平均值分别达到 0.15，0.12，0.11，0.10。减震系数最大偏差值受结构阻尼比影响较小，结构质量比对其有一定影响，质量比越小，最大偏差值越大。

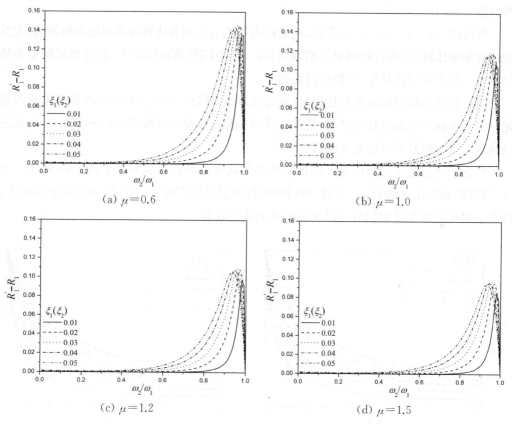

图 2.19　减震系数偏差随结构频率比、阻尼比及质量比的变化(目标Ⅰ)

2.5.2　目标Ⅱ

当以结构 2(较柔结构)为控制目标时,按式(2.12)解析解所得最优连接刚度系数取 $\beta_{0opt}=0$,与数值解一致。最优连接阻尼参数的解析解与数值解对比如图 2.20 所示。从图中可以看出,计入结构自身阻尼比时,解析解所得最优连接阻尼参数值略微偏小。结构自身阻尼比越大,解析解误差越大;两结构质量比越小,解析解偏差越大。

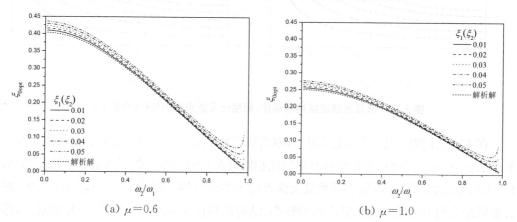

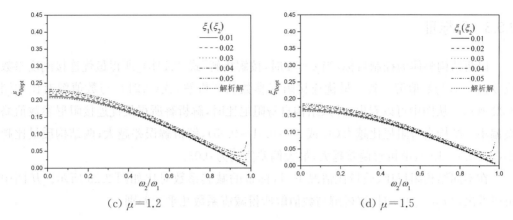

（c）$\mu=1.2$　　　　　　　　　　　　（d）$\mu=1.5$

图 2.20　最优连接阻尼参数随结构频率比、阻尼比及质量比的变化（目标Ⅱ）

同样，进一步分析最优连接参数误差对减震系数的影响程度。在不同结构阻尼比、质量比情况下，数值解与解析解所得结构 2 的减震系数对比如图 2.21 所示。从图中可以看出，对于较柔的结构 2，解析解与数值解所得减震系数几乎相同，误差较小，范围在 0.006～0.012 之间。

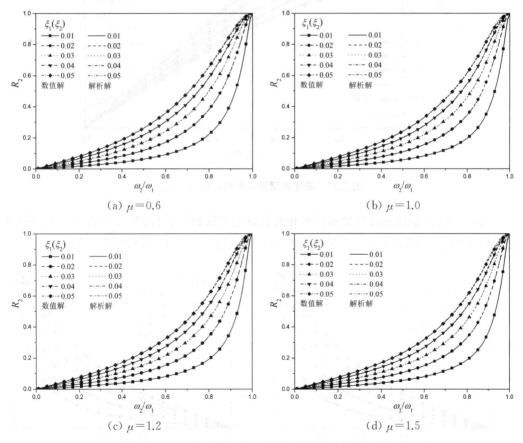

（a）$\mu=0.6$　　　　　　　　　　　　（b）$\mu=1.0$

（c）$\mu=1.2$　　　　　　　　　　　　（d）$\mu=1.5$

图 2.21　减震系数随结构频率比、阻尼比及质量比的变化（目标Ⅱ）

2.5.3 目标Ⅲ

以两结构整体为控制目标,当 $\mu \leqslant 1$ 时,按解析解[式(2.14b)]所得最优连接刚度参数取 $\beta_{0opt}=0$,与数值解一致。最优连接阻尼参数的解析解[式(2.21)]与数值解对比如图2.22所示。从图中可以看出,计入结构自身阻尼比时,解析解所得最优连接阻尼参数值略微偏小。结构自身阻尼比越大(ξ_1 或 $\xi_2=0.01\sim0.05$),解析解误差越大;两结构质量比越小($\mu=0.6\sim1.0$),解析解偏差越大,最大偏差值约为0.03。

在不同结构阻尼比、质量比情况下,目标Ⅲ的减震系数对比如图2.23所示。从图中可以看出,当 $\mu \leqslant 1.0$ 时,解析解与数值解所得减震系数几乎无差别。

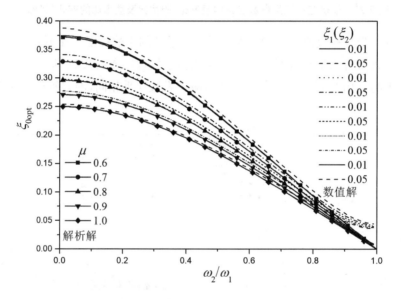

图2.22　最优连接阻尼参数对比 $(\mu \leqslant 1)$

当 $\mu > 1$ 时,最优连接参数解析解和数值解的对比如图2.24、图2.25所示。从图中可以看出,最优连接刚度参数 β_{0opt} 随着结构阻尼比的增大而减小,解析解所得最优连接刚度

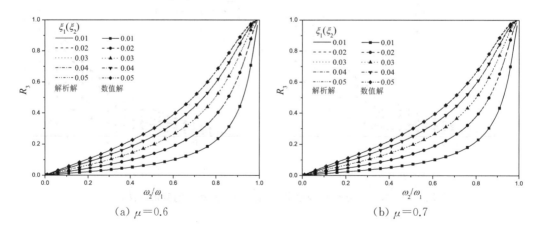

(a) $\mu=0.6$　　　　　　　　　　(b) $\mu=0.7$

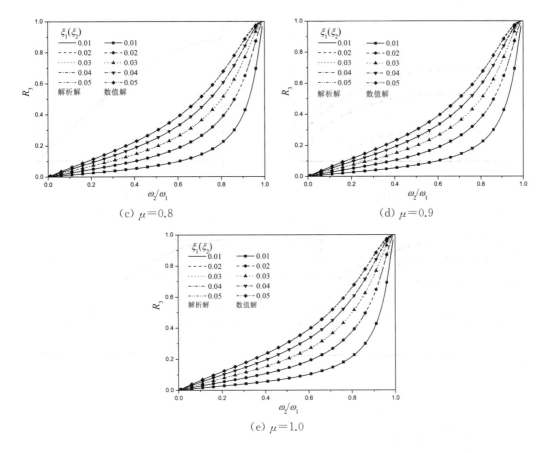

(c) $\mu=0.8$　　　　　　(d) $\mu=0.9$

(e) $\mu=1.0$

图 2.23　减震系数对比($\mu \leqslant 1$)

参数值偏大,结构自身阻尼比越大,最优连接刚度参数值偏差越大(图 2.24)。最优连接阻尼参数值的数值解和解析解几乎相同(图 2.25)。

当质量比 $\mu=1.2$、结构阻尼比大于 0.033 时,最优连接刚度参数 β_{0opt} 取 0,如图 2.24(a)所示。

当质量比 $\mu=1.3$、结构阻尼比大于 0.045 时,最优连接刚度参数 β_{0opt} 取 0,如图 2.24(b)所示。

当质量比 $\mu=1.5$、结构阻尼比大于 0.065 时,最优连接刚度参数 β_{0opt} 取 0,如图 2.24(c)所示。

当质量比 $\mu=1.8$、结构阻尼比大于 0.090 时,最优连接刚度参数 β_{0opt} 取 0,如图 2.24(d)所示。

当 $\mu>1$ 时,解析解与数值解所得目标Ⅲ减震系数对比如图 2.26 所示,可见解析解和数值解所得目标Ⅲ的减震系数差别微小,最大偏差值约为 0.007。

2.5.4　最优连接参数对比

将数值分析所得各目标下最优连接刚度和阻尼参数值与文献解析解所得结果进行对比分析,发现如下规律:

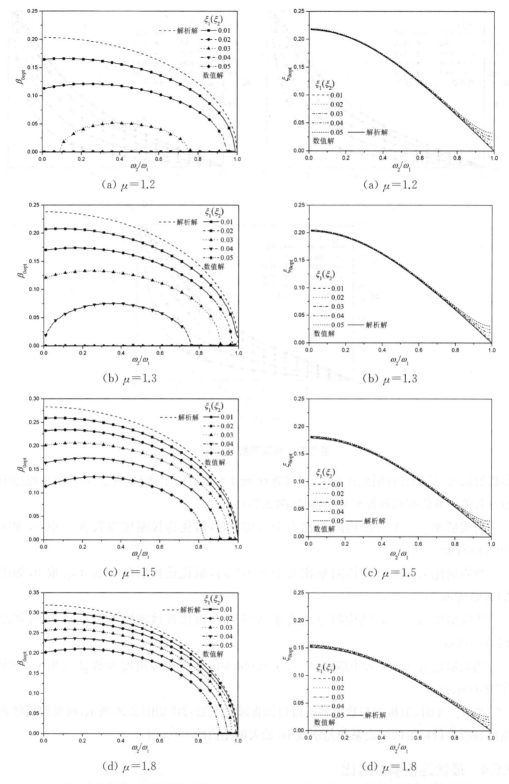

图 2.24　最优连接刚度参数随结构
频率比和质量比的变化

图 2.25　最优连接阻尼参数随结构
频率比和质量比的变化

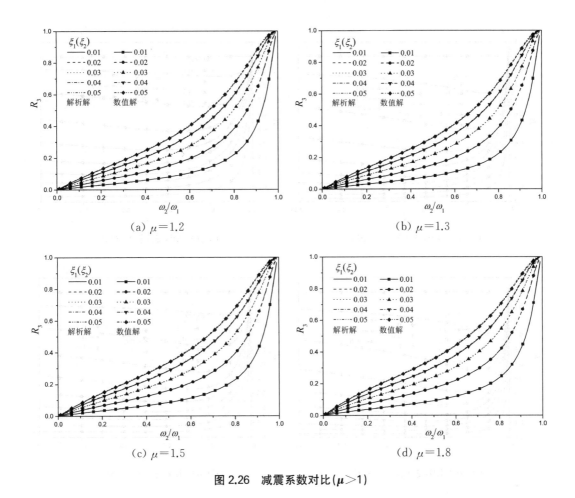

图 2.26　减震系数对比($\mu > 1$)

（1）对于目标Ⅰ（较刚结构），解析解所得最优连接刚度参数值偏小，最优连接阻尼参数值偏大，导致减震系数偏差值为 0.10～0.15。

（2）对于目标Ⅱ（较柔结构），解析解所得最优连接刚度参数值无偏差，最优连接阻尼参数值略有偏小，导致减震系数偏差较小，为 0.006～0.012。

（3）对于目标Ⅲ（整体体系），当结构质量比 $\mu \leqslant 1$ 时，解析解所得最优连接刚度参数值无偏差（取 0），最优连接阻尼参数值略有偏小，减震系数偏差微小；当结构质量比 $\mu > 1$ 时，解析解所得最优连接刚度参数值偏大，最优连接阻尼参数值几乎无偏差，导致减震系数偏差微小，最大偏差值为 0.005～0.007。

2.6　实用最优连接参数调整

对于较柔结构（目标Ⅱ），最优连接刚度参数值取 0，在结构频率比较小（动力特性差异较大）时，最优连接阻尼参数值较大，由于在最优值附近减震系数随连接阻尼变化并不敏感（图 2.27），因此，在不显著降低减震效果的情况下（减震系数变化＜0.01），连接阻尼参数可取较小值。

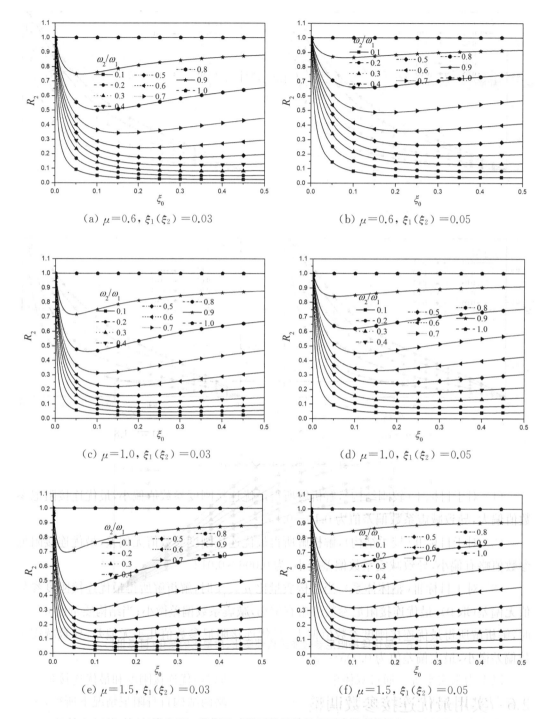

图 2.27　目标 Ⅱ 减震系数随连接阻尼参数的变化

　　实用最优连接阻尼参数值如附表 B.1 所示[与数值解最优值（附表 A.2）对应]，二者对比如图 2.28 所示，应用时连接阻尼参数在二者之间范围内取值并不显著影响减震系数。

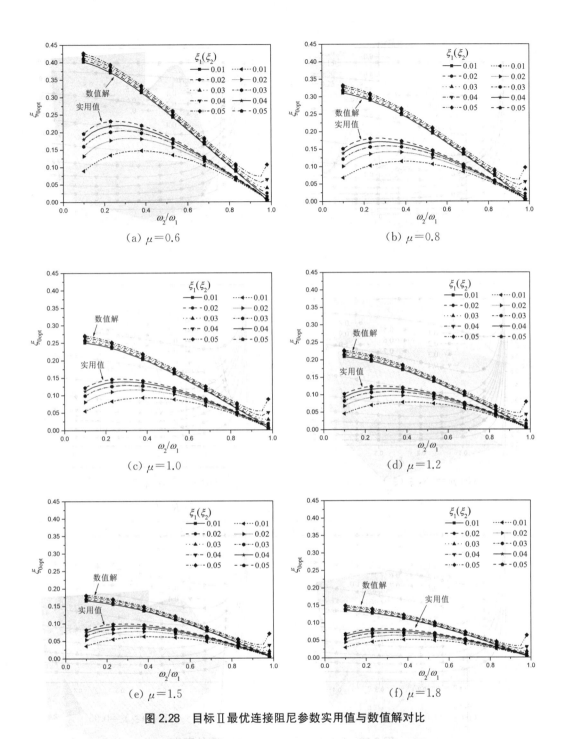

图 2.28　目标 II 最优连接阻尼参数实用值与数值解对比

同样,对于整体结构体系(目标 III),当结构质量比 $\mu \leqslant 1.0$ 时,最优连接刚度参数值亦取 0,在结构频率比较小(动力特性差异较大)时,最优连接阻尼参数值较大,由于在最优值附近减震系数随连接阻尼变化并不敏感(图 2.29),因此,在不显著降低减震效果的情况下(减震系数变化<0.01),连接阻尼参数可取较小值。

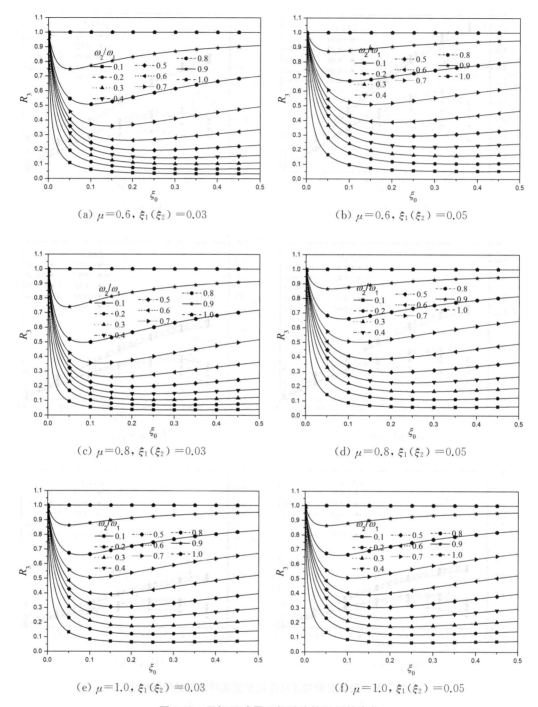

(a) $\mu=0.6$, $\xi_1(\xi_2)=0.03$

(b) $\mu=0.6$, $\xi_1(\xi_2)=0.05$

(c) $\mu=0.8$, $\xi_1(\xi_2)=0.03$

(d) $\mu=0.8$, $\xi_1(\xi_2)=0.05$

(e) $\mu=1.0$, $\xi_1(\xi_2)=0.03$

(f) $\mu=1.0$, $\xi_1(\xi_2)=0.05$

图 2.29　目标Ⅲ减震系数随连接阻尼的变化

　　实用最优连接阻尼参数值如附表 B.2 所示{与数值解最优值[附表 A.3(a)～(e)]对应},二者对比如图 2.30 所示,应用时连接阻尼参数在二者之间范围内取值并不显著影响减震系数。

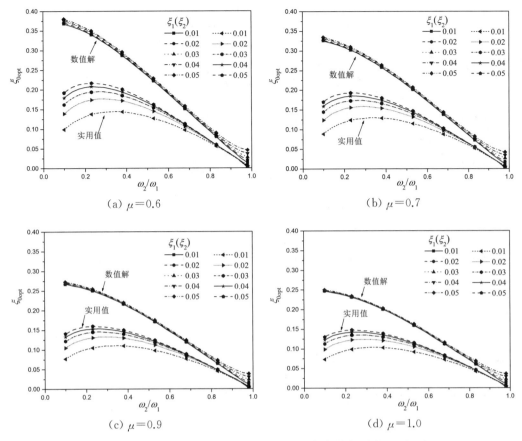

图 2.30　目标Ⅲ最优连接阻尼参数实用值与数值解对比($\mu \leqslant 1.0$)

对于目标Ⅲ,当 $\mu > 1.0$ 时,最优连接刚度参数的数值解与解析解有差别,最优连接阻尼参数的差别微小,所得减震系数几乎无差别,说明在最优参数值附近,连接刚度参数值变化对减震系数不敏感,因此,在不显著降低减震效果的基础上,可减小连接刚度参数值。

连接阻尼参数取最优值时,减震系数 R_3 随连接刚度参数的变化如图 2.31 所示。从图中可以看出,在各参数组合下,当质量比 $\mu > 1.0$ 时,连接刚度参数 β_0 从 0 到最优值变化几

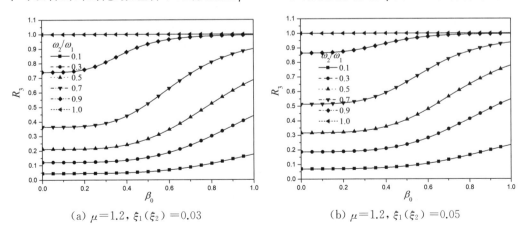

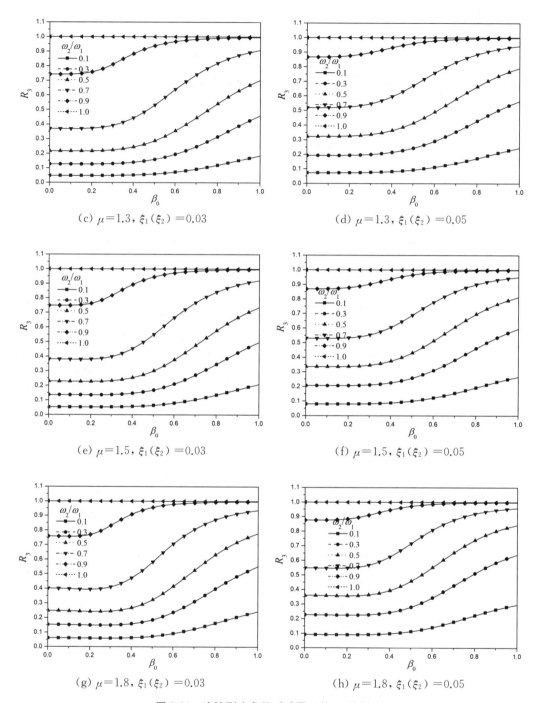

图 2.31　连接刚度参数对减震系数 R_3 的影响

乎不引起减震系数显著变化。因此,对于实用连接参数,建议与 $\mu \leqslant 1.0$ 一样,最优连接刚度参数亦取 0[即附表 A.3(f)～(i)中所有 β_{0opt} 取 0],减震系数对比如图 2.32 所示,当质量比 μ 越大、结构阻尼比 $\xi_1(\xi_2)$ 越小时,取实用值导致的减震系数增长越大,但变化小于 0.01。

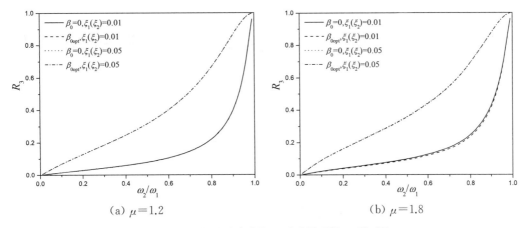

（a）$\mu=1.2$　　　　　　（b）$\mu=1.8$

图 2.32　连接刚度参数取 0 时减震系数 R_3 的对比

参考文献

［1］林家浩,张亚辉.随机振动的虚拟激励法［M］.北京:科学出版社,2004.

［2］林家浩,张亚辉,赵岩.虚拟激励法在国内外工程界的应用回顾与展望［J］.应用数学和力学,2017,38(1):1-31.

［3］Zhu H P, Xu Y L. Optimum parameters of Maxwell model-defined dampers used to link adjacent structures［J］. Journal of Sound and Vibration,2005,279(2):253-274.

［4］Zhu H P, Iemura H. A study of response control on the passive coupling element between parallel structures［J］. Structural Engineering and Mechanics,2000,9(4):383-396.

［5］Zhu H P, Iemura H. A study on interaction control for seismic response of parallel structures［J］. Computers & Structures,2001,79(2):231-242.

［6］朱宏平,俞永敏,唐家祥.地震作用下主-从结构的被动优化控制研究［J］.应用力学学报,2000,17(2):63-69.

［7］朱宏平,杨紫健,唐家祥.利用连接装置控制两相邻结构的地振动响应［J］.振动工程学报,2003,16(1):60-65.

［8］朱宏平,翁顺,陈晓强.控制两相邻结构地振动响应的 Maxwell 模型流体阻尼器优化参数研究［J］.应用力学学报,2006,23(2):296-300.

第 3 章 黏滞阻尼器连接两相邻结构减震参数优化

3.1 分析模型与运动方程

类似于图 2.1，两相邻结构通过黏滞阻尼器连接，连接装置只提供阻尼，连接刚度为 0。为简化分析，只考虑结构第一振型的影响，将两结构分别简化为单自由度体系，连接阻尼器简化为 Maxwell 模型，形成 2-DOF 减震体系，如图 3.1 所示。

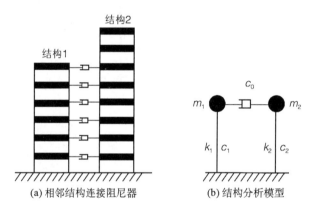

(a) 相邻结构连接阻尼器   (b) 结构分析模型

图 3.1　结构模型

连接装置的阻尼系数为 c_0，结构体系在地面振动激励下的运动方程为

$$\begin{cases} m_1\ddot{x}_1 + c_1\dot{x}_1 + k_1 x_1 + c_0(\dot{x}_1 - \dot{x}_2) = -m_1\ddot{x}_g(t) \\ m_2\ddot{x}_2 + c_2\dot{x}_2 + k_2 x_2 - c_0(\dot{x}_1 - \dot{x}_2) = -m_2\ddot{x}_g(t) \end{cases} \quad (3.1a)$$

写成矩阵形式为

$$\boldsymbol{M}\ddot{\boldsymbol{X}} + \boldsymbol{C}\dot{\boldsymbol{X}} + \boldsymbol{K}\boldsymbol{X} = -\boldsymbol{M}\boldsymbol{I}\ddot{x}_g(t) \quad (3.1b)$$

式中，

质量矩阵 $\boldsymbol{M} = \begin{bmatrix} m_1 & \\ & m_2 \end{bmatrix}$；阻尼矩阵 $\boldsymbol{C} = \begin{bmatrix} c_1 + c_0 & -c_0 \\ -c_0 & c_2 + c_0 \end{bmatrix}$；刚度矩阵 $\boldsymbol{K} = \begin{bmatrix} k_1 & \\ & k_2 \end{bmatrix}$；

单位向量 $\boldsymbol{I} = \begin{bmatrix} 1 \\ 1 \end{bmatrix}$；相对位移向量 $\boldsymbol{X} = \begin{bmatrix} x_1 \\ x_2 \end{bmatrix}$；$\ddot{x}_g(t)$ 为地面运动加速度时程。

定义下列参数：

左、右结构自振圆频率 $\omega_1 = \sqrt{k_1/m_1}$，$\omega_2 = \sqrt{k_2/m_2}$；

左、右结构自身阻尼比 $\xi_1 = c_1/(2m_1\omega_1)$，$\xi_2 = c_2/(2m_2\omega_2)$；

连接阻尼的名义阻尼比 $\xi_0 = c_0/(2m_1\omega_1)$；

左、右结构的自振频率比 $\beta = \omega_2/\omega_1$，并设左结构为较刚结构，右结构为较柔结构，即 $\beta \leqslant 1.0$；

左、右结构的质量比 $\mu = m_1/m_2$。

将式(3.1a)第一式等号两侧除以 m_1、第二式等号两侧除以 m_2，则式(3.1b)变为

$$\overline{M}\ddot{X} + \overline{C}\dot{X} + \overline{K}X = -I\ddot{x}_g(t) \tag{3.2}$$

式中，

质量矩阵 $\overline{M} = \begin{bmatrix} 1 & \\ & 1 \end{bmatrix}$；阻尼矩阵 $\overline{C} = \begin{bmatrix} a_1 & a_3 \\ a_5 & a_7 \end{bmatrix}$；刚度矩阵 $\overline{K} = \begin{bmatrix} a_2 & a_4 \\ a_6 & a_8 \end{bmatrix}$。其中，阻尼矩阵 $\overline{C}$ 和刚度矩阵 $\overline{K}$ 的各元素如表3.1所示。

表3.1　　　　　　　　　　矩阵元素

矩阵	元素	表达式	矩阵	元素	表达式
$\overline{C}$	a_1	$2\xi_1\omega_1 + 2\xi_0\omega_1$	$\overline{K}$	a_2	ω_1^2
	a_3	$-2\xi_0\omega_1$		a_4	0
	a_5	$-2\xi_0\omega_1\mu$		a_6	0
	a_7	$2\xi_2\omega_2 + 2\xi_0\omega_1\mu$		a_8	ω_2^2

3.2　结构振动能量

设地面运动为平稳随机振动过程，令

$$\ddot{x}_g(t) = \sqrt{S_g(\omega)} \cdot e^{i\omega t} \tag{3.3}$$

根据虚拟激励理论[1,2]有：

$$X = H(i\omega) \cdot \sqrt{S_g(\omega)} \cdot e^{i\omega t} \tag{3.4}$$

式中，质点位移频响函数向量 $H(i\omega) = [H_1(i\omega) \quad H_2(i\omega)]^T$。

将式(3.3)、式(3.4)代入式(3.2)则有：

$$\hat{D}H(i\omega) = -I \tag{3.5}$$

式中，$\hat{D} = \begin{bmatrix} d_{11} & d_{12} \\ d_{21} & d_{22} \end{bmatrix}$，矩阵中各元素 d_{ij} 是用 $(i\omega)$ 及 $a_n (n=1,2,\cdots,8)$ 表示的函数，如表3.2所示。

表3.2 矩阵元素

元素	表达式	元素	表达式
d_{11}	$(\mathrm{i}\omega)^2 + (\mathrm{i}\omega)a_1 + a_2$	d_{12}	$(\mathrm{i}\omega)a_3$
d_{21}	$(\mathrm{i}\omega)a_5$	d_{22}	$(\mathrm{i}\omega)^2 + (\mathrm{i}\omega)a_7 + a_8$

由式(3.5)即可用结构体系参数表示频响函数 $H_1(\mathrm{i}\omega)$ 和 $H_2(\mathrm{i}\omega)$：

$$H_j(\mathrm{i}\omega) = \frac{|\hat{\boldsymbol{D}}_j|}{|\hat{\boldsymbol{D}}|} \quad (j = 1, 2) \tag{3.6}$$

式中,

$$|\hat{\boldsymbol{D}}| = \begin{vmatrix} d_{11} & d_{12} \\ d_{21} & d_{22} \end{vmatrix} = d_{11}d_{22} - d_{12}d_{21} = (\mathrm{i}\omega)^4 A_4 + (\mathrm{i}\omega)^3 A_3 + (\mathrm{i}\omega)^2 A_2 + (\mathrm{i}\omega)A_1 + A_0$$

$$|\hat{\boldsymbol{D}}_1| = \begin{vmatrix} -1 & d_{12} \\ -1 & d_{22} \end{vmatrix} = d_{12} - d_{22} = (\mathrm{i}\omega)^2 K_2 + (\mathrm{i}\omega)K_1 + K_0$$

$$|\hat{\boldsymbol{D}}_2| = \begin{vmatrix} d_{11} & -1 \\ d_{21} & -1 \end{vmatrix} = d_{21} - d_{11} = (\mathrm{i}\omega)^2 L_2 + (\mathrm{i}\omega)L_1 + L_0$$

参数 $A_0 \sim A_4$, $K_0 \sim K_2$, $L_0 \sim L_2$ 的表达式如表3.3所示。

表3.3 参数表达式

参数	表达式	参数	表达式	参数	表达式
A_4	1	K_2	-1	L_2	-1
A_3	$a_1 + a_7$	K_1	$a_3 - a_7$	L_1	$-a_1 + a_5$
A_2	$a_2 + a_8 + a_1 a_7 - a_3 a_5$	K_0	$-a_8$	L_0	$-a_2$
A_1	$a_1 a_8 + a_2 a_7$				
A_0	$a_2 a_8$				

结构振动能量表达式同式(2.8),其中连接刚度参数取0。

3.3 最优连接阻尼解析解

为求得最优连接参数解析解,忽略相邻结构自身阻尼影响,即取 $\xi_1 = \xi_2 = 0$。

1. 目标 I

由结构1能量表达式(2.8a)可得:

$$E_1 = \frac{\pi m_1}{\omega_1} S_0 \frac{1}{2C_0} \frac{\xi_0^2 F_{11} + F_{10}}{\xi_0} \tag{3.7}$$

式中,参数 C_0, F_{11} 和 F_{10} 的表达式如表3.4所示。

将能量方程式(3.7)对连接阻尼比 ξ_0 求导并令函数值等于0,即 $\dfrac{\mathrm{d}E_1}{\mathrm{d}\xi_0} = 0$,可得

$$\frac{2F_{11}\xi_0\xi_0 - (\xi_0^2 F_{11} + F_{10})}{\xi_0^2} = 0$$

进而得到：

$$\xi_{0\text{opt}}^2 = \frac{F_{10}}{F_{11}} = \frac{\mu(1-\beta^2)^2}{4(1+\mu)^2(\mu+\beta^2)}$$

因此，当 $\beta \leqslant 1$ 时，

$$\xi_{0\text{opt}} = \sqrt{\frac{\mu(1-\beta^2)^2}{4(1+\mu)^2(\mu+\beta^2)}} = \frac{(1-\beta^2)}{2(1+\mu)}\sqrt{\frac{\mu}{(\mu+\beta^2)}} \tag{3.8}$$

由式(3.8)可以看出，最优连接阻尼参数解析解只与结构频率比、质量比相关，其随频率比、质量比的变化曲线（$\beta \leqslant 1$）如图 3.2(a)所示。从图中可以看出，最优连接阻尼参数随频率比增大而显著减小；在结构频率差别较大时，最优连接阻尼参数受结构质量比影响显著，随着结构自振频率接近，其受质量比的影响减弱。相较于黏弹性阻尼器连接工况，黏滞阻尼器连接时最优连接阻尼参数值较大。

表 3.4　　　　　　　　　　　　　　参数表达式

参数	表达式
F_{11}	$4(\mu+\beta^2)(1+\mu)^2$
F_{10}	$\mu(1-\beta^2)^2$
F_{21}	$4(\mu+\beta^2)(1+\mu)^2$
F_{20}	$(1-\beta^2)^2$
C_0	$\mu(1-\beta^2)^2$

2. 目标 II

由结构 2 能量表达式(2.8b)可得：

$$E_2 = \frac{\pi m_1}{\omega_1} S_0 \frac{1}{2C_0} \frac{\xi_0^2 F_{21} + F_{20}}{\xi_0} \tag{3.9}$$

式中，参数 F_{21} 和 F_{20} 的表达式如表 3.4 所示。

将能量方程式(3.9)对连接阻尼比 ξ_0 求导并令函数值等于 0，即 $\dfrac{\mathrm{d}E_2}{\mathrm{d}\xi_0} = 0$，可得：

$$\frac{2F_{21}\xi_0\xi_0 - (\xi_0^2 F_{21} + F_{20})}{\xi_0^2} = 0$$

进而得到：

$$\xi_{0\text{opt}}^2 = \frac{F_{20}}{F_{21}} = \frac{(1-\beta^2)^2}{4(1+\mu)^2(\mu+\beta^2)}$$

因此，当 $\beta \leqslant 1$ 时，

$$\xi_{0opt}=\sqrt{\frac{(1-\beta^2)^2}{4(1+\mu)^2(\mu+\beta^2)}}=\frac{(1-\beta^2)}{2(1+\mu)}\sqrt{\frac{1}{\mu+\beta^2}} \tag{3.10}$$

式(3.10)与黏弹性阻尼器连接时的最优连接阻尼参数式(2.18)相同。

3. 目标Ⅲ

由式(2.8)可得结构1和结构2的总振动能量为

$$\begin{aligned}
E_1+E_2&=\frac{\pi m_1}{\omega_1}S_0\frac{1}{2C_0}\frac{\xi_0^2F_{11}+F_{10}}{\xi_0}+\frac{\pi m_2}{\omega_1}S_0\frac{1}{2C_0}\frac{\xi_0^2F_{21}+F_{20}}{\xi_0}\\
&=\frac{\pi m_2}{\omega_1}S_0\frac{1}{2C_0}\frac{\xi_0^2(\mu F_{11}+F_{21})+(\mu F_{10}+F_{20})}{\xi_0}
\end{aligned} \tag{3.11}$$

将能量方程式(3.11)对连接阻尼比 ξ_0 求导并令函数值等于0,即 $\dfrac{d(E_1+E_2)}{d\xi_0}=0$,可得:

$$\frac{2(\mu F_{11}+F_{21})\xi_0\xi_0-[\xi_0^2(\mu F_{11}+F_{21})+(\mu F_{10}+F_{20})]}{\xi_0^2}=0$$

进而得到:

$$\xi_{0opt}^2=\frac{\mu F_{10}+F_{20}}{\mu F_{11}+F_{21}}=\frac{(1-\beta^2)^2(1+\mu^2)}{4(\mu+\beta^2)(1+\mu)^3}$$

因此,当 $\beta\leqslant1$ 时,

$$\xi_{0opt}=\frac{1-\beta^2}{2(1+\mu)}\sqrt{\frac{1+\mu^2}{(1+\mu)(\mu+\beta^2)}} \tag{3.12}$$

式(3.12)与黏弹性阻尼器连接时的最优连接阻尼参数式(2.21a)相同,且适用于 μ 的所有取值情况,如图3.2(b)所示。当 $\mu\leqslant1$ 时,最优连接阻尼参数取值与黏弹性阻尼器连接工况下的取值相同,当 $\mu>1$ 时,取值略大。

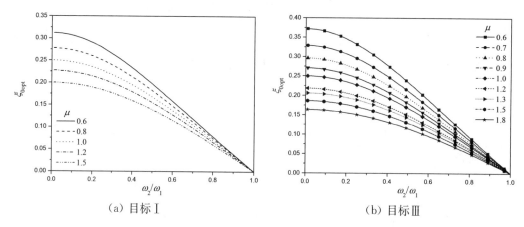

(a) 目标Ⅰ　　　　　　　(b) 目标Ⅲ

图3.2　最优连接阻尼参数随结构频率比、质量比的变化

　　以上为 Bhaskararao 等[3,4]通过双体单自由度体系推导所得最优连接阻尼参数解析解,同样是在忽略两相邻结构自身阻尼情况下所得。以下数值分析中考虑了结构自身阻尼与连接刚度和连接阻尼相关性的影响。

3.4　最优连接参数数值解

3.4.1　连接阻尼对减震系数的影响

　　结构减震系数的影响因素有连接阻尼以及结构频率比、结构质量比和结构自身阻尼比等,因此,最优连接参数与结构频率比、结构质量比和结构自身阻尼比相关。为分析各目标减震系数随上述参数的变化规律,数值分析时取结构频率比范围 $\beta = 0.01 \sim 1.0$,结构质量比范围 $\mu = 0.6 \sim 1.8$,结构自身阻尼比范围 $\xi_1(\xi_2) = 0.01 \sim 0.05$,连接阻尼参数范围 $\xi_0 = 0.01 \sim 0.40$。

　　各目标减震系数随连接阻尼参数、结构自身阻尼比的变化如图 3.3～图 3.11 所示。

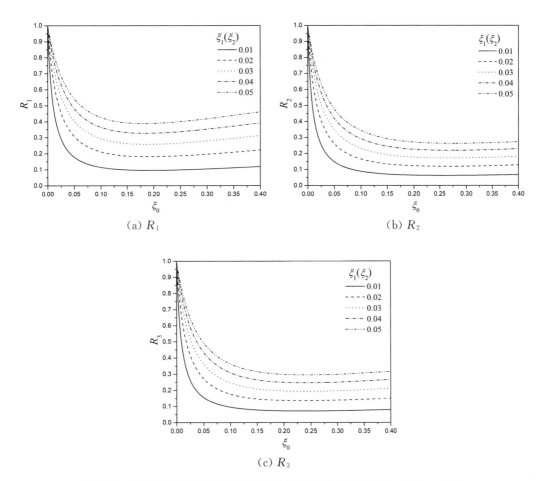

图 3.3　减震系数随连接阻尼参数、结构自身阻尼比的变化($\beta = 0.5, \mu = 0.6$)

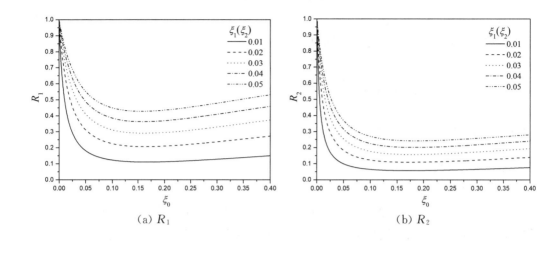

(a) R_1　　　　　　　　　(b) R_2

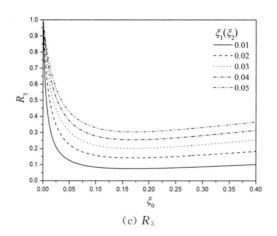

(c) R_3

图 3.4　减震系数随连接阻尼参数、结构自身阻尼比的变化($\beta = 0.5, \mu = 1.0$)

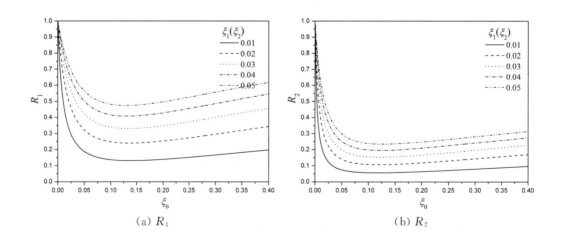

(a) R_1　　　　　　　　　(b) R_2

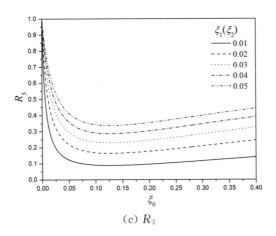

（c）R_3

图 3.5　减震系数随连接阻尼参数、结构自身阻尼比的变化（$\beta = 0.5, \mu = 1.5$）

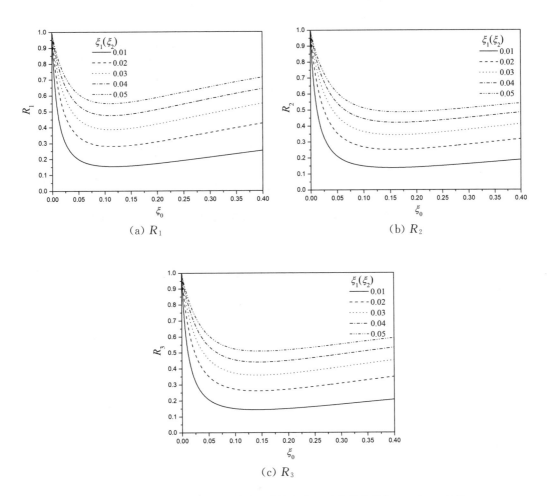

（a）R_1　　　　　　　　　　　　　　　（b）R_2

（c）R_3

图 3.6　减震系数随连接阻尼参数、结构自身阻尼比的变化（$\beta = 0.7, \mu = 0.6$）

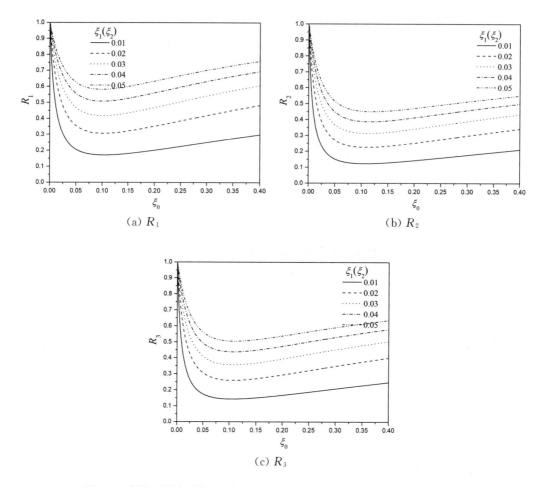

（a）R_1　　　　　　　　　　（b）R_2

（c）R_3

图 3.7　减震系数随连接阻尼参数、结构自身阻尼比的变化（$\beta = 0.7, \mu = 1.0$）

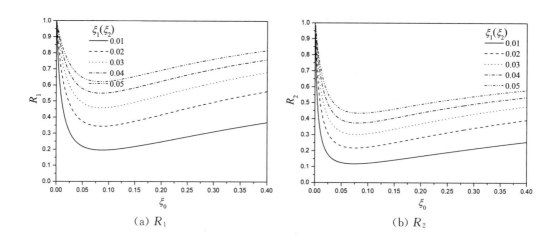

（a）R_1　　　　　　　　　　（b）R_2

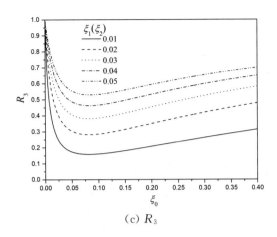

（c）R_3

图 3.8　减震系数随连接阻尼参数、结构自身阻尼比的变化（$\beta = 0.7, \mu = 1.5$）

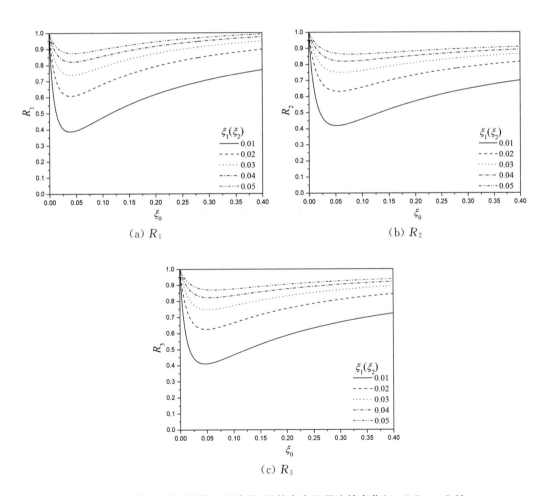

图 3.9　减震系数随连接阻尼参数、结构自身阻尼比的变化（$\beta = 0.9, \mu = 0.6$）

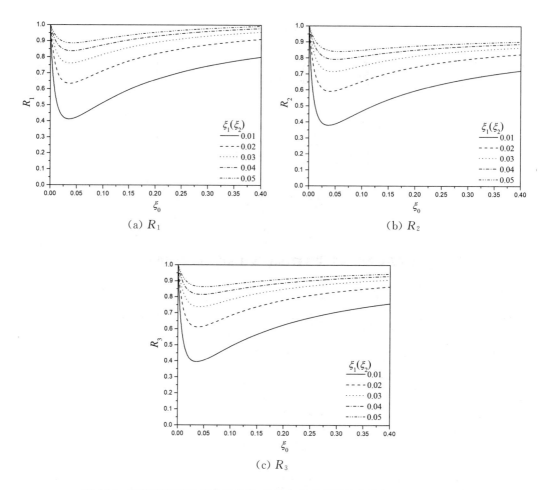

(a) R_1 (b) R_2

(c) R_3

图 3.10 减震系数随连接阻尼参数、结构自身阻尼比的变化($\beta = 0.9, \mu = 1.0$)

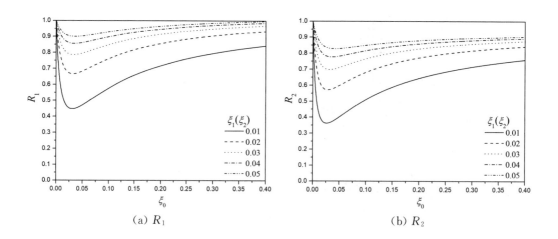

(a) R_1 (b) R_2

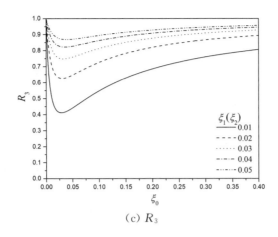

(c) R_3

图 3.11　减震系数随连接阻尼参数、结构自身阻尼比的变化（$\beta = 0.9, \mu = 1.5$）

从图 3.3～图 3.11 可以看出，随着连接阻尼参数的增大，各减震系数先减小后缓慢增大，且随着频率比 β 和质量比 μ 的增大，减震系数后期增大明显；结构自身阻尼比越大，减震系数越大（减震效果越差）；结构频率比越大，减震系数越大；结构质量比 μ 对减震效果的影响较微弱，随着结构质量比的增大，结构 1 的减震效果略有降低，而结构 2 则略有提高。

3.4.2　最优连接阻尼数值解

通过数值计算的方法，考虑结构自身阻尼比的影响，分析最优连接阻尼参数及相应的减震系数。

根据第 2.4 节采用黏弹性阻尼器连接参数分析可知，对于目标Ⅱ，最优连接刚度参数取 0；对于目标Ⅲ，当质量比 $\mu \leqslant 1$ 时，连接刚度参数亦取 0，最优连接阻尼等同于黏滞阻尼器连接。因此，本节只分析目标Ⅰ和目标Ⅲ（$\mu > 1$）的最优连接阻尼参数，其余情况下的最优连接阻尼参数同第 2 章。

各参数组合下，目标Ⅰ和目标Ⅲ的最优连接阻尼参数 ξ_{0opt} 及相应的减震系数参见附录 C。

3.5　最优连接参数解析解与数值解比较

3.5.1　目标Ⅰ

当以 R_1 为控制目标时，最优连接阻尼参数的数值解与解析解［式（3.8）］的对比如图 3.12 所示。从图中可以看出，随着结构频率比增大，最优连接阻尼参数减小；随着质量比增大，最优连接阻尼减小。当频率比小于 0.8 时，最优连接阻尼参数解析解略大于数值解；当频率比在 0.8～1.0 范围内时，解析解略小于数值解。

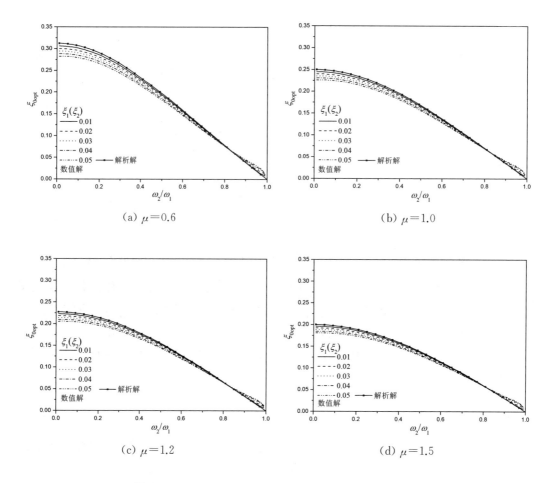

图 3.12　最优连接阻尼参数随结构频率比、质量比及阻尼比的变化(目标Ⅰ)

连接阻尼参数在最优值附近一定范围内变化并不显著引起减震系数变化,最优连接阻尼参数的数值解与解析解对应的减震系数对比如图 3.13 所示,最大相差约 0.005,减震效果几乎相同。

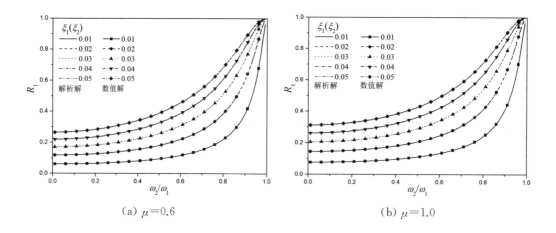

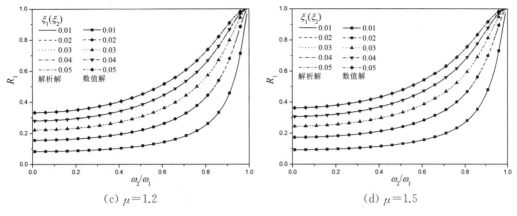

（c）$\mu = 1.2$　　　　　　　　（d）$\mu = 1.5$

图 3.13　减震系数对比（目标 I ）

3.5.2　目标Ⅲ

当以整体结构体系（目标Ⅲ）为控制目标时，最优连接阻尼参数的数值解与解析解［式（3.12）］对比如图 3.14 所示。从图中可以看出，随着结构频率比增大，最优连接阻尼参数减小；随着质量比增大，最优连接阻尼参数减小。最优连接阻尼参数解析解与数值解相近，差值约为 0.006。

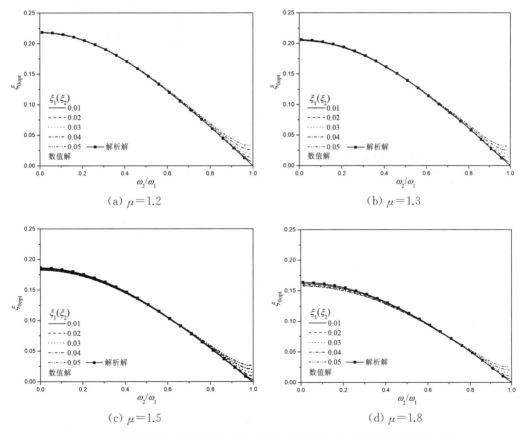

（a）$\mu = 1.2$　　　　　　　　（b）$\mu = 1.3$

（c）$\mu = 1.5$　　　　　　　　（d）$\mu = 1.8$

图 3.14　最优连接阻尼参数随结构频率比、质量比及阻尼比的变化（目标Ⅲ）

最优连接阻尼参数的数值解与解析解对应的减震系数 R_3 对比如图 3.15 所示,采用两种连接参数所获得的减震效果几乎相同。

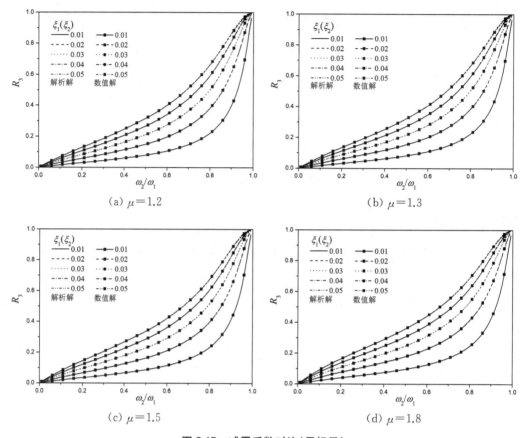

图 3.15　减震系数对比(目标Ⅲ)

3.6　黏弹性阻尼器与黏滞阻尼器减震效果比较

1. 较刚结构

对比附表 C.1 与附表 A.1 中结构 1 的减震系数可以看出,采用黏弹性阻尼器较黏滞阻尼器可获得更佳的减震效果。随着结构自身阻尼比增大,减震系数差别增大;随着结构频率比增大,减震系数差别增大,在频率比约等于 0.9 时差别达到最大;减震系数差别随质量比增大而增大($\beta \leqslant 0.8$),但最大差别($\beta = 0.8 \sim 1.0$)则随质量比增大而略有减小。减震系数对比如图 3.16 和图 3.17 所示。

2. 较柔结构

由附表 A.2 可知,对于较柔结构(结构 2),采用黏滞阻尼器(连接刚度参数取 0)可获得更佳的减震效果。

3. 整体结构体系

由附表 A.3 和附表 C.2 可知,对于整体结构体系(目标Ⅲ),当两结构质量比 $\mu \leqslant 1.0$ 时,采用黏滞阻尼器可获得更佳的减震效果;当 $\mu > 1.0$ 时,采用黏弹性阻尼器的减震效果略好于黏滞阻尼器的减震效果。

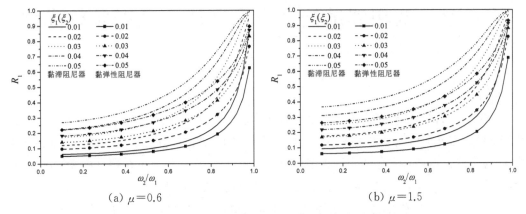

图 3.16　黏滞阻尼器与黏弹性阻尼器连接时的减震系数对比

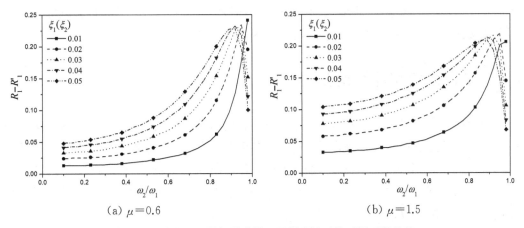

图 3.17　黏滞阻尼器与黏弹性阻尼器连接时的减震系数差值

参考文献

［1］林家浩,张亚辉.随机振动的虚拟激励法［M］.北京:科学出版社,2004.

［2］林家浩,张亚辉,赵岩.虚拟激励法在国内外工程界的应用回顾与展望［J］.应用数学和力学,2017, 38(1):1-31.

［3］Bhaskararao A V, Jangid R S. Optimum viscous damper for connecting adjacent SDOF structures for harmonic and stationary white-noise random excitations［J］. Earthquake Engineering and Structural Dynamics，2007，36：563-571.

［4］Zhu H P, Xu Y L. Optimum parameters of Maxwell model-defined dampers used to link adjacent structures［J］. Journal of Sound and Vibration，2005，279(2)：253-274.

第4章 两相邻结构多自由度体系减震参数优化

前文将两相邻结构简化为双体单自由度体系(简化模型),通过数值计算的方法,得到了多目标、多参数情况下采用黏弹性阻尼器或黏滞阻尼器时的最优连接参数值(连接刚度和连接阻尼)。然而,实际结构均为多自由度体系,尚需进一步分析在多自由度情况下,前述由简化模型所得的最优连接参数的适用性及减震效果的差别。

对于多自由度体系,连接参数最优值难以获得解析解,故仍采用数值计算方法,基于前述简化模型的最优解,研究多自由度体系最优连接参数的变化关系。另外,连接参数最优值不仅与两结构频率比、质量比、阻尼比相关,而且当两结构高度不同时,会有部分楼层不受连接约束,导致减震效果不同于理论值,因此还需分析结构高差的影响。

4.1 多自由度相邻结构模型

两相邻结构如图 4.1 所示,设左结构为较刚结构,右结构为较柔结构(基本自振周期较长),采用阻尼装置连接。为分析前述优化参数对多自由度体系的适用性以及结构高差的影响,数值分析中假设两结构各楼层高度位置相同,阻尼装置水平向连接于两结构之间,装置总数量同较低结构楼层数,较高结构有部分楼层不受连接装置约束,只考虑水平向地震反应及减震效果。

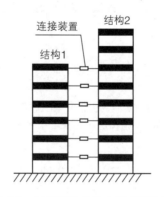

图 4.1 相邻结构多自由度减震体系

设左、右结构自由度分别为 n_1 和 n_2(假设 $n_1 \leqslant n_2$),根据两结构的频率比、质量比和自身阻尼比,分别基于不同控制目标,由前述优化分析结果可得最优连接参数 β_0 和 ξ_0,进而可计算出对应的连接总刚度 $K_0 = M_1 \omega_0^2 = M_1 (\beta_0 \omega_1)^2$ 和连接总阻尼 $C_0 = 2 M_1 \omega_1 \xi_0$,再平均分配至 n_1 个楼层,每个楼层处的连接刚度为 $k_0 = K_0 / n_1$,连接阻尼为 $c_0 = C_0 / n_1$。

在地震激励下连体结构的运动方程为

$$\boldsymbol{M}\ddot{\boldsymbol{X}}+\boldsymbol{C}\dot{\boldsymbol{X}}+\boldsymbol{K}\boldsymbol{X}=-\boldsymbol{MI}\ddot{x}_g(t) \tag{4.1}$$

式中,质量矩阵 $\boldsymbol{M}=\begin{bmatrix}\boldsymbol{M}_1 & \boldsymbol{0}\\ \boldsymbol{0} & \boldsymbol{M}_2\end{bmatrix}_{(n_1+n_2)\times(n_1+n_2)}$,$M_1$,$M_2$ 分别为左、右结构质量矩阵。

阻尼矩阵 $\boldsymbol{C}=\boldsymbol{C}_s+\boldsymbol{C}_0$,其中,结构自身阻尼矩阵 $\boldsymbol{C}_s=\begin{bmatrix}\boldsymbol{C}_1 & \boldsymbol{0}\\ \boldsymbol{0} & \boldsymbol{C}_2\end{bmatrix}_{(n_1+n_2)\times(n_1+n_2)}$,$C_1$,$C_2$ 分别为左、右结构无连接时的阻尼矩阵,采用瑞雷阻尼模型;连接阻尼矩阵 $\boldsymbol{C}_0=\begin{bmatrix}\boldsymbol{C}_{11} & \boldsymbol{C}_{12}\\ \boldsymbol{C}_{21} & \boldsymbol{C}_{22}\end{bmatrix}_{(n_1+n_2)\times(n_1+n_2)}$,$\boldsymbol{C}_{11}=\mathrm{diag}\,(c_0)_{n_1\times n_1}$,$\boldsymbol{C}_{22}=\mathrm{diag}\,(c_0)_{n_2\times n_2}$,$\boldsymbol{C}_{12}=[-\boldsymbol{C}_{11}\quad \boldsymbol{0}]_{n_1\times n_2}$,$\boldsymbol{C}_{21}=\begin{bmatrix}-\boldsymbol{C}_{11}\\ \boldsymbol{0}\end{bmatrix}_{n_2\times n_1}$。

刚度矩阵 $\boldsymbol{K}=\boldsymbol{K}_s+\boldsymbol{K}_0$,其中,结构自身刚度矩阵 $\boldsymbol{K}_s=\begin{bmatrix}\boldsymbol{K}_1 & \boldsymbol{0}\\ \boldsymbol{0} & \boldsymbol{K}_2\end{bmatrix}_{(n_1+n_2)\times(n_1+n_2)}$,$K_1$,$K_2$ 分别为左、右结构无连接时的刚度矩阵;连接刚度矩阵 $\boldsymbol{K}_0=\begin{bmatrix}\boldsymbol{K}_{11} & \boldsymbol{K}_{12}\\ \boldsymbol{K}_{21} & \boldsymbol{K}_{22}\end{bmatrix}_{(n_1+n_2)\times(n_1+n_2)}$,$\boldsymbol{K}_{11}=\mathrm{diag}\,(k_0)_{n_1\times n_1}$,$\boldsymbol{K}_{22}=\mathrm{diag}\,(k_0)_{n_2\times n_2}$,$\boldsymbol{K}_{12}=[-\boldsymbol{K}_{11}\quad \boldsymbol{0}]_{n_1\times n_2}$,$\boldsymbol{K}_{21}=\begin{bmatrix}-\boldsymbol{K}_{11}\\ \boldsymbol{0}\end{bmatrix}_{n_2\times n_1}$。

设地面运动为平稳随机振动过程[1,2],令

$$\ddot{x}_g(t)=\sqrt{S_g(\omega)}\cdot e^{i\omega t} \tag{4.2}$$

根据虚拟激励理论有:

$$\boldsymbol{X}=\boldsymbol{H}(i\omega)\sqrt{S_g(\omega)}\cdot e^{i\omega t} \tag{4.3}$$

式中,质点位移频响函数向量 $\boldsymbol{H}(i\omega)=[H_1(i\omega)\quad H_2(i\omega)\quad \cdots\quad H_{(n_1+n_2)}(i\omega)]^T$。

各质点的振动能量为

$$E_k=m_k\int_{-\infty}^{+\infty}|(i\omega)\boldsymbol{H}(i\omega)|^2 S_g(\omega)d\omega \quad [k=1,2,\cdots,(n_1+n_2)] \tag{4.4}$$

左、右结构总振动能量分别为

$$E_a=\sum_{k=1}^{n_1}E_k;E_b=\sum_{k=n_1+1}^{n_1+n_2}E_k \tag{4.5}$$

地震激励 $S_g(\omega)$ 采用 Kanai-Tajimi 过滤白噪声模型(Spec-2 谱)。

为便于比较最优连接参数的变化,基于简化模型优化分析结果,对多自由度体系取连接刚度为 $\bar{K}_0=\eta_1 K_0$,连接阻尼为 $\bar{C}_0=\eta_2 C_0$。以下分析各控制目标下的调整系数 η_1 和 η_2 的值。

4.2 多自由度减震体系算例

4.2.1 算例一

两相邻结构均为 10 层,对应楼层标高均相同。结构 1(较刚结构)各楼层质量均为 513 t,层间刚度为 813×10^3 kN/m;结构 2 各楼层质量均为 513 t,层间刚度为 437×10^3 kN/m;结构阻尼比均为 $0.05^{[3]}$。拟采用连接阻尼装置实现结构减震控制,沿高度方向分别连接于各楼层位置(共 10 层)。

通过模态分析,结构 1 前两阶自振频率分别为 0.947 Hz,2.820 Hz,结构 2 前两阶自振频率分别为 0.694 Hz,2.067 Hz。结构 1 与结构 2 第一自振频率比为 $\beta=0.73$,质量比为 $\mu=1.0$。

1. 连接黏弹性阻尼器

1) 连接参数理论值

根据前文优化分析结果,当采用黏弹性阻尼器连接时,各目标最优连接参数计算如下。

(1)目标 I:$\beta_0=0.409$,$\xi_0=0.047$

连接总刚度:

$$K_0=M_1\omega_0^2=M_1(\beta_0\omega_1)^2=(0.85 \times 513 \times 10^3 \times 10) \times (0.409 \times 2\pi \times 0.947)^2$$
$$=2.583 \times 10^7 \text{ N/m}$$

连接总阻尼:

$$C_0=2M_1\omega_1\xi_0=2 \times (0.85 \times 513 \times 10^3 \times 10) \times (2\pi \times 0.947) \times 0.047$$
$$=2.43 \times 10^6 \text{ N/(m/s)}$$

将连接总刚度和连接总阻尼平均分配至各楼层处,则各楼层处的连接刚度、连接阻尼分别为

$$k_0=K_0/n=2.583 \times 10^7/10=2.583 \times 10^6 \text{ N/m}$$
$$c_0=C_0/n=2.43 \times 10^6/10=2.43 \times 10^5 \text{ N/(m/s)}$$

(2)目标 II:$\beta_0=0$,$\xi_0=0.109$

连接总刚度:

$$K_0=0 \text{ N/m}$$

连接总阻尼:

$$C_0=2M_1\omega_1\xi_0=2 \times (0.85 \times 513 \times 10^3 \times 10) \times (2\pi \times 0.947) \times 0.109$$
$$=5.656 \times 10^6 \text{ N/(m/s)}$$

各楼层处的连接刚度、连接阻尼分别为

$$k_0=K_0/n=0 \text{ N/m}$$

$$c_0 = C_0/n = 5.656 \times 10^6/10 = 5.656 \times 10^5 \text{ N/(m/s)}$$

（3）目标Ⅲ：$\beta_0 = 0$，$\xi_0 = 0.099\ 6$

连接总刚度：

$$K_0 = 0 \text{ N/m}$$

连接总阻尼：

$$\begin{aligned} C_0 &= 2M_1\omega_1\xi_0 = 2 \times (0.85 \times 513 \times 10^3 \times 10) \times (2\pi \times 0.947) \times 0.099\ 6 \\ &= 5.168 \times 10^6 \text{ N/(m/s)} \end{aligned}$$

各楼层处的连接刚度、连接阻尼分别为

$$k_0 = K_0/n = 0 \text{ N/m}$$
$$c_0 = C_0/n = 5.168 \times 10^6/10 = 5.168 \times 10^5 \text{ N/(m/s)}$$

2）最优参数调整

（1）目标Ⅰ

结构1减震系数随连接参数调整系数的变化如图 4.2(a)所示。类似于二维简化模型，在连接参数最优值附近，连接刚度较连接阻尼对减震系数 R_1 的影响更加显著。连接阻尼对连接刚度最优值影响不明显，二者相关性弱。

多自由度体系最优连接参数的调整系数 $\eta_1 = 1.24$，$\eta_2 = 1.27$，对应 $R_1 = 0.46$，$R_2 = 0.94$，$R_3 = 0.73$。且 η_1 在 1.0～1.5 范围内、η_2 在 1.0～2.0 范围内引起 R_1 变化小于 0.01。

（2）目标Ⅱ

结构2减震系数随连接参数调整系数的变化如图 4.2(b)所示（图中 k_0 为每楼层处的连接刚度）。随着连接刚度增大，结构2减震系数增大，当连接刚度取 0 时，减震系数最小，与前文结果一致。连接阻尼参数的调整系数 $\eta_2 = 1.16$，对应 $R_1 = 0.61$，$R_2 = 0.52$，$R_3 = 0.56$。且 η_2 在 0.85～1.6 范围内引起 R_2 变化小于 0.01。

（3）目标Ⅲ

整体结构体系的减震系数随连接参数调整系数的变化如图 4.2(c)所示。与目标Ⅱ的规律相近，随着连接刚度增大，减震系数 R_3 增大，当连接刚度取 0 时，减震系数最小，与前文结果一致。连接阻尼参数的调整系数 $\eta_2 = 1.22$，对应 $R_1 = 0.61$，$R_2 = 0.52$，$R_3 = 0.56$。且 η_2 在 0.85～1.7 范围内引起 R_3 变化小于 0.01。

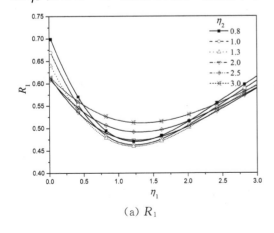

(a) R_1

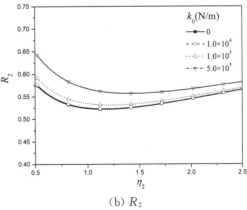

(b) R_2

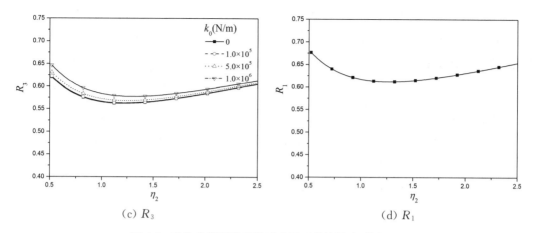

(c) R_3 (d) R_1

图 4.2 连接参数调整系数对减震系数的影响(算例一)

2. 连接黏滞阻尼器

对于目标 Ⅱ 和目标 Ⅲ,最优连接刚度取 0,即采用黏滞阻尼器时减震效果更优。对于较刚结构即目标 Ⅰ,采用黏弹性阻尼器时减震效果更优。当采用黏滞阻尼器时,最优连接阻尼参数为 $\xi_0 = 0.089\,6$。因此,总连接阻尼为

$$C_0 = 2M_1\omega_1\xi_0 = 2 \times (0.85 \times 513 \times 10^3 \times 10) \times (2\pi \times 0.947) \times 0.089\,6$$
$$= 5.168 \times 10^6 \text{ N/(m/s)}$$

各楼层处的连接阻尼分别为

$$c_0 = C_0/n = 5.168 \times 10^6/10 = 5.168 \times 10^5 \text{ N/(m/s)}$$

结构 1 减震系数随连接阻尼参数调整系数的变化如图 4.2(d)所示,连接阻尼参数的调整系数 $\eta_2 = 1.27$,对应 $R_1 = 0.61$,$R_2 = 0.52$,$R_3 = 0.56$。且 η_2 在 0.9~1.75 范围内引起 R_1 变化小于 0.01。对比图 4.2(a)与(d)可以看出,对于较刚结构,采用黏滞阻尼器较采用黏弹性阻尼器,减震系数增大约 0.15,即减震效果显著降低了 15%。

4.2.2 算例二

两相邻结构分别为 10 层和 12 层,对应楼层标高均相同。结构 1(较刚结构)与结构 2 各楼层质量均为 100 t,层间刚度均为 39.0×10^3 kN/m。结构阻尼比为 0.03[4]。阻尼装置分别沿高度方向连接于各层位置(共 10 处)。

通过模态分析,结构 1 前两阶自振频率分别为 0.469 7 Hz,1.398 8 Hz,结构 2 前两阶自振频率分别为 0.394 7 Hz,1.177 9 Hz。结构 1 与结构 2 第一自振频率比为 $\beta = 0.84$,质量比为 $\mu = 0.833$。

1. 连接黏弹性阻尼器

1)连接参数理论值

通过前文优化分析结果,当采用黏弹性阻尼器连接时,各目标最优连接参数计算如下。

（1）目标 I：$\beta_0 = 0.347$，$\xi_0 = 0.030$

连接总刚度：

$$K_0 = M_1 \omega_0^2 = M_1 (\beta_0 \omega_1)^2 = (0.85 \times 1.0 \times 10^5 \times 10) \times (0.347 \times 2\pi \times 0.469\,7)^2$$
$$= 8.91 \times 10^5 \text{ N/m}$$

连接总阻尼：

$$C_0 = 2M_1 \omega_1 \xi_0 = 2 \times (0.85 \times 1.0 \times 10^5 \times 10) \times (2\pi \times 0.469\,7) \times 0.03$$
$$= 1.51 \times 10^5 \text{ N/(m/s)}$$

将连接总刚度和连接总阻尼平均分配至 10 楼层处，则各楼层处的连接刚度、连接阻尼分别为

$$k_0 = K_0/n = 8.91 \times 10^5/10 = 8.91 \times 10^4 \text{ N/m}$$
$$c_0 = C_0/n = 1.51 \times 10^5/10 = 1.51 \times 10^4 \text{ N/(m/s)}$$

（2）目标 II：$\beta_0 = 0$，$\xi_0 = 0.072\,5$

连接总刚度：

$$K_0 = 0 \text{ N/m}$$

连接总阻尼：

$$C_0 = 2M_1 \omega_1 \xi_0 = 2 \times (0.85 \times 1.0 \times 10^5 \times 10) \times (2\pi \times 0.469\,7) \times 0.072\,5$$
$$= 3.637 \times 10^5 \text{ N/(m/s)}$$

各楼层处的连接刚度、连接阻尼分别为

$$k_0 = K_0/n = 0 \text{ N/m}$$
$$c_0 = C_0/n = 3.637 \times 10^5/10 = 3.637 \times 10^4 \text{ N/(m/s)}$$

（3）目标 III：$\beta_0 = 0$，$\xi_0 = 0.066$

连接总刚度：

$$K_0 = 0 \text{ N/m}$$

连接总阻尼：

$$C_0 = 2M_1 \omega_1 \xi_0 = 2 \times (0.85 \times 1.0 \times 10^5 \times 10) \times (2\pi \times 0.469\,7) \times 0.066$$
$$= 3.311 \times 10^5 \text{ N/(m/s)}$$

各楼层处的连接刚度、连接阻尼分别为

$$k_0 = K_0/n = 0 \text{ N/m}$$
$$c_0 = C_0/n = 3.311 \times 10^5/10 = 3.311 \times 10^4 \text{ N/(m/s)}$$

2）最优参数调整

(1) 目标 I

结构 1 减震系数随连接参数调整系数的变化如图 4.3(a)所示。多自由度体系连接参数的调整系数 $\eta_1=1.38$，$\eta_2=1.66$，对应 $R_1=0.43$，$R_2=0.97$，$R_3=0.75$。且 η_1 在 $1.0\sim1.8$ 范围内、η_2 在 $1.1\sim2.4$ 范围内引起 R_1 增大幅度小于 0.01。

(2) 目标 II

结构 2 减震系数随连接参数调整系数的变化如图 4.3(b)所示。随着连接刚度增大，结构 2 减震系数增大（减震效果降低），当连接刚度取 0 时，减震系数最小。连接阻尼参数的调整系数 $\eta_2=1.26$，对应 $R_1=0.57$，$R_2=0.61$，$R_3=0.59$。且 η_2 在 $0.85\sim1.85$ 范围内引起 R_2 变化小于 0.01。

(3) 目标 III

整体结构体系的减震系数随连接参数调整系数的变化如图 4.3(c)所示。与目标 II 的规律相近，随着连接刚度增大，减震系数 R_3 缓慢增大，当连接刚度取 0 时，减震系数最小。连接阻尼参数的调整系数 $\eta_2=1.36$，对应 $R_1=0.57$，$R_2=0.61$，$R_3=0.59$。且 η_2 在 $0.85\sim1.75$ 范围内引起 R_3 变化小于 0.01。

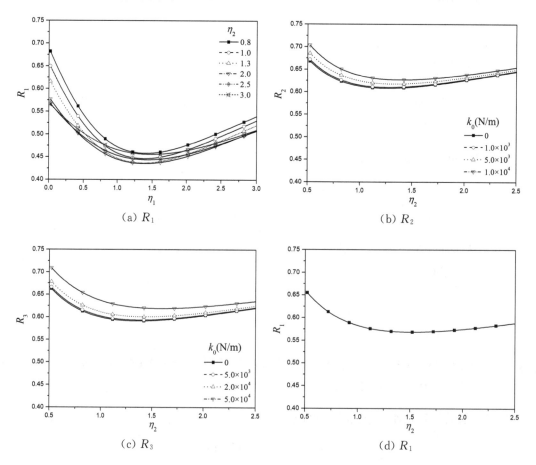

图 4.3　连接参数调整系数对减震系数的影响（算例二）

2. 连接黏滞阻尼器

对于目标 II 和目标 III，最优连接刚度取 0，即采用黏滞阻尼器连接方案，对于较刚结构 1，补充分析采用黏滞阻尼器时的最优参数。最优连接阻尼参数为 $\xi_0 = 0.0585$。因此，连接总阻尼为

$$C_0 = 2M_1\omega_1\xi_0 = 2 \times (0.85 \times 1.0 \times 10^5 \times 10) \times (2\pi \times 0.4697) \times 0.0585$$
$$= 2.935 \times 10^5 \text{ N/(m/s)}$$

各楼层处的连接阻尼分别为

$$c_0 = C_0/n = 2.935 \times 10^5/10 = 2.935 \times 10^4 \text{ N/(m/s)}$$

结构 1 减震系数随连接阻尼参数调整系数的变化如图 4.3(d)所示，连接阻尼参数的调整系数 $\eta_2 = 1.52$，对应 $R_1 = 0.57$，$R_2 = 0.61$，$R_3 = 0.59$。且 η_2 在 1.1～2.1 范围内引起 R_1 变化小于 0.01。对比图 4.3(a)与(d)可以看出，对于较刚结构，采用黏滞阻尼器较采用黏弹性阻尼器，减震系数增大约 0.14。

4.2.3　算例三

两相邻结构分别为 8 层和 12 层，各楼层质量、层间刚度以及结构阻尼同算例二。阻尼装置分别沿高度方向连接于各层位置(共 8 处)。

通过模态分析，结构 1 前两阶自振频率分别为 0.580 Hz，1.720 Hz，结构 2 前两阶自振频率分别为 0.395 Hz，1.178 Hz。结构 1 与结构 2 第一自振频率比为 $\beta = 0.681$，质量比为 $\mu = 0.667$。

1. 连接黏弹性阻尼器

1) 连接参数理论值

通过前文优化分析结果，当采用黏弹性阻尼器连接时，各目标最优连接参数计算如下。

(1) 目标 I：$\beta_0 = 0.409$，$\xi_0 = 0.081$

连接总刚度：

$$K_0 = M_1\omega_0^2 = M_1(\beta_0\omega_1)^2 = (0.85 \times 1.0 \times 10^5 \times 8) \times (0.409 \times 2\pi \times 0.580)^2$$
$$= 1.511 \times 10^6 \text{ N/m}$$

连接总阻尼：

$$C_0 = 2M_1\omega_1\xi_0 = 2 \times (0.85 \times 1.0 \times 10^5 \times 8) \times (2\pi \times 0.580) \times 0.081$$
$$= 4.015 \times 10^5 \text{ N/(m/s)}$$

将连接总刚度和连接总阻尼平均分配至 8 楼层处，则各楼层处的连接刚度、连接阻尼分别为

$$k_0 = K_0/n = 1.511 \times 10^6/8 = 1.888 \times 10^5 \text{ N/m}$$
$$c_0 = C_0/n = 4.015 \times 10^5/8 = 5.018 \times 10^4 \text{ N/(m/s)}$$

(2) 目标 II：$\beta_0 = 0$，$\xi_0 = 0.160$

连接总刚度：

$$K_0 = 0 \text{ N/m}$$

连接总阻尼：

$$\begin{aligned} C_0 &= 2M_1\omega_1\xi_0 = 2 \times (0.85 \times 1.0 \times 10^5 \times 8) \times (2\pi \times 0.58) \times 0.1604 \\ &= 7.9497 \times 10^5 \text{ N/(m/s)} \end{aligned}$$

各楼层处的连接刚度、连接阻尼分别为

$$k_0 = K_0/n = 0 \text{ N/m}$$
$$c_0 = C_0/n = 7.9497 \times 10^5/8 = 9.937 \times 10^4 \text{ N/(m/s)}$$

(3) 目标 III：$\beta_0 = 0$，$\xi_0 = 0.144$

连接总刚度：

$$K_0 = 0 \text{ N/m}$$

连接总阻尼：

$$\begin{aligned} C_0 &= 2M_1\omega_1\xi_0 = 2 \times (0.85 \times 1.0 \times 10^5 \times 8) \times (2\pi \times 0.58) \times 0.144 \\ &= 7.142 \times 10^5 \text{ N/(m/s)} \end{aligned}$$

各楼层处的连接刚度、连接阻尼分别为

$$k_0 = K_0/n = 0 \text{ N/m}$$
$$c_0 = C_0/n = 7.142 \times 10^5/8 = 8.927 \times 10^4 \text{ N/(m/s)}$$

2）最优参数调整

(1) 目标 I

结构 1 减震系数随连接参数调整系数的变化如图 4.4(a)所示。多自由度体系连接参数的调整系数 $\eta_1 = 1.40$，$\eta_2 = 2.11$，对应 $R_1 = 0.27$，$R_2 = 0.60$，$R_3 = 0.49$。且 η_1 在 $0.72 \sim 2.15$ 范围内，η_2 在 $1.44 \sim 3.05$ 范围内引起 R_1 增大幅度小于 0.01。

(2) 目标 II

结构 2 减震系数随连接参数调整系数的变化如图 4.4(b)所示。随着连接刚度增大，结构 2 减震系数增大（减震效果降低），当连接刚度取 0 时，减震系数最小。连接阻尼参数的调整系数 $\eta_2 = 1.38$，对应 $R_1 = 0.32$，$R_2 = 0.40$，$R_3 = 0.37$。且 η_2 在 $1.06 \sim 1.82$ 范围内引起 R_2 变化小于 0.01。

(3) 目标 III

整体结构体系的减震系数随连接参数调整系数的变化如图 4.4(c)所示。与目标 II 的规律相近，随着连接刚度增大，减震系数 R_3 缓慢增大，当连接刚度取 0 时，减震系数最小。连接阻尼参数的调整系数 $\eta_2 = 1.52$，对应 $R_1 = 0.32$，$R_2 = 0.40$，$R_3 = 0.37$。且 η_2 在 $0.85 \sim 1.75$ 范围内引起 R_3 变化小于 0.01。

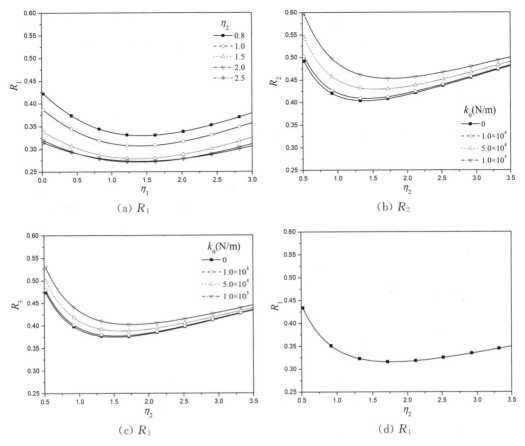

(a) R_1 (b) R_2

(c) R_3 (d) R_1

图 4.4 连接参数调整系数对减震系数的影响(算例三)

2. 连接黏滞阻尼器

对于较刚结构 1,采用黏滞阻尼器时,最优连接阻尼参数为 $\xi_0 = 0.118\,7$。因此,连接总阻尼为

$$C_0 = 2M_1\omega_1\xi_0 = 2 \times (0.85 \times 1.0 \times 10^5 \times 8) \times (2\pi \times 0.580) \times 0.118\,7$$
$$= 5.883 \times 10^5\ \text{N/(m/s)}$$

各楼层处的连接阻尼分别为

$$c_0 = C_0/n = 5.883 \times 10^5/8 = 7.354 \times 10^4\ \text{N/(m/s)}$$

结构 1 减震系数随连接阻尼参数调整系数的变化如图 4.4(d)所示,连接阻尼参数的调整系数 $\eta_2 = 1.78$,对应 $R_1 = 0.32$,$R_2 = 0.40$,$R_3 = 0.37$。且 η_2 在 $1.26 \sim 2.54$ 范围内引起 R_1 变化小于 0.01。对比图 4.4(a)与(d)可以看出,对于较刚结构,采用黏滞阻尼器较采用黏弹性阻尼器,减震系数增大约 0.05。

4.2.4 算例四

两相邻结构分别为 6 层和 12 层,各楼层质量、层间刚度以及结构阻尼同算例二。阻尼装置分别沿高度方向连接于各层位置(共 6 处)。

通过模态分析,结构 1 前两阶自振频率分别为 0.757 7 Hz,2.229 0 Hz,结构 2 前两阶自振频率分别为 0.394 7 Hz,1.177 9 Hz。结构 1 与结构 2 第一自振频率比为 $\beta=0.521$,质量比为 $\mu=0.5$。

1. 连接黏弹性阻尼器

1) 连接参数理论值

通过前文优化分析结果,当采用黏弹性阻尼器连接时,各目标最优连接参数计算如下。

(1) 目标 I : $\beta_0=0.436$, $\xi_0=0.144$

连接总刚度:

$$K_0 = M_1\omega_0^2 = M_1(\beta_0\omega_1)^2 = (0.85\times1.0\times10^5\times6)\times(0.436\times2\pi\times0.757\ 7)^2$$
$$= 2.197\times10^6\ \text{N/m}$$

连接总阻尼:

$$C_0 = 2M_1\omega_1\xi_0 = 2\times(0.85\times1.0\times10^5\times6)\times(2\pi\times0.757\ 7)\times0.144$$
$$= 6.992\times10^5\ \text{N/(m/s)}$$

将连接总刚度和连接总阻尼平均分配至 6 楼层处,则各楼层处的连接刚度、连接阻尼分别为

$$k_0 = K_0/n = 2.197\times10^6/6 = 3.662\times10^5\ \text{N/m}$$
$$c_0 = C_0/n = 6.992\times10^5/6 = 1.165\times10^5\ \text{N/(m/s)}$$

(2) 目标 II : $\beta_0=0$, $\xi_0=0.288$

连接总刚度:

$$K_0 = 0\ \text{N/m}$$

连接总阻尼:

$$C_0 = 2M_1\omega_1\xi_0 = 2\times(0.85\times1.0\times10^5\times6)\times(2\pi\times0.757\ 7)\times0.288$$
$$= 1.399\times10^6\ \text{N/(m/s)}$$

各楼层处的连接刚度、连接阻尼分别为

$$k_0 = K_0/n = 0\ \text{N/m}$$
$$c_0 = C_0/n = 1.399\times10^6/6 = 2.331\times10^5\ \text{N/(m/s)}$$

(3) 目标 III : $\beta_0=0$, $\xi_0=0.257$

连接总刚度:

$$K_0 = 0\ \text{N/m}$$

连接总阻尼:

$$C_0 = 2M_1\omega_1\xi_0 = 2\times(0.85\times1.0\times10^5\times6)\times(2\pi\times0.757\ 7)\times0.257$$
$$= 1.248\times10^6\ \text{N/(m/s)}$$

各楼层处的连接刚度、连接阻尼分别为

$$k_0 = K_0/n = 0 \text{ N/m}$$
$$c_0 = C_0/n = 1.248 \times 10^6/6 = 2.080 \times 10^5 \text{ N/(m/s)}$$

2）最优参数调整

（1）目标Ⅰ

结构1减震系数随连接参数调整系数的变化如图4.5(a)所示。多自由度体系连接参数的调整系数 $\eta_1 = 0.72, \eta_2 = 2.47$，对应 $R_1 = 0.21, R_2 = 0.41, R_3 = 0.36$。且 η_1 在 $0.0\sim$ 1.86 范围内、η_2 在 $1.64\sim3.80$ 范围内引起 R_1 增大幅度小于 0.01。

（2）目标Ⅱ

结构2减震系数随连接参数调整系数的变化如图4.5(b)所示。随着连接刚度增大，结构2减震系数增大（减震效果降低），当连接刚度取 0 时，减震系数最小。连接阻尼参数的调整系数 $\eta_2 = 1.44$，对应 $R_1 = 0.22, R_2 = 0.34, R_3 = 0.31$。且 η_2 在 $1.04\sim2.00$ 范围内引起 R_2 变化小于 0.01。

（3）目标Ⅲ

整体结构体系的减震系数随连接参数调整系数的变化如图4.5(c)所示。与目标Ⅱ的规律相近，随着连接刚度增大，减震系数 R_3 缓慢增大，当连接刚度取 0 时，减震系数最小。连接阻尼参数的调整系数 $\eta_2 = 1.58$，对应 $R_1 = 0.22, R_2 = 0.34, R_3 = 0.31$。且 η_2 在 $1.12\sim$ 2.22 范围内引起 R_3 变化小于 0.01。

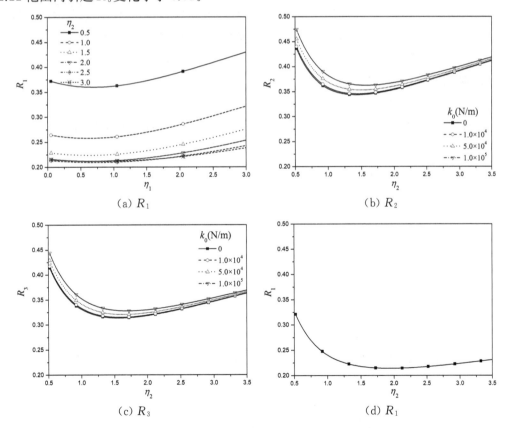

图 4.5　连接参数调整系数对减震系数的影响（算例四）

2. 连接黏滞阻尼器

对于目标 Ⅱ 和目标 Ⅲ,最优连接刚度取 0,即采用黏滞阻尼器连接方案,对于较刚结构 1,补充分析采用黏滞阻尼器时的最优参数。最优连接阻尼参数为 $\xi_0 = 0.186$。因此,连接总阻尼为

$$C_0 = 2M_1\omega_1\xi_0 = 2 \times (0.85 \times 1.0 \times 10^5 \times 6) \times (2\pi \times 0.757\ 7) \times 0.186$$
$$= 9.032 \times 10^5\ \text{N/(m/s)}$$

各楼层处的连接阻尼分别为

$$c_0 = C_0/n = 9.032 \times 10^5/6 = 1.505 \times 10^5\ \text{N/(m/s)}$$

结构 1 减震系数随连接阻尼参数调整系数变化如图 4.5(d)所示,连接阻尼参数的调整系数 $\eta_2 = 1.94$,对应 $R_1 = 0.21$,$R_2 = 0.35$,$R_3 = 0.32$。且 η_2 在 $1.28 \sim 3.02$ 范围内引起 R_1 变化小于 0.01。对比图 4.5(a)与(d)可以看出,对于较刚结构,采用黏滞阻尼器与采用黏弹性阻尼器,减震效果相当。

4.2.5 算例五

两相邻结构分别为 4 层和 12 层,各楼层质量、层间刚度以及结构阻尼同算例二。阻尼装置分别沿高度方向连接于各层位置(共 4 处)。

通过模态分析,结构 1 前两阶自振频率分别为 1.092 Hz,3.143 Hz,结构 2 前两阶自振频率分别为 0.394 7 Hz,1.177 9 Hz。结构 1 与结构 2 第一自振频率比为 $\beta = 0.362$,质量比为 $\mu = 0.333$。

1. 连接黏弹性阻尼器

1)连接参数理论值

通过前文优化分析结果,当采用黏弹性阻尼器连接时,各目标最优连接参数计算如下。

(1)目标 Ⅰ:$\beta_0 = 0.425$,$\xi_0 = 0.221$

连接总刚度:

$$K_0 = M_1\omega_0^2 = M_1(\beta_0\omega_1)^2 = (0.85 \times 1.0 \times 10^5 \times 4) \times (0.425 \times 2\pi \times 1.092)^2$$
$$= 2.889 \times 10^6\ \text{N/m}$$

连接总阻尼:

$$C_0 = 2M_1\omega_1\xi_0 = 2 \times (0.85 \times 1.0 \times 10^5 \times 4) \times (2\pi \times 1.092) \times 0.221$$
$$= 1.031 \times 10^6\ \text{N/(m/s)}$$

将连接总刚度和连接总阻尼平均分配至 4 楼层处,则各楼层处的连接刚度、连接阻尼分别为

$$k_0 = K_0/n = 2.889 \times 10^6/4 = 7.222 \times 10^5\ \text{N/m}$$
$$c_0 = C_0/n = 1.031 \times 10^6/4 = 2.577 \times 10^5\ \text{N/(m/s)}$$

（2）目标Ⅱ：$\beta_0 = 0$，$\xi_0 = 0.495$

连接总刚度：

$$K_0 = 0 \text{ N/m}$$

连接总阻尼：

$$C_0 = 2M_1\omega_1\xi_0 = 2 \times (0.85 \times 1.0 \times 10^5 \times 4) \times (2\pi \times 1.092) \times 0.495$$
$$= 2.308 \times 10^6 \text{ N/(m/s)}$$

各楼层处的连接刚度、连接阻尼分别为

$$k_0 = K_0/n = 0 \text{ N/m}$$
$$c_0 = C_0/n = 2.308 \times 10^6/4 = 5.769 \times 10^5 \text{ N/(m/s)}$$

（3）目标Ⅲ：$\beta_0 = 0$，$\xi_0 = 0.445$

连接总刚度：

$$K_0 = 0 \text{ N/m}$$

连接总阻尼：

$$C_0 = 2M_1\omega_1\xi_0 = 2 \times (0.85 \times 1.0 \times 10^5 \times 4) \times (2\pi \times 1.092) \times 0.445$$
$$= 2.075 \times 10^6 \text{ N/(m/s)}$$

各楼层处的连接刚度、连接阻尼分别为

$$k_0 = K_0/n = 0 \text{ N/m}$$
$$c_0 = C_0/n = 2.075 \times 10^6/4 = 5.189 \times 10^5 \text{ N/(m/s)}$$

2）最优参数调整

（1）目标Ⅰ

结构 1 减震系数随连接参数调整系数的变化如图 4.6(a)所示。多自由度体系连接参数的调整系数 $\eta_1 = 0.0$，$\eta_2 = 3.24$，对应 $R_1 = 0.34$，$R_2 = 0.42$，$R_3 = 0.41$。且 η_1 在 $0\sim1.0$ 范围内、η_2 在 $1.7\sim4.0$ 范围内引起 R_1 增大幅度小于 0.01。

（2）目标Ⅱ

结构 2 减震系数随连接参数调整系数的变化如图 4.6(b)所示。随着连接刚度增大，结构 2 减震系数增大（减震效果降低），当连接刚度取 0 时，减震系数最小。连接阻尼参数的调整系数 $\eta_2 = 1.54$，对应 $R_1 = 0.34$，$R_2 = 0.42$，$R_3 = 0.41$。且 η_2 在 $1.12\sim2.15$ 范围内引起 R_2 变化小于 0.01。

（3）目标Ⅲ

整体结构体系的减震系数随连接参数调整系数的变化如图 4.6(c)所示。与目标Ⅱ的规律相近，随着连接刚度增大，减震系数 R_3 缓慢增大，当连接刚度取 0 时，减震系数最小。

连接阻尼参数的调整系数 $\eta_2 = 1.71$,对应 $R_1 = 0.34, R_2 = 0.42, R_3 = 0.41$。且 η_2 在 $1.20 \sim 2.45$ 范围内引起 R_3 变化小于 0.01。

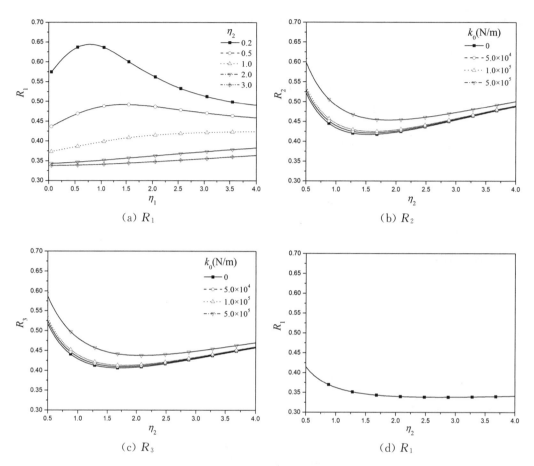

图 4.6　连接参数调整系数对减震系数的影响(算例五)

2. 连接黏滞阻尼器

对于目标Ⅱ和目标Ⅲ,最优连接刚度取 0,即采用黏滞阻尼器连接方案,对于较刚结构 1,补充分析采用黏滞阻尼器时的最优参数。最优连接阻尼参数为 $\xi_0 = 0.262$。因此,连接总阻尼为

$$C_0 = 2M_1\omega_1\xi_0 = 2 \times (0.85 \times 1.0 \times 10^5 \times 4) \times (2\pi \times 1.0916) \times 0.262$$
$$= 12.22 \times 10^5 \text{ N/(m/s)}$$

各楼层处的连接阻尼分别为

$$c_0 = C_0/n = 12.22 \times 10^5/4 = 3.055 \times 10^5 \text{ N/(m/s)}$$

结构 1 减震系数随连接阻尼参数调整系数变化如图 4.6(d)所示,连接阻尼参数的调整系数 $\eta_2 = 2.73$,对应 $R_1 = 0.34, R_2 = 0.42, R_3 = 0.41$,即前述目标Ⅰ采用黏弹性阻尼器连接时连接刚度取 0 的工况。

4.3　相邻结构高度比的影响

相邻结构间连接减震装置,通过调谐、吸振以减小结构地震反应,减震装置水平向连接于两结构相同标高处。对于简化模型,所有质量均受控。对于多自由度体系,当两结构高度相同且假设楼层对应标高相同时,各楼层处连接阻尼装置可使所有质量亦受控;当两相邻结构高度不同时,在较低结构楼层范围内可以连接减震装置,而较高结构上部楼层(高出部分)会不受控,并且高度相差越大,较高结构上部未受控楼层相对越多,因而其最优连接参数及相应减震效果会与理论值产生差异。

设较刚结构高度为 H_1、较柔结构高度为 H_2,以下分析两结构高度比(H_1/H_2)对减震效果的影响时,假设两结构底部标高相同,上部对应楼层标高亦相同;楼层质量沿高度方向分布均匀;左结构较刚、高度较低,右结构较柔、高度较高。两结构间的减震装置仅在较低结构楼层范围内连接,较高结构高出部分的楼层不受控。

4.3.1　减震系数随连接参数的变化

对应于双体单自由度体系与多自由度体系,进行各目标减震效果与连接参数的变化关系对比,算例一～算例五分别如图4.7～图4.11所示。从图中可以看出,当两结构等高

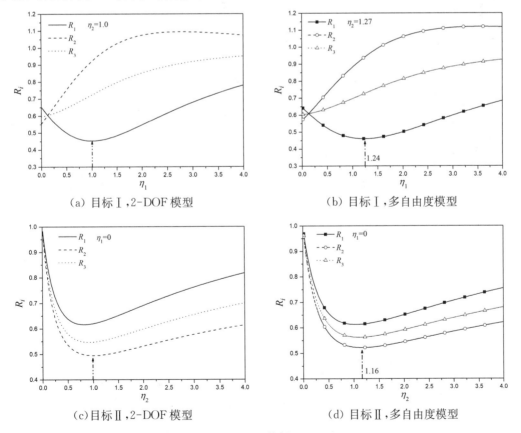

(a) 目标Ⅰ,2-DOF 模型　　　　　(b) 目标Ⅰ,多自由度模型

(c) 目标Ⅱ,2-DOF 模型　　　　　(d) 目标Ⅱ,多自由度模型

图 4.7　算例一

时,结构的减震系数 R_i 随连接参数的变化规律基本相同,各减震控制目标可达到的最佳减震效果亦基本相同。相对于简化模型,多自由度体系的连接刚度和连接阻尼最优值均有所增大,即对于目标Ⅰ,连接刚度和连接阻尼分别增大 1.24 倍和 1.27 倍;对于目标Ⅱ,连接阻尼增大 1.16 倍。然而,当将理论最优连接参数直接应用于多自由度体系(即 η_1、η_2 取 1.0)时,结构的减震系数变化小于 0.02,即通过简化模型所得的连接参数理论优化结果适用于多自由度体系,可达到的减震效果与理论值相当。

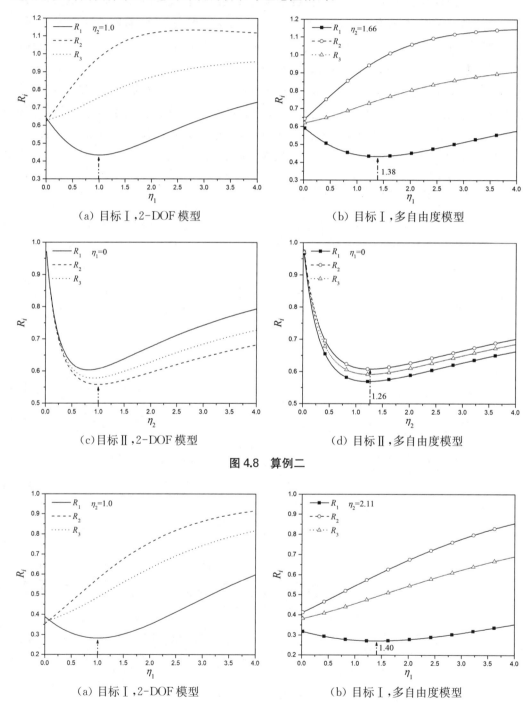

(a)目标Ⅰ,2-DOF 模型　　　　　　(b)目标Ⅰ,多自由度模型

(c)目标Ⅱ,2-DOF 模型　　　　　　(d)目标Ⅱ,多自由度模型

图 4.8　算例二

(a)目标Ⅰ,2-DOF 模型　　　　　　(b)目标Ⅰ,多自由度模型

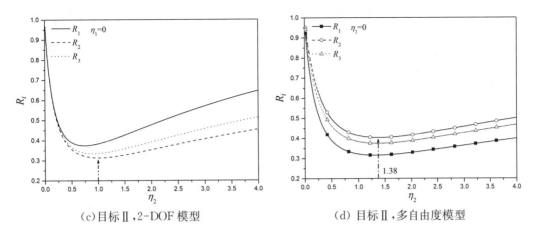

(c)目标Ⅱ,2-DOF 模型 　　　　　(d) 目标Ⅱ,多自由度模型

图 4.9　算例三

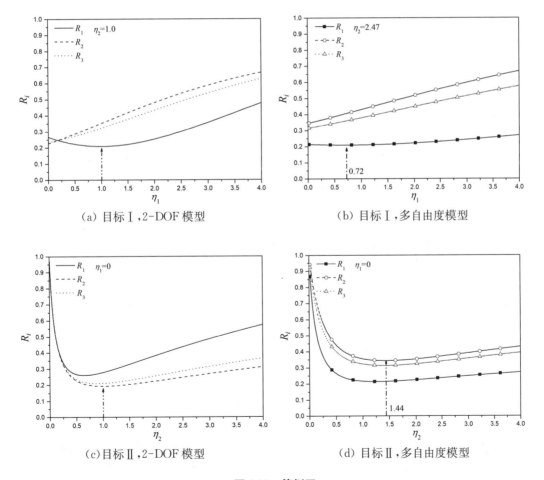

(a) 目标Ⅰ,2-DOF 模型 　　　　　(b) 目标Ⅰ,多自由度模型

(c)目标Ⅱ,2-DOF 模型 　　　　　(d) 目标Ⅱ,多自由度模型

图 4.10　算例四

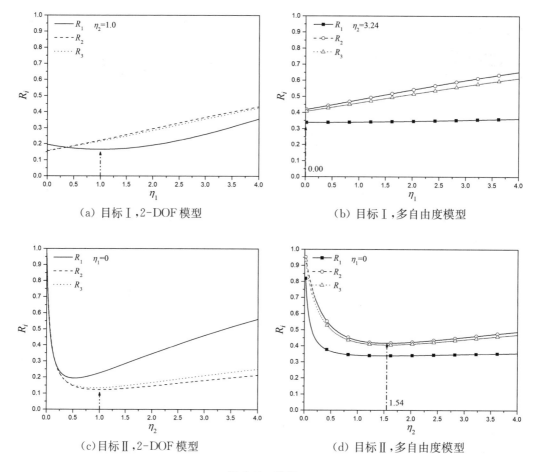

（a）目标Ⅰ,2-DOF 模型　　　　　　（b）目标Ⅰ,多自由度模型

（c）目标Ⅱ,2-DOF 模型　　　　　　（d）目标Ⅱ,多自由度模型

图 4.11　算例五

当两结构高度不同时,随着高差增大(即 H_1/H_2 减小),结构的减震系数随连接参数的变化变得较不敏感。多自由度体系连接参数的调整系数 η_1 和 η_2 与相应的减震系数 R_i、理论减震系数 R_i^0 如表 4.1 所示。

对于高度较低的较刚结构(目标Ⅰ),当高度比 $H_1/H_2 \geqslant 1/2$ 时,其减震效果与理论值基本相同,随着高差进一步增大,减震效果劣于理论值,且减震系数差别随高差的增大而增大。对于较高较柔结构(目标Ⅱ),随着两结构高差的增大,实际可达到的减震效果不及理论值,且减震系数差别随高差的增大而增大,即结构的减震效果达不到理论值。目标Ⅲ的减震系数差别随高差变化的规律类似于目标Ⅱ,整体结构体系的振动能量主要取决于较高结构,两结构高度比对较高结构振动影响比较低结构影响更显著。连接参数调整系数及减震系数随结构高度比(以层数比表征)的变化分别如图 4.12、图 4.13 所示。

对于多自由度体系,当调整系数 η_1 和 η_2 均取 1.0(即连接参数取理论最优值)时,目标Ⅰ,Ⅱ的减震系数变化分别小于 0.06,0.01,连接参数变化对结构 1 的影响较结构 2 显著,但通过简化模型所得最优连接参数亦适用于不等高相邻结构,只是其减震效果不及相应理论值。

表4.1 连接参数调整系数及减震系数对比

楼层数	高度比 H_1/H_2	频率比 β	质量比 μ	黏弹性阻尼器 目标I				黏弹性阻尼器 目标II				目标III				黏滞阻尼器 目标I		
				η_1	η_2	R_1	R_1^0	η_1	η_2	R_2	R_2^0	η_1	η_2	R_3	R_3^0	η_2	R_1	R_1^0
10+10	1.000	0.73	1.00	1.24	1.27	0.46	0.45	0	1.16	0.52	0.50	0	1.22	0.56	0.55	1.27	0.61	0.61
10+12	0.833	0.84	0.83	1.38	1.66	0.43	0.43	0	1.26	0.61	0.56	0	1.36	0.59	0.58	1.52	0.57	0.60
9+12	0.750	0.76	0.75	1.42	1.83	0.33	0.34	0	1.34	0.48	0.41	0	1.45	0.46	0.43	1.63	0.42	0.47
8+12	0.667	0.68	0.67	1.40	2.11	0.27	0.28	0	1.38	0.40	0.31	0	1.52	0.37	0.33	1.78	0.32	0.37
7+12	0.583	0.60	0.58	1.24	2.39	0.24	0.24	0	1.42	0.36	0.25	0	1.57	0.33	0.26	1.96	0.26	0.31
6+12	0.500	0.52	0.50	0.72	2.47	0.21	0.21	0	1.44	0.34	0.19	0	1.58	0.31	0.21	1.94	0.21	0.26
5+12	0.417	0.44	0.42	0	1.96	0.24	0.19	0	1.42	0.36	0.15	0	1.52	0.34	0.17	1.58	0.24	0.22
4+12	0.333	0.36	0.33	0	3.24	0.34	0.17	0	1.54	0.42	0.12	0	1.71	0.41	0.13	2.73	0.34	0.19

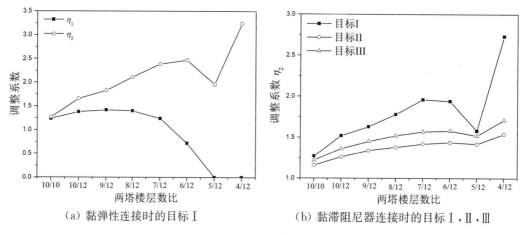

（a）黏弹性连接时的目标Ⅰ　　　　　（b）黏滞阻尼器连接时的目标Ⅰ，Ⅱ，Ⅲ

图 4.12　连接参数调整系数随结构高度比的变化

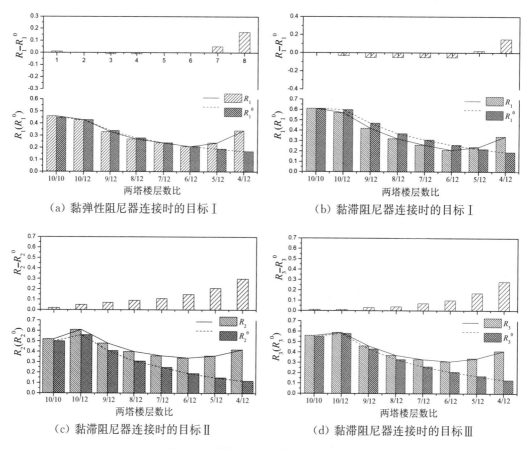

（a）黏弹性阻尼器连接时的目标Ⅰ　　　　（b）黏滞阻尼器连接时的目标Ⅰ

（c）黏滞阻尼器连接时的目标Ⅱ　　　　（d）黏滞阻尼器连接时的目标Ⅲ

图 4.13　减震系数随结构高度比的变化

4.4　地震作用时程分析

为进一步验证前述连接装置优化参数的适用性及减震效果,采用算例三两相邻结构进行地震作用时程分析,对比有无连接装置时结构的层间剪力和楼层位移反应。

设结构所在区域抗震设防烈度为 7 度(0.10g),Ⅱ类场地。根据场地条件,选择三条地震波(EL Centro 波、Taft 波和某人工波)作为地面激励,其加速度时程如图 4.14 所示。对应于罕遇烈度,地震波加速度峰值调整为 220 gal。结构自身阻尼比取 0.03。

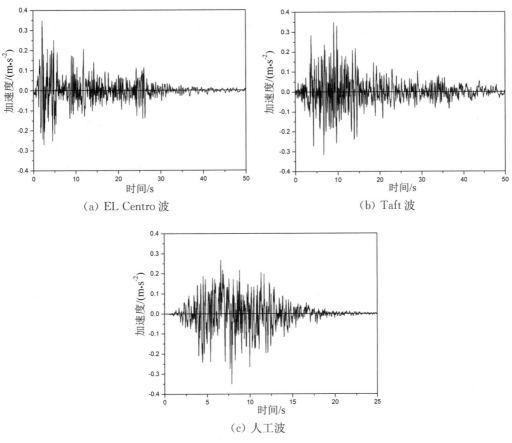

(a) EL Centro 波 (b) Taft 波

(c) 人工波

图 4.14 地震波加速度时程

不同控制目标下的连接参数如下。

(1) 以左结构(目标Ⅰ,较刚结构)为减震控制目标

连接总刚度:$K_0 = 1.511 \times 10^6$ N/m;连接总阻尼:$C_0 = 4.015 \times 10^5$ N/(m/s)

将连接总刚度和连接总阻尼平均分配至 8 个楼层处,则各楼层处的连接参数为

连接刚度:$k_0 = 1.888 \times 10^5$ N/m;连接阻尼:$c_0 = 5.018 \times 10^4$ N/(m/s)

(2) 以右结构(目标Ⅱ,较柔结构)为减震控制目标

连接总刚度:$K_0 = 0$ N/m;连接总阻尼:$C_0 = 7.9497 \times 10^5$ N/(m/s)

各楼层处的连接参数为

连接刚度:$k_0 = 0$ N/m;连接阻尼:$c_0 = 9.937 \times 10^4$ N/(m/s)

对于目标Ⅰ,连接装置为黏弹性阻尼器,由弹簧单元和阻尼单元组成;对于目标Ⅱ,连接装置为黏滞阻尼器。

时程分析时考虑阻尼单元为线性阻尼和非线性阻尼,即速度指数 α 分别取 1.0,0.4 和

0.25 三种情况,阻尼系数取上述计算值。结构自身阻尼取瑞雷阻尼模型。

在人工波激励下,分别以左、右结构为控制目标,结构顶部位移时程对比如图 4.15 所示,与无控结构相比,有控结构位移反应显著减小。

在 Taft 波激励下,取控制目标 Ⅰ 时,左结构的层间剪力和楼层侧向位移分布如图 4.16 所示。当 α 分别取 1.0,0.4 和 0.25 时,结构基底剪力减震系数分别为 0.86,0.69 和 0.71,顶部位移减震系数分别为 0.88,0.76 和 0.72。通过连接装置连接两结构时,左结构基底剪力和顶部位移反应均有显著降低。

当取控制目标 Ⅱ 时,右结构的层间剪力和楼层侧向位移分布如图 4.17 所示。当 α 分别取 1.0,0.4 和 0.25 时,结构基底剪力减震系数分别为 0.59,0.54 和 0.67,顶部位移减震系数分别为 0.79,0.88 和 0.90,右结构基底剪力反应显著降低,减震效果显著。

在各控制目标和地震激励下,两结构的基底剪力、顶部位移及其相应的减震系数分别如表 4.2 和表 4.3 所示。从表中可以看出,不同地震波激励时结构地震反应大小不同,采用线性或非线性阻尼器时,在各控制目标下,两结构均可获得较好的减震效果。

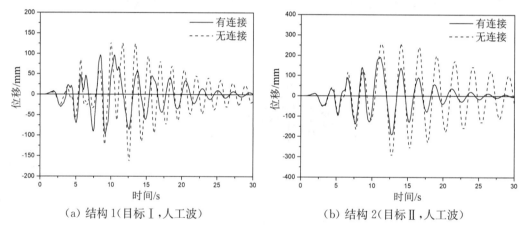

(a) 结构 1(目标 Ⅰ,人工波)　　　　(b) 结构 2(目标 Ⅱ,人工波)

图 4.15　结构顶部位移对比

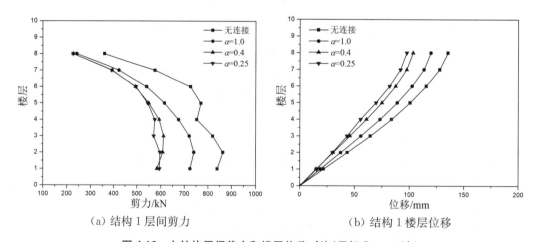

(a) 结构 1 层间剪力　　　　(b) 结构 1 楼层位移

图 4.16　左结构层间剪力和楼层位移对比(目标 Ⅰ,Taft 波)

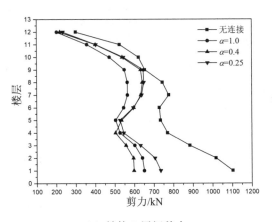
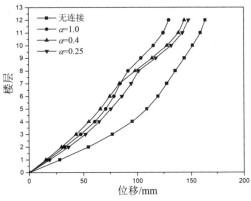

（a）结构 2 层间剪力　　　　　　　　　（b）结构 2 楼层位移

图 4.17　右结构层间剪力和楼层位移对比（目标Ⅱ，Taft 波）

表 4.2　　　　　　　　　　　　结构地震反应对比

控制目标		结构	基底剪力/kN				顶部位移/mm			
			EL Centro 波	Taft 波	人工波	平均值	EL Centro 波	Taft 波	人工波	平均值
无连接		左塔楼	1 087.54	838.96	1 151.52	**1 026.00**	127.22	135.31	164.22	**142.25**
		右塔楼	1 272.00	1 102.97	1 512.58	**1 295.85**	277.83	164.03	295.49	**245.78**
线性阻尼 α＝1.0	目标Ⅰ	左塔楼	821.40	724.02	837.80	**794.41**	120.24	119.56	104.20	**114.67**
		右塔楼	1 169.34	704.47	1 410.14	**1 094.65**	259.05	129.91	239.10	**209.35**
	目标Ⅱ	左塔楼	890.25	710.39	874.44	**825.03**	128.23	118.71	113.90	**120.28**
		右塔楼	994.53	650.69	1 186.30	**943.84**	223.16	129.85	191.27	**181.43**
非线性阻尼 α＝0.40	目标Ⅰ	左塔楼	921.33	582.39	882.49	**795.40**	136.51	103.28	97.28	**112.36**
		右塔楼	1 062.36	648.31	1 227.82	**979.50**	234.41	139.91	226.67	**200.33**
	目标Ⅱ	左塔楼	1 004.57	674.11	1 075.91	**918.20**	150.10	97.41	147.41	**131.64**
		右塔楼	931.81	597.44	1 132.35	**887.20**	218.37	143.96	229.21	**197.18**
非线性阻尼 α＝0.25	目标Ⅰ	左塔楼	953.31	593.89	983.92	**843.71**	140.95	97.56	119.51	**119.34**
		右塔楼	1 024.36	616.31	1 178.37	**939.68**	231.36	143.75	230.77	**201.96**
	目标Ⅱ	左塔楼	1 021.12	681.16	1 262.25	**988.18**	154.86	92.71	161.13	**136.23**
		右塔楼	934.69	735.24	1145.01	**938.31**	221.85	147.74	243.77	**204.45**

表 4.3 结构减震系数

控制目标	结构	基底剪力/kN				顶部位移/mm			
		EL Centro 波	Taft 波	人工波	平均值	EL Centro 波	Taft 波	人工波	平均值
线性阻尼 $\alpha = 1.0$	目标 I 左塔楼	0.76	0.86	0.73	**0.78**	0.95	0.88	0.63	**0.82**
	目标 I 右塔楼	0.66	0.64	0.93	**0.74**	0.93	0.79	0.81	**0.84**
	目标 II 左塔楼	0.82	0.85	0.76	**0.81**	1.00	0.88	0.69	**0.86**
	目标 II 右塔楼	0.78	0.59	0.78	**0.72**	0.80	0.79	0.65	**0.75**
非线性阻尼 $\alpha = 0.40$	目标 I 左塔楼	0.85	0.69	0.77	**0.77**	1.07	0.76	0.59	**0.81**
	目标 I 右塔楼	0.84	0.59	0.81	**0.75**	0.84	0.85	0.77	**0.82**
	目标 II 左塔楼	0.92	0.80	0.93	**0.88**	1.18	0.72	0.90	**0.93**
	目标 II 右塔楼	0.73	0.54	0.75	**0.67**	0.79	0.88	0.78	**0.82**
非线性阻尼 $\alpha = 0.25$	目标 I 左塔楼	0.88	0.71	0.85	**0.81**	1.11	0.72	0.73	**0.85**
	目标 I 右塔楼	0.81	0.56	0.78	**0.72**	0.83	0.88	0.78	**0.83**
	目标 II 左塔楼	0.94	0.81	1.09	**0.95**	1.22	0.69	0.98	**0.96**
	目标 II 右塔楼	0.73	0.67	0.76	**0.72**	0.80	0.90	0.82	**0.84**

当连接线性阻尼器时,按目标 I 取连接参数,在 EL Centro 波激励下,结构输入能量和阻尼装置消耗能量曲线如图 4.18 所示,从图中可以看出,相对于无连接结构,有连接装置时两结构地震总输入能量减小,且阻尼装置消耗能量占总输入能量的 52.7%。第 8 层处连接装置(黏弹性阻尼器)力-位移曲线如图 4.19 所示,不仅提供了结构间的调谐刚度,同时具有较好的消能能力。

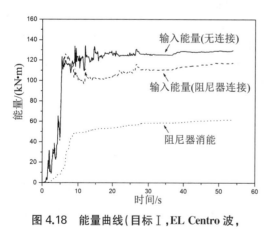

图 4.18　能量曲线(目标 I,EL Centro 波, $\alpha = 1.0$)

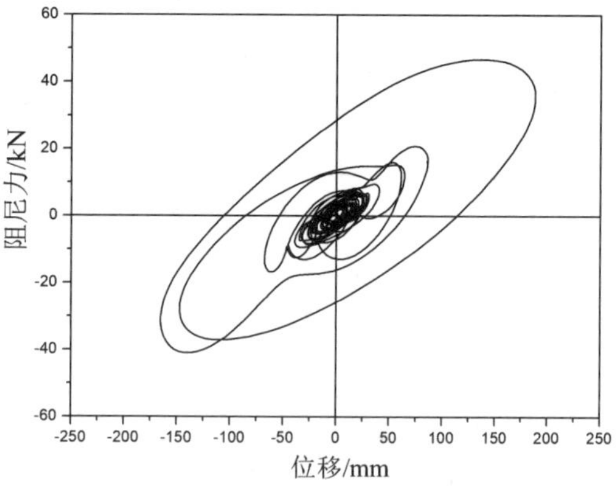

图 4.19　连接装置力-位移曲线(目标 I, EL Centro 波, $\alpha = 1.0$)

当连接非线性阻尼器($\alpha = 0.25$)时,按目标 II 取连接参数,在 EL Centro 波激励下,结构输入能量和阻尼装置消耗能量曲线如图 4.20 所示,阻尼装置消耗能量占总输入能量的 51.6%。第 8 层处连接装置(黏滞阻尼器)力-位移曲线如图 4.21 所示,在相对位移较小的情况下即具有较强的消能能力。

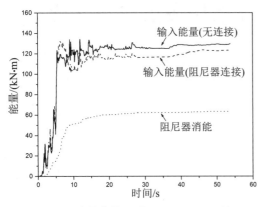

图 4.20 能量曲线(目标Ⅱ,EL Centro 波,
$\alpha = 0.25$)

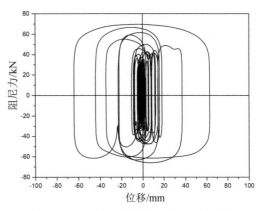

图 4.21 连接装置力-位移曲线(目标Ⅱ,
EL Centro 波,$\alpha = 0.25$)

参考文献

［1］林家浩,张亚辉.随机振动的虚拟激励法[M].北京:科学出版社,2004.

［2］林家浩,张亚辉,赵岩.虚拟激励法在国内外工程界的应用回顾与展望[J].应用数学和力学,2017,38(1):1-31.

［3］郭安薪,徐幼麟,吴波.粘弹性阻尼器连接的相邻结构非线性随机地震反应分析[J].地震工程与工程振动,2001,21(2):64-69.

［4］Karabork T. Optimization damping of viscous dampers to prevent collisions between adjacent structures with unequal heights as a case study[J]. Arabian Journal for Science and Engineering,2020,45:3901-3919.

第 5 章　连廊-双塔连体结构减震参数优化

5.1　分析模型与运动方程

连廊连接双塔楼结构,连接方式有刚性连接和柔性连接两种,为减小温度应力和地震作用,尤其对于大跨度连廊结构,一般采用柔性连接方式。连接支座提供竖向支承和水平向刚度及阻尼。本书只考虑连廊连接双塔楼形成的连体结构在水平方向的减震作用。为简化分析,将塔楼、连廊分别简化为单自由度体系,连接装置简化为 Kelvin 模型,由弹簧单元和阻尼单元并联组成,形成的连体结构体系为 3-DOF 模型,如图 5.1 所示。

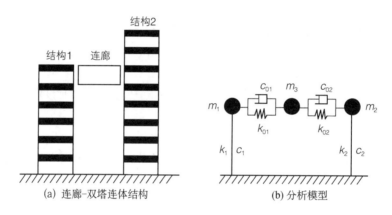

(a) 连廊-双塔连体结构　　　　　　　(b) 分析模型

图 5.1　连体结构模型

连体结构体系中,结构 1(左塔楼)、结构 2(右塔楼)的质量、刚度、阻尼分别为 m_1,k_1,c_1 和 m_2,k_2,c_2;连廊质量为 m_3;左、右连接装置的刚度、阻尼分别为 k_{01},c_{01} 和 k_{02},c_{02}。结构体系在地面振动激励下的运动方程为

$$\begin{cases} m_1\ddot{x}_1+c_1\dot{x}_1+k_1x_1+c_{01}(\dot{x}_1-\dot{x}_3)+k_{01}(x_1-x_3)=-m_1\ddot{x}_g(t) \\ m_2\ddot{x}_2+c_2\dot{x}_2+k_2x_2+c_{02}(\dot{x}_2-\dot{x}_3)+k_{02}(x_2-x_3)=-m_2\ddot{x}_g(t) \\ m_3\ddot{x}_3-c_{01}(\dot{x}_1-\dot{x}_3)-c_{02}(\dot{x}_2-\dot{x}_3)-k_{01}(x_1-x_3)-k_{02}(x_2-x_3)=-m_3\ddot{x}_g(t) \end{cases} \quad (5.1a)$$

写成矩阵形式为

$$M\ddot{X}+C\dot{X}+KX=-MI\ddot{x}_g(t) \quad (5.1b)$$

式中，

质量矩阵 $\boldsymbol{M} = \begin{bmatrix} m_1 & & \\ & m_2 & \\ & & m_3 \end{bmatrix}$；阻尼矩阵 $\boldsymbol{C} = \begin{bmatrix} c_1+c_{01} & 0 & -c_{01} \\ 0 & c_2+c_{02} & -c_{02} \\ -c_{01} & -c_{02} & c_{01}+c_{02} \end{bmatrix}$；

刚度矩阵 $\boldsymbol{K} = \begin{bmatrix} k_1+k_{01} & 0 & -k_{01} \\ 0 & k_2+k_{02} & -k_{02} \\ -k_{01} & -k_{02} & k_{01}+k_{02} \end{bmatrix}$；单位向量 $\boldsymbol{I} = \begin{bmatrix} 1 \\ 1 \\ 1 \end{bmatrix}$；相对位移向量 $\boldsymbol{X} = \begin{bmatrix} x_1 \\ x_2 \\ x_3 \end{bmatrix}$；

$\ddot{x}_g(t)$ 为地面运动加速度时程。

为进一步简化运动方程，定义下列参数：

左、右塔楼结构自振圆频率 $\omega_1 = \sqrt{k_1/m_1}$，$\omega_2 = \sqrt{k_2/m_2}$；

左、右塔楼结构自身阻尼比 $\xi_1 = c_1/(2m_1\omega_1)$，$\xi_2 = c_2/(2m_2\omega_2)$；

左、右连接刚度的名义圆频率 $\omega_{01} = \sqrt{k_{01}/m_3}$，$\omega_{02} = \sqrt{k_{02}/m_3}$；

左、右连接阻尼的名义阻尼比 $\xi_{01} = c_{01}/(2m_3\omega_{01})$，$\xi_{02} = c_{02}/(2m_3\omega_{02})$；

左、右塔楼结构的自振频率比 $\beta = \omega_2/\omega_1$，并设左结构较刚、右结构较柔，即 $\beta \leqslant 1$；

连接装置名义频率比 $\beta_{01} = \omega_{01}/\omega_1$，$\beta_{02} = \omega_{02}/\omega_1$，则左、右连接刚度可用 β_{01}，β_{02} 表达；

左、右塔楼结构质量比 $\mu = m_1/m_2$，连廊质量比 $\mu_0 = m_3/m_1$，则有 $m_3/m_2 = \mu_0\mu$。

将方程组(5.1a)的三个方程等号左、右两侧分别除以 m_1,m_2 和 m_3，则式(5.1b)变为

$$\bar{\boldsymbol{M}}\ddot{\boldsymbol{X}} + \bar{\boldsymbol{C}}\dot{\boldsymbol{X}} + \bar{\boldsymbol{K}}\boldsymbol{X} = -\bar{\boldsymbol{M}}\boldsymbol{I}\ddot{x}_g \tag{5.2}$$

式中，$\bar{\boldsymbol{M}} = \begin{bmatrix} 1 & & \\ & 1 & \\ & & 1 \end{bmatrix}$；$\bar{\boldsymbol{C}} = \begin{bmatrix} a_1 & 0 & a_3 \\ 0 & a_5 & a_7 \\ a_9 & a_{11} & a_{13} \end{bmatrix}$；$\bar{\boldsymbol{K}} = \begin{bmatrix} a_2 & 0 & a_4 \\ 0 & a_6 & a_8 \\ a_{10} & a_{12} & a_{14} \end{bmatrix}$。

矩阵 $\bar{\boldsymbol{C}}$，$\bar{\boldsymbol{K}}$ 中，各元素 $a_n(n=1,2,\cdots,14)$ 是用前述定义的参数表示的函数，如表 5.1 所示。

表 5.1　　　　　　　　　　　矩阵元素

矩阵	元素	表达式	矩阵	元素	表达式
$\bar{\boldsymbol{C}}$	a_1	$2\xi_1\omega_1 + 2\xi_{01}\omega_{01}\mu_0$	$\bar{\boldsymbol{K}}$	a_2	$\omega_1^2 + \omega_{01}^2\mu_0$
	a_3	$-2\xi_{01}\omega_{01}\mu_0$		a_4	$-\omega_{01}^2\mu_0$
	a_5	$2\xi_2\omega_2 + 2\xi_{02}\omega_{02}\mu_0\mu$		a_6	$\omega_2^2 + \omega_{02}^2\mu_0\mu$
	a_7	$-2\xi_{02}\omega_{02}\mu_0\mu$		a_8	$-\omega_{02}^2\mu_0\mu$
	a_9	$-2\xi_{01}\omega_{01}$		a_{10}	$-\omega_{01}^2$
	a_{11}	$-2\xi_{02}\omega_{02}$		a_{12}	$-\omega_{02}^2$
	a_{13}	$2\xi_{01}\omega_{01} + 2\xi_{02}\omega_{02}$		a_{14}	$\omega_{01}^2 + \omega_{02}^2$

设地面运动为平稳随机振动过程[1,2]，令 $\ddot{x}_g(t)=\sqrt{S_g(\omega)}\cdot e^{i\omega t}$，即有 $\boldsymbol{X}=\boldsymbol{H}(i\omega)\sqrt{S_g(\omega)}\cdot e^{i\omega t}$，其中，质点位移频响函数向量 $\boldsymbol{H}(i\omega)=[H_1(i\omega)\quad H_2(i\omega)\quad H_3(i\omega)]^T$，代入式(5.2)则有：

$$\hat{\boldsymbol{D}}\boldsymbol{H}(i\omega)=-\boldsymbol{I} \tag{5.3}$$

式中，$\hat{\boldsymbol{D}}=\begin{bmatrix} d_{11} & 0 & d_{13} \\ 0 & d_{22} & d_{23} \\ d_{31} & d_{32} & d_{33} \end{bmatrix}$，矩阵中各元素 d_{ij} 是用 $(i\omega)$ 及 $a_n(n=1,2,\cdots,14)$ 表示的函数。

由式(5.3)即可用结构体系参数表示频响函数 $H_1(i\omega)$，$H_2(i\omega)$ 和 $H_3(i\omega)$：

$$H_j(i\omega)=\frac{|\hat{\boldsymbol{D}}_j|}{|\hat{\boldsymbol{D}}|}\quad(j=1,2,3) \tag{5.4}$$

各塔楼结构的平均相对振动能量[3]为：

$$E_j=m_j\int_{-\infty}^{+\infty}|(i\omega)H_j(i\omega)|^2 S_g(\omega)d\omega\quad(j=1,2) \tag{5.5}$$

当塔楼间无连廊连接时，设各塔楼结构自身在白噪声 $S_g(\omega)$ 激励下的振动能量为 $E_{0j}(j=1,2)$，有连廊连接时塔楼结构的振动能量为 $E_j(j=1,2)$，定义有连接时与无连接时塔楼结构的振动能量之比为减震系数，即：

$$R_j=E_j/E_{0j}\quad(j=1,2\text{分别表示结构1，结构2})$$

$$R_3=(E_1+E_2)/(E_{01}+E_{02})(\text{表示双塔楼整体的减震系数})$$

5.2　结构振动响应的功率谱密度分布

为分析连接装置的影响，对比有无连廊连接时各结构振动能量在频域范围内分布的变化，设连体结构中两塔楼的自振频率比为 $\omega_2/\omega_1=0.9$，质量比为 $m_2/m_1=1.0$，连廊质量比为 $m_3/m_1=0.3$，连接参数为 $\beta_{01}=0.57$，$\beta_{02}=0.57$，$\xi_{01}=\xi_{02}=0.10$。分别在四种白噪声(Spec-1谱～Spec-4谱)激励下，无连接与有连接时各塔楼结构的振动速度功率谱密度分布如图5.2所示。从图中可以看出，在全域范围内结构反应均有能量分布，分布曲线峰值对应于结构体系自振频率。无连接时各塔楼结构功率谱曲线为单峰值曲线，有减震装置连接时为多峰值曲线，对应于有连接时整体结构体系的三个自振频率。另外，对比连接前后可以看出，通过在结构之间连接阻尼装置，各塔楼结构的曲线峰值均显著削弱，抑制了结构振动反应。

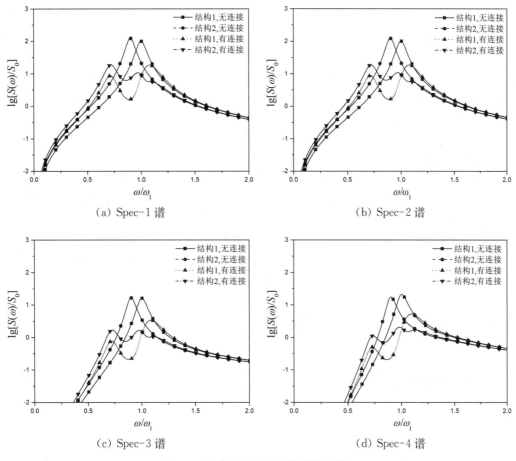

（a）Spec-1 谱　　　　　　　　　　　　（b）Spec-2 谱

（c）Spec-3 谱　　　　　　　　　　　　（d）Spec-4 谱

图 5.2　结构振动速度功率谱密度分布

5.3　优化分析程序验证

　　根据上述平稳随机过程激励,得到结构振动速度功率谱密度分布,进行积分计算可得到结构反应速度均方差,再乘以结构质量即为结构振动能量。优化分析选用白噪声(Spec-1谱)作为激励,编制优化分析计算程序,在连接参数优化分析之前进行了程序验证。

　　验证方法:①当连廊与塔楼结构间无连接时,塔楼结构为单体结构振动,减震系数均为1,且速度反应方差的积分值与理论值一致;②当两塔楼结构自振圆频率相同时,无论连接参数大小,结构减震系数均为1.0,即连接装置不起减震作用。

　　设单自由度体系的质量、刚度、阻尼系数分别为 m,k,c,其运动方程为

$$m\ddot{x} + c\dot{x} + kx = -m\ddot{x}_{\mathrm{g}}(t) \tag{5.6}$$

　　方程两边同时除以 m,得到:

$$\ddot{x} + 2\xi\omega_{\mathrm{n}}\dot{x} + \omega_{\mathrm{n}}^2 x = -\ddot{x}_{\mathrm{g}}(t) \tag{5.7}$$

　　设地面加速度激励为平稳随机过程,令

$$\ddot{x}_{\mathrm{g}}(t) = \sqrt{S_{\mathrm{g}}(\omega)} \cdot \mathrm{e}^{\mathrm{i}\omega t} \tag{5.8}$$

则有位移反应：

$$x = H(\mathrm{i}\omega) \sqrt{S_{\mathrm{g}}(\omega)} \cdot \mathrm{e}^{\mathrm{i}\omega t} \tag{5.9}$$

将式(5.8)、式(5.9)代入式(5.7)，则有：

$$(\mathrm{i}\omega)^2 H(\mathrm{i}\omega) + (\mathrm{i}\omega) \cdot 2\xi\omega_{\mathrm{n}} H(\mathrm{i}\omega) + \omega_{\mathrm{n}}^2 H(\mathrm{i}\omega) = -1 \tag{5.10}$$

位移频响函数：

$$H(\mathrm{i}\omega) = \frac{-1}{(\omega_{\mathrm{n}}^2 - \omega^2) + 2(\mathrm{i}\omega)\xi\omega_{\mathrm{n}}} \tag{5.11}$$

设地面激励为白噪声过程，即 $S_{\mathrm{g}}(\omega) = S_0$，则有：

$$\sigma_x^2 = \int_{-\infty}^{\infty} |(\mathrm{i}\omega)H(\mathrm{i}\omega)|^2 S_0 \,\mathrm{d}\omega = \frac{\pi S_0}{2\xi\omega_{\mathrm{n}}} \tag{5.12}$$

若取结构阻尼比 $\xi = 0.05$，自振圆频率 $\omega_{\mathrm{n}} = 1.0$，则式(5.12)的方差理论值为 $31.416 S_0$，积分计算值为 $31.367\,44 S_0$。

5.4 连接刚度优化分析

5.4.1 分析工况

设两塔楼结构与连廊间采用黏弹性阻尼器连接，优化分析参数包括连廊左端连接刚度及阻尼(以 β_{01}, ξ_{01} 表达)和右端连接刚度及阻尼(以 β_{02}, ξ_{02} 表达)。根据不同的功能要求，优化分析时，分别取三种优化控制目标：

(1) 目标 Ⅰ：结构 1 振动能量最小(R_1 最小)；

(2) 目标 Ⅱ：结构 2 振动能量最小(R_2 最小)；

(3) 目标 Ⅲ：整体结构体系(含结构 1、结构 2)振动能量最小(R_3 最小)。

由于影响参数较多，在进行连接装置参数优化分析时，考虑连廊与左塔楼的质量比 μ_0 取 0.1, 0.2, 0.3, 0.4, 0.5 五种情况，结构 1 与结构 2 的质量比 μ 取 0.6, 0.8, 1.0 三种情况，结构 2 与结构 1 的频率比 β 取 0.5, 0.7, 0.9, 1.0 四种情况，当 $\beta = 1$ 时表示两塔楼结构自振频率相同。塔楼自身阻尼比 ξ_1, ξ_2 取 0.05。

5.4.2 连接刚度的影响

刚度优化分析时，取左、右连接阻尼比 $\xi_{01} = \xi_{02} = 0.10$。当连廊质量比 $\mu_0 = 0.3$、塔楼质量比 $\mu = 0.6$、塔楼频率比 $\beta = 0.5$ 时，左、右塔楼减震系数与左、右连接刚度变化分别如图 5.3(a)、(b)所示；当连廊质量比 $\mu_0 = 0.3$、塔楼质量比 $\mu = 1.0$、塔楼频率比 $\beta = 0.9$ 时，左、右塔楼减震系数与左、右连接刚度变化分别如图 5.3(c)、(d)所示。

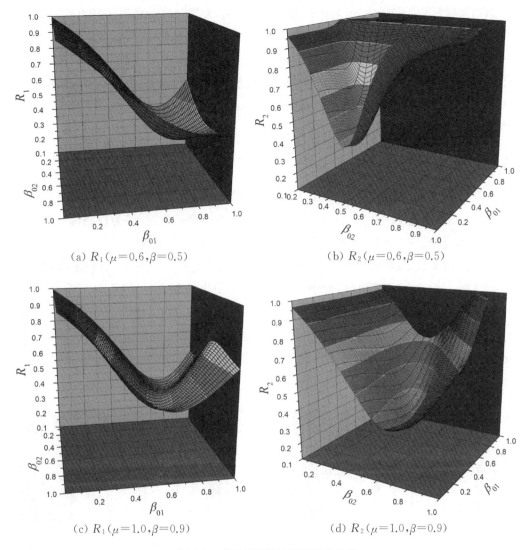

(a) $R_1(\mu=0.6, \beta=0.5)$　　　　　　(b) $R_2(\mu=0.6, \beta=0.5)$

(c) $R_1(\mu=1.0, \beta=0.9)$　　　　　　(d) $R_2(\mu=1.0, \beta=0.9)$

图 5.3　减震系数随连接刚度的变化

从图中可以看出，连廊左、右连接刚度对两塔楼结构减震系数具有交叉影响，塔楼受本侧连接刚度影响较另一侧更加显著。当左塔楼获得最佳减震效果时，左连接刚度取一相对较大值而右连接刚度取一相对较小值；相对地，当右塔楼获得最佳减震效果时，右连接刚度取一相对较大值而左连接刚度取一相对较小值。因此，两塔楼不能同时达到最佳减震效果。

5.4.3　最优连接刚度参数

各结构参数组合工况下，根据三种不同控制目标确定的最优连接刚度参数及相应的减震系数如附表 D.1 所示。从表中可以看出，当以左塔楼为控制目标时，左连接刚度较大而右连接刚度较小，左塔楼取得较好的减震效果，而右塔楼减震系数接近或大于 1.0，尤其是在连廊质量比较小时，右塔楼得不到减震。当以右塔楼为控制目标时，左连接刚度取较小值而右连接刚度取较大值，此时右塔楼取得较好的减震效果，而左塔楼减震系数接近

1.0,但当连廊质量比较大时,以右塔楼为控制目标时,左塔楼亦可获得较好的减震效果。

对两塔楼分别进行优化设计时,不能同时达到最佳减震效果。较刚结构可获得的最佳减震效果优于较柔结构。当两塔楼频率比接近 1.0 时,两塔楼可获得的最佳减震效果相当。当以两塔楼整体为控制目标时,若连廊质量比较小,左连接刚度较小而右连接刚度相对较大,则右塔楼减震效果优于左塔楼;随着连廊质量比的增大,两侧连接刚度相近,两塔楼均可达到理想的减震效果。

5.4.4 塔楼频率比、质量比的影响

根据附表 D.1 所列各工况下的最优连接刚度和减震系数可以看出,以左塔楼为控制目标时,两侧最优连接刚度几乎不受塔楼质量比 μ 的影响;以右塔楼为控制目标时,右连接刚度最优值随频率比的增大而增大,亦几乎不受质量比 μ 的影响。

对于减震系数,当连廊质量比 $\mu_0=0.1$、塔楼质量比 $\mu=0.6\sim1.0$、塔楼频率比 $\beta=0.5\sim1.0$ 时,左塔楼减震系数(目标 I)随 μ 和 β 的变化如图 5.4(a)所示;当连廊质量比 $\mu_0=0.3$、塔楼质量比 $\mu=0.6\sim1.0$、塔楼频率比 $\beta=0.5\sim1.0$ 时,右塔楼减震系数(目标 II)随 μ 和 β 的变化如图 5.4(b)所示。左塔楼的减震系数随频率比的增大而略有增大,但几乎不受质量比的影响;右塔楼减震系数随质量比的增大略有减小,但几乎不受频率比的影响。

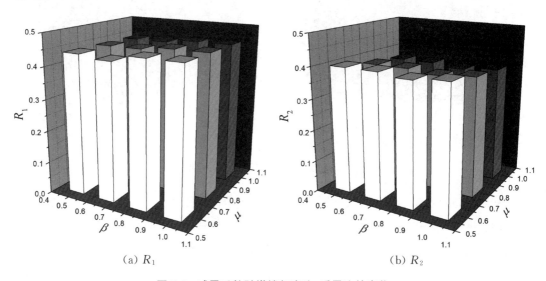

(a) R_1 (b) R_2

图 5.4 减震系数随塔楼频率比、质量比的变化

5.4.5 连廊质量比的影响

从附表 D.1 中还可以看出,随着连廊质量比的增大,以左塔楼为控制目标时,左连接刚度最优值逐渐减小;以右塔楼为控制目标时,右连接刚度最优值逐渐减小。

左塔楼(目标 I)及右塔楼(目标 II)减震系数随连廊质量比、塔楼质量比和塔楼频率比的变化如图 5.5 所示,从图中可以看出,随着连廊质量比增大,各控制目标的减震效果提升。

特殊情况下,当两塔楼对称($\beta=1,\mu=1$)时,以某一塔楼为目标或以整体为目标时,可达到的减震效果随连廊质量比的关系如图 5.6 所示。单独优化某塔楼时,两塔楼减震系数分别为 0.45,0.96;当以整体为减震优化目标时,两塔楼减震系数可同时达到 0.54(连廊质量比 $\mu_0=0.1$)。随着连廊质量比 μ_0 增大为 0.3,0.5,上述相应减震系数分别为 0.37,0.81,0.40 和 0.35,0.67,0.36。

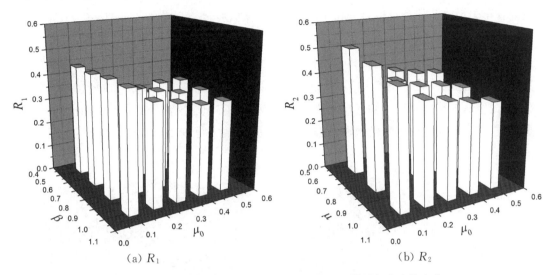

(a) R_1　　　　　　　(b) R_2

图 5.5　减震系数随连廊质量比、塔楼质量比和塔楼频率比的变化

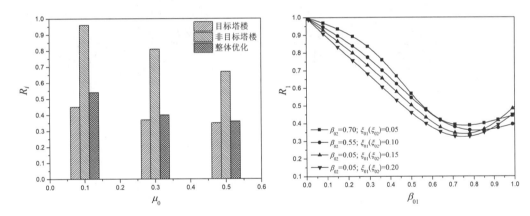

图 5.6　对称塔楼减震系数随连廊质量比的变化　　图 5.7　连接刚度、连接阻尼最优值相关性

5.4.6　连接阻尼对连接刚度最优值的影响

以左塔楼减震分析最优连接刚度为例,当连廊质量比 $\mu_0=0.3$、塔楼质量比 $\mu=0.6$、塔楼频率比 $\beta=0.7$ 时,分别取连接阻尼比 $\xi_{01}=\xi_{02}=0.05,0.10,0.15,0.20$,如前文分析左、右连接刚度对左塔楼减震系数的影响规律,最优连接刚度值(β_{01},β_{02})分别为(0.75,0.70),(0.81,0.55),(0.75,0.05),(0.75,0.05),如图 5.7 所示。前文根据连接阻尼取 $\xi_{01}=\xi_{02}=0.10$ 进行连接刚度优化分析,所得最优值 $\beta_{01}=0.81$ 所引起的减震系数变化分

别为 1.3%，0，2.6% 和 2.7%，可见连接阻尼对最优连接刚度影响微小，二者弱相关。

5.5 连接阻尼优化分析

由于连接刚度最优值与连接阻尼相关性较弱，因此，可在连接刚度最优值确定之后，再对连接阻尼进行优化分析。分析中取连接阻尼比（ξ_{01}，ξ_{02}）范围为 0.01～0.50，连接刚度参数取附表 D.1 中的最优值。

当连廊质量比 $\mu_0 = 0.3$、塔楼质量比 $\mu = 0.8$、塔楼频率比 $\beta = 0.9$ 时，左、右塔楼减震系数随连接阻尼的变化如图 5.8 所示。从图中可以看出，左、右连接阻尼对两塔楼的减震系数均有影响，连接阻尼对本侧塔楼的影响更显著，对另一侧塔楼影响不明显，但在最优值附近，连接阻尼变化的影响较微弱，即在最优值附近较大范围内取值时，结构均可获得最佳减震效果。

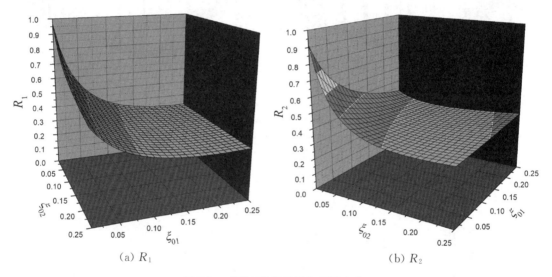

$$(a)\ R_1 \qquad\qquad (b)\ R_2$$

图 5.8　减震系数随连接阻尼的变化

在各结构参数组合工况下，最优连接阻尼参数及相应的减震系数如附表 D.2 所示。与附表 D.1 对比可以看出，根据最优连接阻尼参数所得减震效果较按照 $\xi_{01} = \xi_{02} = 0.10$ 所得减震效果更佳，而且当连廊质量比较小时差别不大，随着连廊质量比增大，连接阻尼优化后减震效果提升更显著。

5.6 对称连接时连接刚度及连接阻尼优化分析

为简化设计，当连廊两端与塔楼连接装置参数取值相同时，即取 $\beta_{01} = \beta_{02} = \beta_0$，$\xi_{01} = \xi_{02} = \xi_0$，考虑连接刚度和连接阻尼的相关性，各工况下最优连接参数如附表 D.3 所示。相较于附表 D.2 可以看出，连接参数采用对称布置时各减震目标的减震效果有所降低，目标 Ⅰ 的减震系数增大 0.00～0.13，目标 Ⅱ 的减震系数增大 0.05～0.18，目标 Ⅲ 的减震系数增大 0.00~0.10,且随着连廊质量比增大,减震系数差别减小。

5.7 两塔楼结构对称

有些情况下连廊所连接的两相邻建筑结构相同,重要性亦相近,因此,以整体体系为减震控制目标,连廊两端亦采用对称连接,则各控制目标的减震系数相等,即 $R_1=R_2=R_3=R$。

当两结构对称时,即有 $\beta=1.0$,$\mu=1.0$,对称连接即取 $\beta_{01}=\beta_{02}=\beta_0$,$\xi_{01}=\xi_{02}=\xi_0$。连接参数最优值与连廊质量比 μ_0(取 0.05~0.5)和结构阻尼比 ξ_1,ξ_2(取 0.01~0.05)相关,分析时考虑连接刚度参数与连接阻尼参数的相关性,则各组合工况下最优连接参数、减震系数如表 5.2 及图 5.9 所示。

表 5.2　　　　　　　　　　　对称结构各工况下最优连接参数

$\xi_1(\xi_2)$	0.03			0.04			0.05		
μ_0	β_0	ξ_0	R	β_0	ξ_0	R	β_0	ξ_0	R
0.05	0.68	0.06	0.48	0.68	0.06	0.56	0.68	0.06	0.63
0.10	0.67	0.08	0.39	0.66	0.08	0.47	0.66	0.08	0.53
0.15	0.65	0.09	0.34	0.65	0.09	0.41	0.64	0.09	0.48
0.20	0.63	0.11	0.31	0.63	0.11	0.38	0.63	0.11	0.44
0.25	0.62	0.12	0.28	0.61	0.12	0.35	0.61	0.12	0.41
0.30	0.60	0.13	0.27	0.6	0.13	0.33	0.60	0.13	0.39
0.35	0.59	0.14	0.25	0.59	0.13	0.32	0.58	0.14	0.37
0.40	0.58	0.14	0.24	0.57	0.14	0.30	0.57	0.14	0.36
0.45	0.57	0.15	0.23	0.56	0.15	0.29	0.56	0.15	0.35
0.50	0.55	0.16	0.22	0.55	0.16	0.28	0.55	0.16	0.34

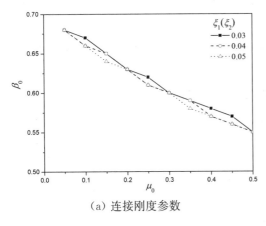

（a）连接刚度参数

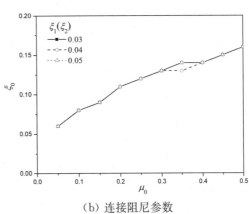

（b）连接阻尼参数

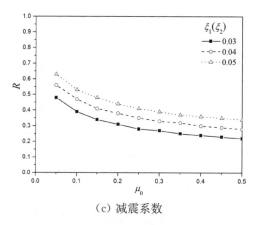

（c）减震系数

图 5.9   最优连接参数及减震系数随连廊质量比的变化

连廊质量比 μ_0 取 $0.05 \sim 0.50$，结构自身阻尼比 $\xi_1(\xi_2)$ 取 $0.01 \sim 0.05$，可以看出，最优连接刚度参数 β_0 随连廊质量比 μ_0 的增大而减小，连接阻尼比 ξ_0 随连廊质量比 μ_0 的增大而增大；连廊质量比 μ_0 越大，减震效果更优。

另外，结构自身阻尼比对最优连接参数几乎无影响。随着结构自身阻尼比（ξ_1，ξ_2）的增大，结构减震系数有所增大，即通过连接装置来减小结构振动反应的幅度有所降低。

当两相邻结构完全相同且在对称连接情况下，对一侧塔楼而言，连廊连接双塔结构形成的减震体系，等效于施加了一半连廊质量的 TMD 体系。

5.8   多自由度结构体系

前述连接参数优化分析是基于单自由度结构模型，一般连廊是连接于两相邻高层塔楼结构之间，塔楼结构是多自由度体系，并且连廊位置可能位于塔楼结构中部高度处或顶部，因此还需要探索优化参数的适用性及连廊高度位置对最优连接参数及减震效果的影响规律。采用多自由度数值算例分析连廊高度位置的影响。

某连廊-塔楼连体结构的左塔楼为 9 层，各楼层层间刚度为 2.0×10^6 kN/m，各楼层质量为 1.0×10^6 kg；右塔楼亦为 9 层，各楼层层间刚度为 1.0×10^6 kN/m，各楼层质量为 1.0×10^6 kg；大跨度连廊质量为 1.0×10^6 kg。结构自身阻尼比取 0.05。采用 Kanai-Tajimi 过滤白噪声（Spec-2 谱）作为地面激励。

根据模态分析可得左、右塔楼的基本自振频率分别为 1.176 Hz 和 0.831 Hz，两塔楼的频率比 $\beta = 0.71$，质量比 $\mu = 1.0$；连廊与左塔楼的质量比 $\mu_0 = 0.131$。

连廊两端采用对称连接，两端连接参数相同，则最优连接参数分别为

（1）目标 I：$\beta_0 = 0.71$，$\xi_0 = 0.05$

（2）目标 II：$\beta_0 = 0.46$，$\xi_0 = 0.06$

（3）目标 III：$\beta_0 = 0.47$，$\xi_0 = 0.09$

两端连接刚度为 $k_0 = m_3 \omega_0^2 = m_3 (\beta_0 \omega_1)^2$，两端连接阻尼为 $c_0 = 2 m_3 \omega_0 \xi_0 = 2 m_3 (\beta_0 \omega_1) \xi_0$。

对于目标 I，两端连接刚度和连接阻尼理论值分别为

$$k_0 = 1.0 \times 10^6 \times (0.71 \times 2\pi \times 1.176)^2 = 2.75 \times 10^7 \ \text{N/m}$$

$$c_0 = 2 \times 1.0 \times 10^6 \times (0.71 \times 2\pi \times 1.176) \times 0.05 = 5.25 \times 10^5 \ \text{N/(m/s)}$$

对于目标 II，两端连接刚度和连接阻尼理论值分别为

$$k_0 = 1.0 \times 10^6 \times (0.46 \times 2\pi \times 1.176)^2 = 1.16 \times 10^7 \ \text{N/m}$$

$$c_0 = 2 \times 1.0 \times 10^6 \times (0.46 \times 2\pi \times 1.176) \times 0.06 = 4.10 \times 10^5 \ \text{N/(m/s)}$$

对于目标 III，两端连接刚度和连接阻尼理论值分别为

$$k_0 = 1.0 \times 10^6 \times (0.47 \times 2\pi \times 1.176)^2 = 1.21 \times 10^7 \ \text{N/m}$$

$$c_0 = 2 \times 1.0 \times 10^6 \times (0.47 \times 2\pi \times 1.176) \times 0.09 = 6.25 \times 10^5 \ \text{N/(m/s)}$$

为分析连接参数的适用性以及连廊位置对减震效果的影响规律，基于理论最优连接参数，取连接刚度、连接阻尼分别为 $\bar{k}_0 = \eta_1 k_0$，$\bar{c}_0 = \eta_2 c_0$，其中 η_1，η_2 为多自由度体系连接参数的调整系数。连廊高度位置在楼层 1~9 之间变化。

5.8.1　不考虑连接参数相关性

分别对应于目标 I，II，III 选取连接参数理论值，目标结构的减震系数随连接参数调整系数、连廊高度位置的变化如图 5.10~图 5.12 所示。

当 $\eta_2 = 1.0$ 时，目标减震系数 R_i 随连接参数调整系数和连廊位置的变化分别如图 5.10(a)、图 5.11(a) 和图 5.12(a) 所示，从图中可以看出，类似于简化模型分析结果，各减震系数随连接刚度调整系数先减小后增大，最优连接刚度调整系数明显，随着连廊高度位置的不同，最优连接刚度调整系数 η_1 在 0.88~1.12（目标 I），1.00~1.04（目标 II），0.94~1.03（目标 III）之间，连廊位置越高，η_1 取值略微大于 1.0，连廊位置越低，η_1 取值略微小于 1.0。连廊位置越高，减震效果越佳，相反则越差。简化模型所得理论最优连接刚度参数值及相应的减震系数相当于连廊位于中部第 5 层处对应的数值。

由于连接刚度最优值随着连廊位置的不同而略有变化，当 $\eta_1 = 1.0$ 时，引起各目标减震系数变化均小于 0.01，因此，前述分析所得最优连接刚度参数适用于多层结构。

当 $\eta_1 = 1.0$ 时，目标减震系数 R_i 随连接参数调整系数和连廊位置的变化分别如图 5.10(b)、图 5.11(b) 和图 5.12(b) 所示，从图中可以看出，减震系数随连接阻尼调整系数的变化不显著，随着连接阻尼调整系数增大，减震系数先显著减小后变化越来越平缓，达到某一最小值后略有增大，存在最优连接阻尼调整系数但不明显；随着连廊高度位置的不同，最优连接阻尼调整系数 η_2 在 0.34~1.87（目标 I），0.25~1.38（目标 II），0.17~2.31（目标 III）之间，连廊位置越高，η_2 取值越大，反之，η_2 取值越小。连廊位置越高，减震效果越佳，最优值附近连接阻尼影响越微小。简化模型分析得到的理论最优连接阻尼参数值及相应的减震系数相当于连廊位于中部第 5 层处对应的数值。

连接阻尼最优值随着连廊位置的不同而有较大变化，但由于连接阻尼在较大范围内

变化引起减震系数变化不显著,因此,分别对应于不同楼层处的连接,当 $\eta_2 = 1.0$ 时(即取理论最优连接阻尼值)时,各目标减震系数变化均小于 0.03,因此,前述分析所得最优连接阻尼参数亦适用于多层结构。

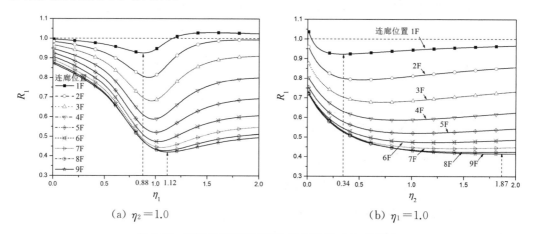

图 5.10　连接参数调整系数和连廊位置对 R_1 的影响

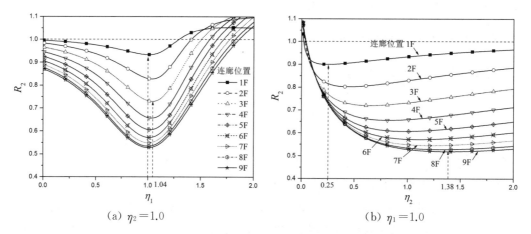

图 5.11　连接参数调整系数和连廊位置对 R_2 的影响

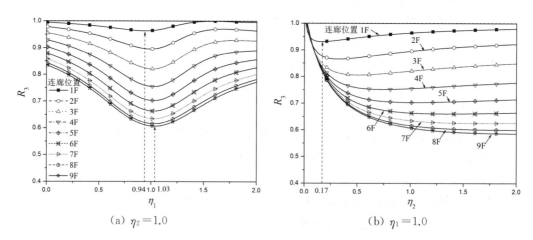

图 5.12　连接参数调整系数和连廊位置对 R_3 的影响

5.8.2　考虑连接参数相关性

对称连接时,考虑连接刚度与连接阻尼的相关性,各目标下最优连接参数调整系数与连接楼层位置的关系以及相应的减震系数如表 5.3 及图 5.13 所示。从图中可以看出,随着连廊连接位置不同,最优连接刚度和连接阻尼的变化规律不同。随着连廊位置从 1 层处升高至 9 层处,最优连接刚度基本不变(对于目标 Ⅰ,Ⅲ,最优连接刚度略有增大;对于目标 Ⅱ,最优连接刚度略有减小),调整系数 η_1 均接近 1.0,而最优连接阻尼增大。

在各控制目标下,理论最优连接参数相当于连廊位于中部第 5 层处。连接位置越高,目标结构减震效果越好。由于最优连接刚度接近理论值($\eta_1 \approx 1.0$),最优值附近连接阻尼变化引起减震系数的变化不显著,即不论连廊位于哪一楼层,当连接参数取理论值时(η_1,η_2 取 1.0),减震系数变化均小于 0.05。因此,按前文理论最优连接参数连接连廊与塔楼结构,即可获得最佳减震效果,通过简化模型分析所得连接参数适用于多自由度体系。

表 5.3　　　　　不同连接楼层处最优连接参数调整系数及相应的减震系数

连接楼层	目标 Ⅰ			目标 Ⅱ			目标 Ⅲ				
	η_1	η_2	R_1/R_{10}	η_1	η_2	R_2/R_{20}	η_1	η_2	R_1/R_{10}	R_2/R_{20}	R_3/R_{30}
9	1.15	1.88	0.41/0.43	1.01	1.38	0.52/0.52	1.08	2.24	0.58/0.71	0.59/0.52	0.58/0.61
8	1.11	1.64	0.42/0.44	1.00	1.31	0.53/0.53	1.07	1.99	0.61/0.72	0.59/0.53	0.60/0.62
7	1.07	1.39	0.44/0.45	1.01	1.22	0.55/0.55	1.05	1.67	0.66/0.74	0.60/0.55	0.63/0.64
6	1.03	1.19	0.47/0.48	1.01	1.11	0.57/0.57	1.04	1.36	0.72/0.77	0.61/0.58	0.66/0.66
5	1.00	1.02	0.52/0.52	1.02	0.97	0.61/0.61	1.03	1.04	0.79/0.80	0.63/0.63	0.70/0.70
4	0.98	0.86	0.59/0.59	1.03	0.82	0.65/0.66	1.02	0.74	0.86/0.84	0.66/0.69	0.75/0.76
3	0.96	0.67	0.67/0.68	1.04	0.64	0.72/0.73	1.02	0.51	0.91/0.89	0.72/0.77	0.81/0.82
2	0.94	0.47	0.78/0.81	1.05	0.45	0.80/0.83	1.02	0.32	0.95/0.94	0.80/0.86	0.87/0.90
1	0.91	0.25	0.89/0.94	1.06	0.25	0.89/0.93	1.02	0.17	0.98/0.97	0.89/0.96	0.93/0.96

注:表中 R_{10},R_{20},R_{30} 分别为 η_1,η_2 取 1.0 时对应的结构 1、结构 2、两结构整体的减震系数。

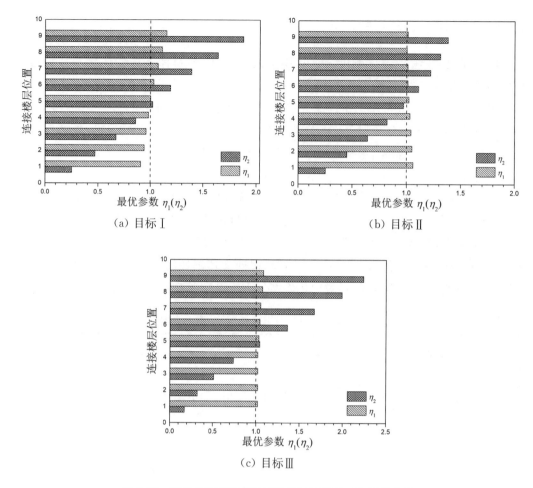

图 5.13　连接参数调整系数最优值随连廊高度位置的变化

5.8.3　地震作用分析

进一步分析地震作用下的减震效果。设大跨度连廊位于塔楼结构顶部,所在区域抗震设防烈度为 7 度(0.10g),Ⅱ类场地。根据场地条件,选择三条地震波(即 EL Centro 波、Taft 波和某人工波)作为地面激励,地震波加速度峰值调整为 220 gal。

1. 非对称连接

设以左塔楼为减震控制目标(目标Ⅰ),根据前文优化分析结果,可得左、右连接刚度参数最优值分别为 $\beta_{01}=0.87$,$\beta_{02}=0.37$,左、右连接阻尼比最优值分别为 $\xi_{01}=0.10$,$\xi_{02}=0.17$,因此,连接刚度、连接阻尼分别为

$$k_{01}=m_0\omega_{01}^2=m_0(\beta_{01}\omega_1)^2=1.0\times10^6\times(0.87\times2\pi\times1.176)^2=41.33\times10^6\ \text{N/m}$$

$$k_{02}=m_0\omega_{02}^2=m_0(\beta_{02}\omega_1)^2=1.0\times10^6\times(0.37\times2\pi\times1.176)^2=7.47\times10^6\ \text{N/m}$$

$$c_{01}=2m_0\xi_{01}\omega_{01}=2m_0\xi_{01}(\beta_{01}\omega_1)=2\times1.0\times10^6\times0.10\times(0.87\times2\pi\times1.176)$$

$$= 1.286 \times 10^{6} \ \text{N/(m/s)}$$

$$c_{02} = 2m_0 \xi_{02} \omega_{02} = 2m_0 \xi_{02} (\beta_{02} \omega_1) = 2 \times 1.0 \times 10^{6} \times 0.17 \times (0.37 \times 2\pi \times 1.176)$$
$$= 0.930 \times 10^{6} \ \text{N/(m/s)}$$

　　分别在三条地震波激励下,左塔楼的层间剪力、楼层位移分布如图 5.14 所示,减震效果如表 5.4 所示。左塔楼基底剪力平均减震系数为 0.55,顶部位移平均减震系数为 0.58,减震效果良好;右塔楼的地震反应略有放大。

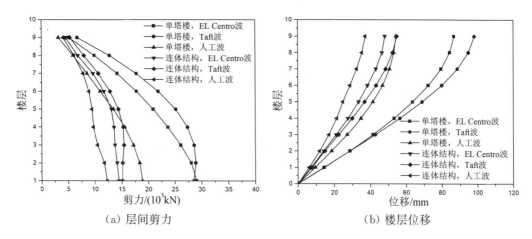

(a) 层间剪力　　　　　　　　　　　　　(b) 楼层位移

图 5.14　左塔楼层间剪力及楼层位移

表 5.4　　　　　　　　　　　　　　　结构地震反应对比

控制目标	结构	基底剪力/(10^3 kN)				顶部位移/mm			
		EL Centro 波	Taft 波	人工波	平均值	EL Centro 波	Taft 波	人工波	平均值
无连接	左塔楼	29.03	28.51	18.89	**25.48**	86.83	98.42	54.48	**79.91**
	右塔楼	15.83	14.70	15.37	**15.30**	98.07	99.97	79.87	**92.64**
目标 Ⅰ (非对称连接)	左塔楼	14.46	15.13	12.22	**13.94**	48.26	54.89	37.32	**46.82**
	右塔楼	15.28	14.71	16.25	**15.41**	99.04	97.69	82.79	**93.17**
目标 Ⅱ (对称连接)	左塔楼	22.86	23.59	14.81	**20.42**	67.36	74.44	43.42	**61.74**
	右塔楼	11.59	13.96	11.31	**12.29**	68.88	90.11	56.97	**71.99**

　　在地震波激励下,结构输入能量和阻尼装置消耗能量曲线如图 5.15 所示,有连廊连接的双塔结构较无连接的双塔结构,在 EL Centro 波和 Taft 波作用下地震总输入能量减小,在人工波激励下略有增大。三条波激励下连廊两端阻尼装置消耗能量占总输入能量的比值分别为 29.8%,36.1% 和 36.4%,平均为 34.1%。

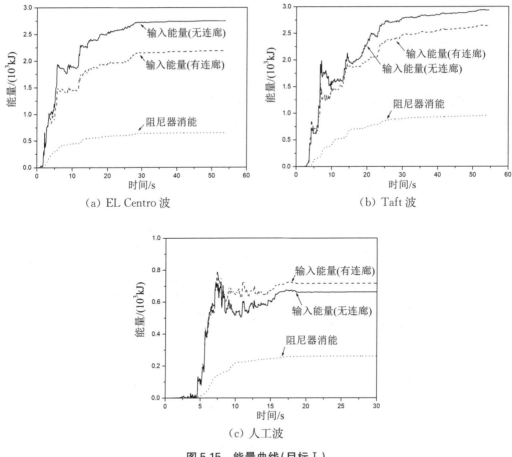

（a）EL Centro 波   （b）Taft 波

（c）人工波

图 5.15 能量曲线(目标Ⅰ)

在 EL Centro 波激励下,连廊左、右两端连接装置的力-位移曲线如图 5.16 所示,两端为非对称连接,左端黏弹性装置的力、位移均大于右端。

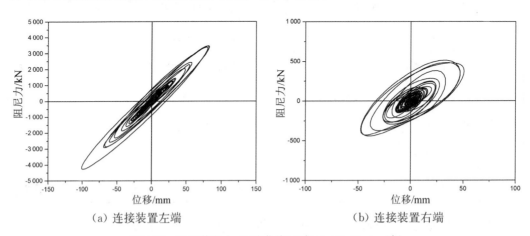

（a）连接装置左端   （b）连接装置右端

图 5.16 阻尼装置力-位移曲线(目标Ⅰ,EL Centro 波)

2. 对称连接

当连廊两端采用对称连接时,以右塔为控制目标(目标Ⅱ),连廊两端的连接刚度和连

接阻尼分别为

$$k_0 = 1.16 \times 10^7 \text{ N/m}; \quad c_0 = 4.10 \times 10^5 \text{ N/(m/s)}$$

分别在三条地震波激励下,右塔楼的层间剪力、楼层位移分布如图 5.17 所示,减震效果如表 5.5 所示,两结构的基底剪力平均减震系数约为 0.80,顶部位移平均减震系数约为 0.77,两结构的减震效果良好。

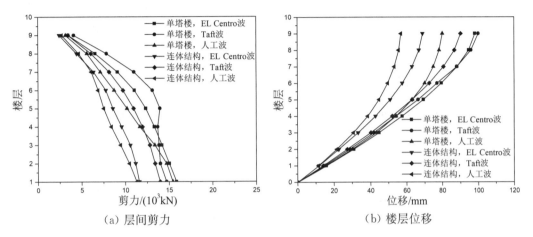

（a）层间剪力　　　　　　　　　（b）楼层位移

图 5.17　右塔楼层间剪力及楼层位移

表 5.5　　　　　　　　　　　　　　阻尼器速度指数影响

控制目标	速度指数 α	结构	基底剪力/(10^3 kN)				顶部位移/mm			
			EL Centro 波	Taft 波	人工波	平均值	EL Centro 波	Taft 波	人工波	平均值
目标 Ⅰ	1.0	左塔楼	17.35	17.22	12.90	**15.82**	54.28	61.96	39.01	**51.75**
		右塔楼	14.12	14.75	16.52	**15.13**	85.55	95.29	87.14	**89.33**
	0.25	左塔楼	18.61	19.36	12.21	**16.73**	57.35	67.22	40.61	**55.06**
		右塔楼	14.51	14.77	15.56	**14.95**	86.99	96.44	80.65	**88.03**
目标 Ⅱ	1.0	左塔楼	22.86	23.59	14.81	**20.42**	67.36	74.44	43.42	**61.74**
		右塔楼	11.59	13.96	11.31	**12.29**	68.88	90.11	56.97	**71.99**
	0.25	左塔楼	21.58	22.87	14.57	**19.67**	64.90	73.44	40.83	**59.72**
		右塔楼	12.16	14.39	12.55	**13.03**	71.88	93.59	68.74	**78.07**
目标 Ⅲ	1.0	左塔楼	22.10	22.33	14.36	**19.60**	65.57	71.46	41.67	**59.57**
		右塔楼	11.80	14.00	11.70	**12.50**	69.74	90.54	60.68	**73.65**
	0.25	左塔楼	20.47	22.03	14.32	**18.94**	62.75	73.30	41.59	**59.21**
		右塔楼	12.64	14.40	13.15	**13.40**	74.36	94.33	73.26	**80.65**

结构地震能量曲线如图 5.18 所示,在 EL Centro 波激励下,连廊连接使双塔结构总地震输入能量减小,而在 Taft 波和人工波激励下则略有增大。在三条地震波作用下,阻

尼装置消耗能量占总输入能量的比值分别为 24.8%,24.3% 和 32.6%,平均为 27.2%。

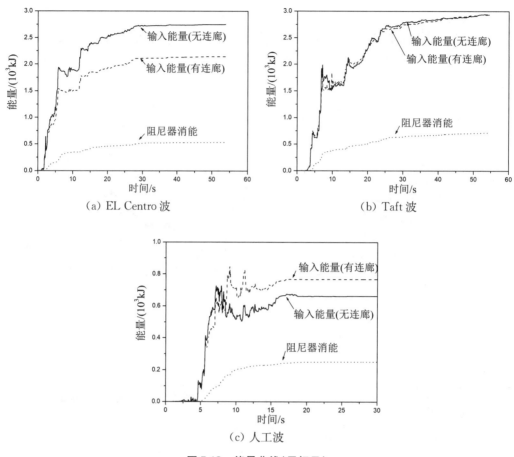

（a）EL Centro 波

（b）Taft 波

（c）人工波

图 5.18　能量曲线（目标Ⅱ）

连廊左、右两端黏弹性装置的力-位移曲线如图 5.19 所示,左端连接装置反应稍大于右端。

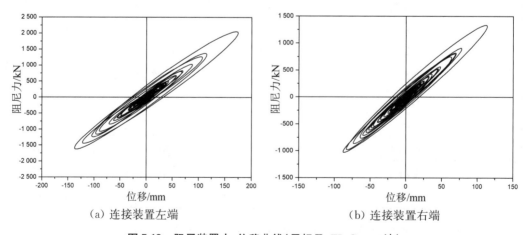

（a）连接装置左端

（b）连接装置右端

图 5.19　阻尼装置力-位移曲线（目标Ⅱ,EL Centro 波）

5.8.4 非线性阻尼连接

设连接装置的水平刚度由弹性支座提供,阻尼单元为非线性黏滞阻尼器,速度指数 α 取 0.25。连廊两端采用对称连接,连接刚度和连接阻尼参数仍按照理论最优连接参数取值,不考虑速度指数与最优连接参数的相关性。

分别在三个控制目标下,两塔楼地震反应随速度指数的变化如表 5.5 所示。在连接刚度和连接阻尼参数分别相同的情况下,采用非线性阻尼器时结构反应略有增大但不显著。在目标Ⅰ工况下,线性与非线性阻尼器连接时连廊两端的装置水平力-位移曲线如图 5.20 所示,水平力为阻尼单元的阻尼力和弹簧单元的弹性恢复力之和。采用非线性阻尼器连接时,左、右两端支座的相对水平位移减小,阻尼力有所增大,但支座总水平力减小。

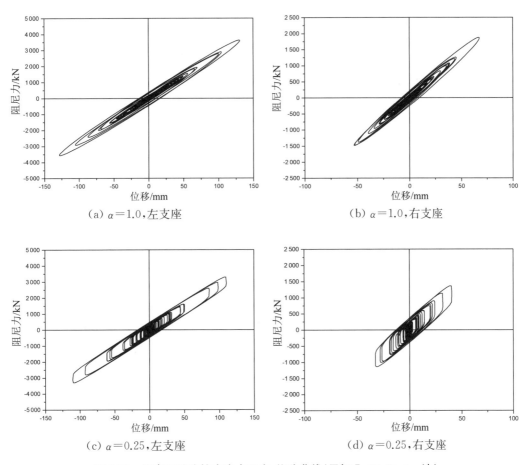

(a) $\alpha=1.0$,左支座　　　　　　　(b) $\alpha=1.0$,右支座

(c) $\alpha=0.25$,左支座　　　　　　(d) $\alpha=0.25$,右支座

图 5.20　连廊两端连接支座水平力-位移曲线(目标Ⅰ,EL Centro 波)

参考文献

［1］林家浩,张亚辉.随机振动的虚拟激励法［M］.北京:科学出版社,2004.

［2］林家浩,张亚辉,赵岩.虚拟激励法在国内外工程界的应用回顾与展望[J].应用数学和力学,2017,38(1):1-31.

［3］Zhu H P,Iemura H. A study of response control on the passive coupling element between parallel structures[J]. Structural Engineering and Mechanics,2000,9(4):383-396.

第6章 黏弹性阻尼器连接三相邻结构减震参数优化

6.1 分析模型与运动方程

只考虑结构第一振型的影响,将三相邻结构分别简化为单自由度体系,设结构间连接的减震装置为黏弹性阻尼装置,采用 Kelvin 模型表示,由弹簧单元和阻尼单元并联组成,如图 6.1 所示。

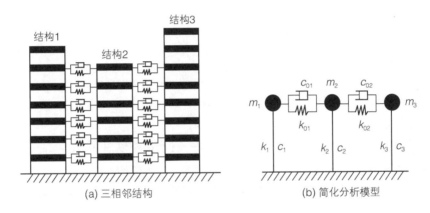

(a) 三相邻结构   (b) 简化分析模型

图 6.1 结构分析模型

三相邻结构体系中,从左至右单体结构分别称为结构 1、结构 2 和结构 3,其自身质量、刚度、阻尼分别如下:

结构 1:m_1,k_1,c_1;结构 2:m_2,k_2,c_2;结构 3:m_3,k_3,c_3。

中间结构 2 与结构 1、结构 3 之间的连接装置(即左、右连接装置)的刚度和阻尼分别如下:

左连接:k_{01},c_{01};右连接:k_{02},c_{02}。

在动力荷载作用下,三结构体系的运动方程为

$$\begin{cases} m_1\ddot{x}_1 + c_1\dot{x}_1 + k_1 x_1 + c_{01}(\dot{x}_1 - \dot{x}_2) + k_{01}(x_1 - x_2) = -m_1\ddot{x}_g(t) \\ m_2\ddot{x}_2 + c_2\dot{x}_2 + k_2 x_2 - c_{01}(\dot{x}_1 - \dot{x}_2) - k_{01}(x_1 - x_2) + c_{02}(\dot{x}_2 - \dot{x}_3) \\ \quad + k_{02}(x_2 - x_3) = -m_2\ddot{x}_g(t) \\ m_3\ddot{x}_3 + c_3\dot{x}_3 + k_3 x_3 - c_{02}(\dot{x}_2 - \dot{x}_3) - k_{02}(x_2 - x_3) = -m_3\ddot{x}_g(t) \end{cases} \tag{6.1a}$$

写成矩阵形式为

$$\boldsymbol{M}\ddot{\boldsymbol{X}}+\boldsymbol{C}\dot{\boldsymbol{X}}+\boldsymbol{K}\boldsymbol{X}=-\boldsymbol{M}\boldsymbol{I}\ddot{x}_g(t) \tag{6.1b}$$

式中，

质量矩阵 $\boldsymbol{M}=\begin{bmatrix} m_1 & & \\ & m_2 & \\ & & m_3 \end{bmatrix}$；阻尼矩阵 $\boldsymbol{C}=\begin{bmatrix} c_1+c_{01} & -c_{01} & 0 \\ -c_{01} & c_2+c_{01}+c_{02} & -c_{02} \\ 0 & -c_{02} & c_3+c_{02} \end{bmatrix}$；

刚度矩阵 $\boldsymbol{K}=\begin{bmatrix} k_1+k_{01} & -k_{01} & 0 \\ -k_{01} & k_2+k_{01}+k_{02} & -k_{02} \\ 0 & -k_{02} & k_3+k_{02} \end{bmatrix}$；单位向量 $\boldsymbol{I}=\begin{bmatrix} 1 \\ 1 \\ 1 \end{bmatrix}$；

相对位移向量 $\boldsymbol{X}=\begin{bmatrix} x_1 \\ x_2 \\ x_3 \end{bmatrix}$；$\ddot{x}_g(t)$ 为地面运动加速度时程。

为进一步简化运动方程，定义下列参数：

单体结构自振圆频率 $\omega_1=\sqrt{k_1/m_1}$，$\omega_2=\sqrt{k_2/m_2}$，$\omega_3=\sqrt{k_3/m_3}$；

单体结构自身阻尼比 $\xi_1=c_1/(2m_1\omega_1)$，$\xi_2=c_2/(2m_2\omega_2)$，$\xi_3=c_3/(2m_3\omega_3)$；

左、右连接刚度的名义圆频率 $\omega_{01}=\sqrt{k_{01}/m_2}$，$\omega_{02}=\sqrt{k_{02}/m_2}$；

左、右连接阻尼的名义阻尼比 $\xi_{01}=c_{01}/(2m_2\omega_{01})$，$\xi_{02}=c_{02}/(2m_2\omega_{02})$；

结构间自振频率比 $\beta_{21}=\omega_2/\omega_1$，$\beta_{31}=\omega_3/\omega_1$；

连接频率比 $\beta_{01}=\omega_{01}/\omega_1$，$\beta_{02}=\omega_{02}/\omega_1$，则左、右连接刚度可用 β_{01}，β_{02} 表达；

结构间质量比 $\mu_{21}=m_2/m_1$，$\mu_{23}=m_2/m_3$，则有 $\mu_{21}/\mu_{23}=m_3/m_1$。

将方程组(6.1b)的三个方程等号两侧分别除以质量 m_1，m_2 和 m_3，则运动方程变为

$$\bar{\boldsymbol{M}}\ddot{\boldsymbol{X}}+\bar{\boldsymbol{C}}\dot{\boldsymbol{X}}+\bar{\boldsymbol{K}}\boldsymbol{X}=-\bar{\boldsymbol{M}}\boldsymbol{I}\ddot{x}_g \tag{6.2}$$

式中，$\bar{\boldsymbol{M}}=\begin{bmatrix} 1 & & \\ & 1 & \\ & & 1 \end{bmatrix}$；$\bar{\boldsymbol{C}}=\begin{bmatrix} a_1 & a_3 & 0 \\ a_5 & a_7 & a_9 \\ 0 & a_{11} & a_{13} \end{bmatrix}$；$\bar{\boldsymbol{K}}=\begin{bmatrix} a_2 & a_4 & 0 \\ a_6 & a_8 & a_{10} \\ 0 & a_{12} & a_{14} \end{bmatrix}$。

其中，$a_n(n=1,2,\cdots,14)$ 是用前述定义的参数表示的函数。

设地面运动为平稳随机振动过程[1,2]，令 $\ddot{x}_g(t)=\sqrt{S_g(\omega)}\cdot e^{i\omega t}$，即有 $\boldsymbol{X}=\boldsymbol{H}(i\omega)\sqrt{S_g(\omega)}\cdot e^{i\omega t}$，其中，质点位移频响函数向量 $\boldsymbol{H}(i\omega)=\begin{bmatrix} H_1(i\omega) \\ H_2(i\omega) \\ H_3(i\omega) \end{bmatrix}$，代入式(6.2)

则有：

$$\hat{\boldsymbol{D}}\boldsymbol{H}(i\omega)=-\boldsymbol{I} \tag{6.3}$$

式中，$\hat{\boldsymbol{D}}=\begin{bmatrix} d_{11} & d_{12} & 0 \\ d_{21} & d_{22} & d_{23} \\ 0 & d_{32} & d_{33} \end{bmatrix}$，矩阵中各元素 d_{ij} 是用 $(i\omega)$ 及 $a_n(n=1,2,\cdots,14)$ 表示的

函数。

由式(6.3)即可用结构体系参数表示频响函数 $H_1(i\omega)$，$H_2(i\omega)$和 $H_3(i\omega)$：

$$H_j(i\omega) = \frac{|\hat{\boldsymbol{D}}_j|}{|\hat{\boldsymbol{D}}|} \quad (j=1,2,3) \tag{6.4}$$

单体塔楼结构的平均相对振动能量为 $E_j = m_j \int_{-\infty}^{+\infty} |(i\omega)H_j(i\omega)|^2 S_g(\omega)d\omega (j=1, 2,3)$。

当三相邻结构间无连接装置时，设各结构在白噪声 $S_g(\omega)$ 激励下的振动能量为 $E_{0j}(j=1, 2, 3)$，有减震装置连接时各结构的振动能量为 $E_j(j=1, 2, 3)$，定义有连接时与无连接时各单体结构的振动能量之比为减震系数，即：

$R_j = E_j/E_{0j}(j=1,2,3$ 分别表示结构 1、结构 2、结构 3)

$R_4 = (E_1 + E_2 + E_3)/(E_{01} + E_{02} + E_{03})$（表示整体结构体系的减震系数）

6.2　结构振动响应的速度功率谱密度分布

在随机激励下，设地面激励为零均值的平稳随机过程，则结构振动亦为零均值的平稳随机过程。结构振动反应的大小可以用均方差表示，在频域范围内，对结构反应的功率谱密度函数积分即可得到均方差值。

速度均方差：

$$\sigma_{\dot{x}}^2 = \int_{-\infty}^{+\infty} |(i\omega)H(i\omega)|^2 S_g(\omega)d\omega \tag{6.5}$$

结构反应功率谱密度函数表示结构振动能量在频域范围内的分布。结构反应速度功率谱密度函数为

$$S_{\dot{x}}(\omega) = |(i\omega)H(i\omega)|^2 S_g(\omega) \tag{6.6}$$

设三相邻结构动力特性各不相同，结构 1 最刚（自振频率最大），结构 2 最柔（自振频率最小），结构 3 自振频率居中，且设 $\omega_2/\omega_1=0.5$，$\omega_3/\omega_2=1.5$，$m_2/m_1=1.5$，$m_3/m_2=0.9$。为分析连接装置的影响，对比有无连接时各结构振动能量在频域范围内分布的变化，设连接参数为 $\beta_{01}=0.25$，$\beta_{02}=0.24$，$\xi_{01}=\xi_{02}=0.10$。

分别在四种白噪声（Spec-1 谱～Spec-4 谱）作为地面激励下，无连接与有连接时各单体结构的振动速度功率谱密度分布如图 6.2 所示。从图中可以看出，在全域范围内结构反应均有能量分布，分布曲线峰值对应于结构（体系）自振频率。无连接时各单体结构功率谱曲线为单峰值曲线，有减震装置连接时为多峰值曲线，对应于有连接时整体结构体系的三个自振频率。另外，对比连接前后可以看出，通过在结构之间连接阻尼装置，各单体结构的曲线峰值均显著削弱，抑制了结构振动反应。

以下优化分析时采用白噪声(Spec-1谱)作为地面激励,即 $S_g(\omega)=S_0$。

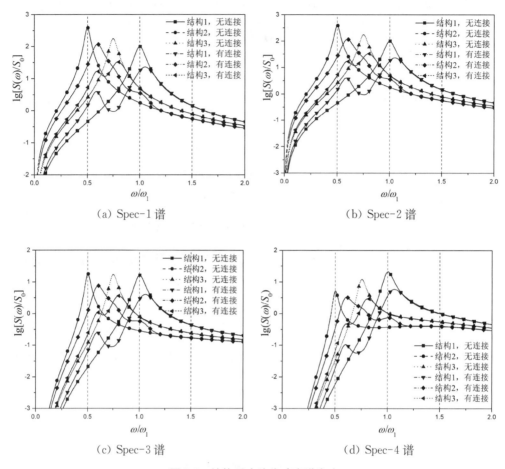

(a) Spec-1 谱

(b) Spec-2 谱

(c) Spec-3 谱

(d) Spec-4 谱

图 6.2 结构反应速度功率谱密度

6.3 连接刚度优化分析

6.3.1 分析组合工况

设三相邻结构间采用黏弹性阻尼器连接,优化分析参数包括结构 1、结构 2 之间以及结构 2、结构 3 之间的连接刚度(以 β_{01},β_{02} 表达)和连接阻尼(以 ξ_{01},ξ_{02} 表达)。根据不同的功能要求,优化分析时,分别取四种优化控制目标:

(1) 目标 I:结构 1 振动能量最小(R_1 最小);

(2) 目标 II:结构 2 振动能量最小(R_2 最小);

(3) 目标 III:结构 3 振动能量最小(R_3 最小);

(4) 目标 IV:整体结构体系(含结构 1、结构 2、结构 3)振动能量最小(R_4 最小)。

进行三相邻结构连接装置参数优化分析时,由于结构的影响参数较多,因此,各参数的组合情况较复杂。为简化分析,根据结构功能、高度等因素,并参考文献[3],共考虑 7

种结构组合工况(图 6.3),其中工况 A~D 为三相邻结构中有两结构相同,工况 E~G 中三相邻结构各不相同。

(1) 工况 A:结构 1 较柔,结构 2、结构 3 较刚且相同。

(2) 工况 B:结构 1 较刚,结构 2、结构 3 较柔且相同。

(3) 工况 C:结构 1、结构 3 较刚且相同,结构 2 较柔。

(4) 工况 D:结构 1、结构 3 较柔且相同,结构 2 较刚。

(5) 工况 E:结构参数任意,结构 1、结构 2、结构 3 刚度逐渐增大。

(6) 工况 F:结构 1 最柔,结构 2 最刚,结构 3 刚度居中。

(7) 工况 G:结构 1 最刚,结构 2 最柔,结构 3 刚度居中。

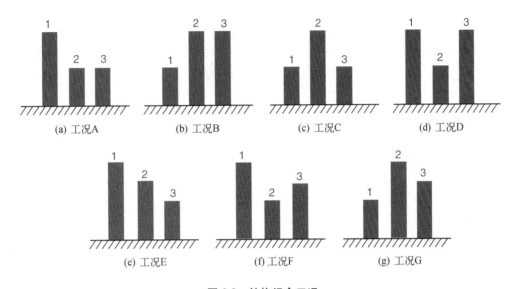

图 6.3 结构组合工况

6.3.2 结构工况 A

1. 连接刚度的影响

三结构体系中,当结构 1 较高(较柔)而结构 2 与结构 3 相同且较低(较刚)时,分析左、右连接参数对结构振动反应的影响规律。分析时,取三个结构的自身阻尼比均为 0.05。结构 2(结构 3)与结构 1 的质量比取 0.5,0.7,0.9,1.0,1.2 五种情况,结构 2(结构 3)与结构 1 的自振频率比取 2.0~1.2 多种情况。为分析左、右连接刚度对结构振动反应的影响规律,左、右连接频率比 β_{01} 和 β_{02} 的取值范围为 0.01~2.00。当分析连接刚度的影响时,连接阻尼比取 $\xi_{01} = \xi_{02} = 0.10$。

当 $m_2/m_1 = 0.5$,$\omega_2/\omega_1 = 2.0$ 时,在 $\beta_{02} = 0.2$,0.6,1.0,2.0 四种情况下,各减震系数随 β_{01} 的变化如图 6.4 所示。

对于结构 1,随着左连接刚度的增大,其振动反应先减小后增大;右连接刚度对结构 1 的影响不明显。

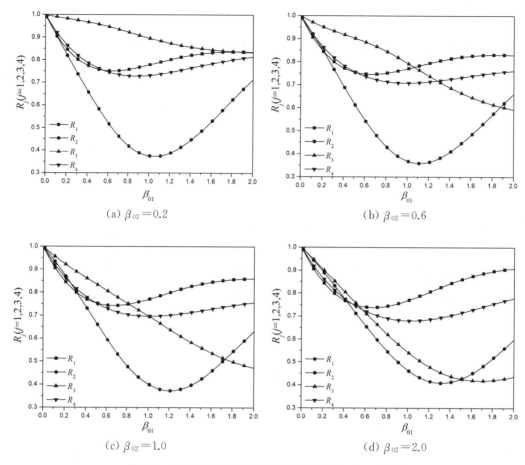

图 6.4　连接刚度对结构减震系数的影响($w_2/w_1=2.0$)

中部结构 2,随着左连接刚度的增大,其振动反应先减小后增大;右连接刚度对结构 2 振动反应的影响不显著。结构 2 可获得较好的减震效果。

结构 3 的振动反应随着左、右连接刚度的增大而显著减小,当 β_{01} 和 β_{02} 均取较大值(接近 2.0)时,振动反应达到最小值,再随着右连接刚度的增大,振动反应几乎保持不变。

整体结构体系的振动反应,类似结构 1,随着左连接刚度的增大,先减小后增大;随着右连接刚度的增大而减小,但影响不显著。

四个减震控制目标中,减震系数 R 均小于 1,其中中部结构 2 可以获得相对较好的减震效果。

左、右连接刚度对结构振动反应的交叉影响可用三维曲面表示(图 6.5)。曲面的谷线表示结构振动反应最小。从图 6.5 中可以看出,左连接刚度对三结构振动反应影响显著,右连接刚度对结构 3 振动反应影响显著,对结构 1 和结构 2 影响轻微。

关于左、右连接刚度最优值相关性,对于结构 1 和结构 2,β_{01} 与 β_{02} 的相关性不显著,对于结构 3,其相关性较为显著。

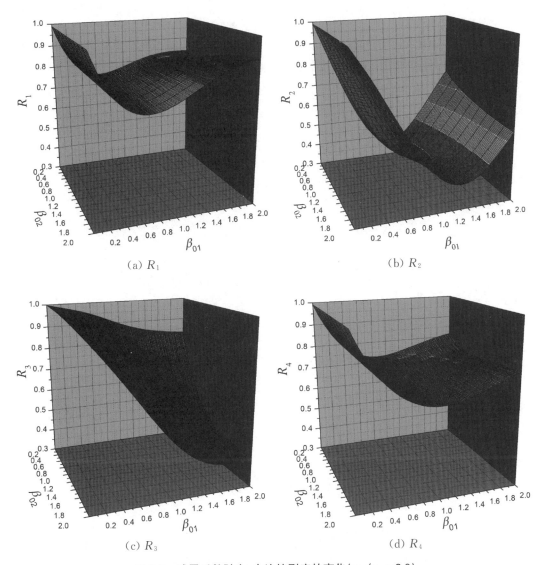

(a) R_1　　　　　　　　　　　(b) R_2

(c) R_3　　　　　　　　　　　(d) R_4

图 6.5　减震系数随左、右连接刚度的变化($w_2/w_1 = 2.0$)

当 $m_2/m_1 = 0.5$，$\omega_2/\omega_1 = 1.5$ 时，连接刚度对减震系数的影响如图 6.6 和图 6.7 所示。

对于结构 1，其振动反应随 β_{01} 先减小后增大，超过 $\beta_{01} = 1.2 \sim 1.4$ 之后又逐渐减小。且当 β_{02} 较小时，均有 $R_1 < 1$，能获得减震效果，而当 β_{02} 较大($>0.6 \sim 0.8$)且 β_{01} 亦取较大值(>1.0)时，出现 $R_1 > 1$，即结构 1 振动反应放大。β_{02} 对 β_{01} 的优化值影响不明显。

对于结构 2，其振动反应随 β_{01} 先减小后增大，能获得较好的减震效果。

对于结构 3，随 β_{01} 和 β_{02} 的增大，其振动反应先减小后增大，左、右连接刚度最优值相关性显著。

对于整体结构体系，随左连接刚度的增大，其振动反应先减小后增大，且反应比均小于 1，右连接刚度对振动反应影响不显著。

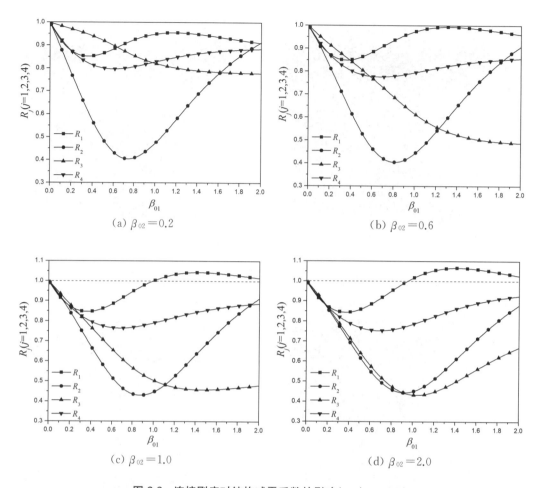

(a) $\beta_{02}=0.2$ (b) $\beta_{02}=0.6$

(c) $\beta_{02}=1.0$ (d) $\beta_{02}=2.0$

图 6.6 连接刚度对结构减震系数的影响($w_2/w_1=1.5$)

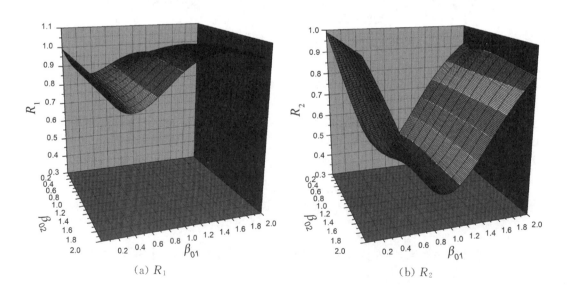

(a) R_1 (b) R_2

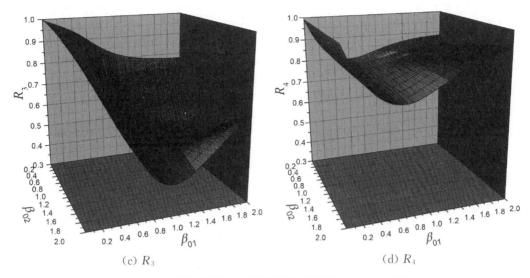

图 6.7 减震系数随左、右连接刚度的变化($w_2/w_1 = 1.5$)

随着结构频率比的进一步减小,当 $m_2/m_1 = 0.5$,$\omega_2/\omega_1 = 1.2$ 时,连接刚度对减震系数的影响如图 6.8 和图 6.9 所示。

对于结构 1,其振动反应随 β_{01} 先减小后增大,达到最大值后又逐渐减小,当 $\beta_{01} > 0.4$ 之后出现 $R_1 > 1$,结构振动反应放大。β_{02} 对结构 1 的影响不明显。β_{01} 的优化值在 0.1～0.2 之间。结构 1 的减震效果逊于结构 2 和结构 3。

对于结构 2,其振动反应随 β_{01} 先减小后增大,能获得较好的减震效果。β_{01} 的优化值在 0.5～0.6 之间,β_{02} 对结构 2 的影响不明显。

对于结构 3,随 β_{01} 和 β_{02} 的增大,其振动反应先减小后增大,左、右连接刚度最优值相关性显著。

对于整体结构体系,随左连接刚度的增大,其振动反应先减小后增大,且反应比均小于 1,右连接刚度对振动反应影响不显著。β_{01} 的优化值约为 0.4,减震系数达到 0.85～0.9。

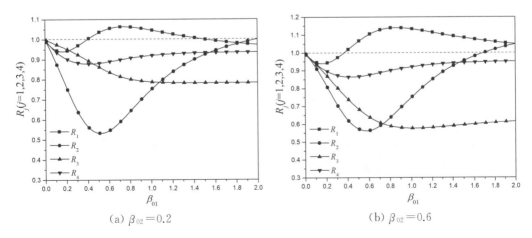

(a) $\beta_{02} = 0.2$ (b) $\beta_{02} = 0.6$

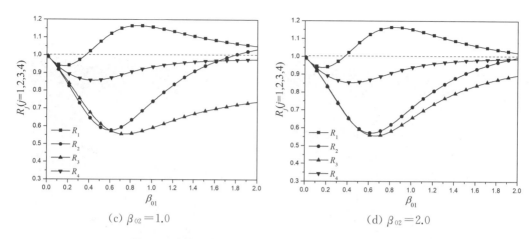

(c) $\beta_{02}=1.0$　　　　　　　　(d) $\beta_{02}=2.0$

图 6.8　连接刚度对结构减震系数的影响（$w_2/w_1=1.2$）

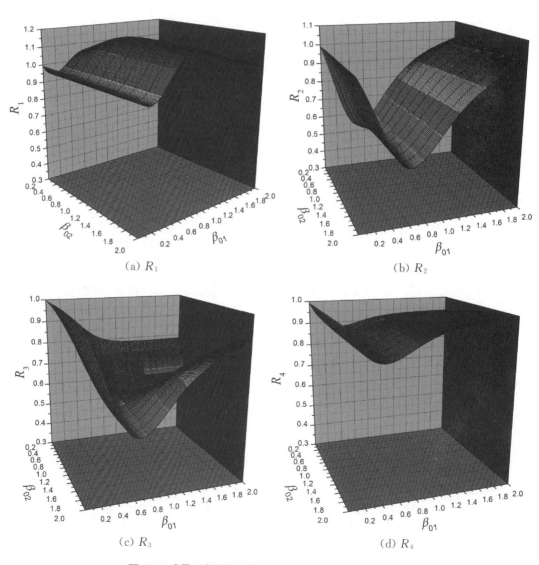

(a) R_1　　　　　　　　(b) R_2

(c) R_3　　　　　　　　(d) R_4

图 6.9　减震系数随左、右连接刚度的变化（$w_2/w_1=1.2$）

2. 结构频率比的影响

在 $m_2/m_1=0.5$ 的情况下,当 $\omega_2/\omega_1=2.0$,1.5,1.2 时,三结构频率比对各目标减震效果的影响规律如图 6.10 所示。从图中可以看出,对于各控制目标,结构动力特性差异越大(ω_2/ω_1 越大),获得的减震效果越好,R_i 最优值越小。并且当 ω_2/ω_1 越大时,左连接刚度最优值 $\beta_{01\mathrm{opt}}$ 越大,对右连接刚度最优值 $\beta_{02\mathrm{opt}}$ 影响不明显。当三结构频率相同($\omega_1=\omega_2=\omega_3$)时,所有控制目标 $R_i=1.0$,即连接装置起不到减震作用。

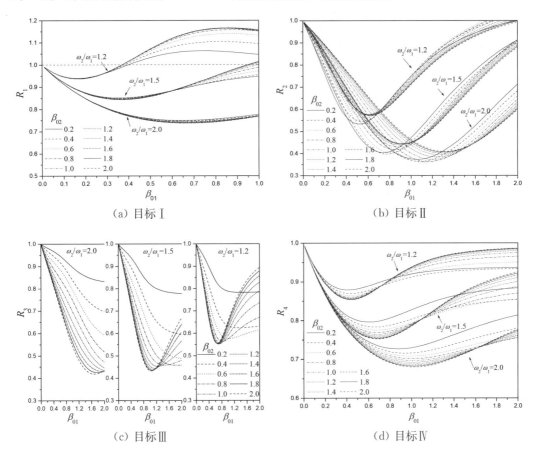

图 6.10 结构频率比对减震系数的影响

3. 结构质量比的影响

当结构频率比 $\omega_2/\omega_1=2.0$ 时,各控制目标的减震系数随结构质量比的变化如图 6.11 所示。从图中可以看出,在频率比相同的情况下,质量比越大,目标 Ⅰ 的减震效果越好,左连接刚度最优值越小,对右连接刚度最优值影响越不显著。对于目标 Ⅱ,随着质量比增大,对减震效果影响不明显,左、右连接刚度最优值略有减小。对于目标 Ⅲ,质量比对减震效果影响不明显,左连接刚度最优值略有减小,对右连接刚度最优值影响不明显。对于目标 Ⅳ,质量比增大,减震效果略有提升,左连接刚度最优值略有减小,对右连接刚度最优值影响不明显。

相较于结构频率比,结构质量比对最优减震系数的影响不明显。

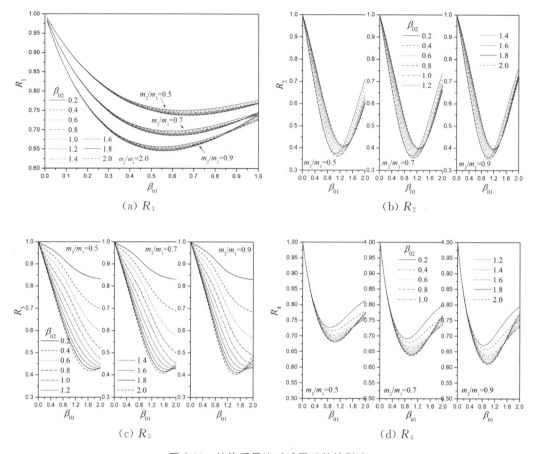

图 6.11　结构质量比对减震系数的影响

4. 最优连接刚度

在各结构质量比、频率比组合工况下,最优连接刚度取值如表 6.1(a)所示。结构自振频率相差越大,可获得越好的减震效果,当自振频率相同时,连接装置起不到减震作用。各控制目标的减震系数达到最小值时,对应的左、右连接刚度值不同,因此,三个结构不能同时达到最优减震效果,可根据单体结构重要性或整体结构体系(目标Ⅳ)选取控制参数最优值。例如,结构组合工况 A 中结构 1 为高柔结构,一般来说是首要减震控制目标,此时按表 6.1(a)中"目标Ⅰ"列选取优化连接刚度,即左连接刚度按表中值确定,则刚度值为 $k_{01}=m_2\omega_{01}^2=m_2(\beta_{01}\omega_1)^2$。右连接刚度值可与左侧相同或取任意较小值,均可获得理想的减震效果。

6.3.3　结构工况 B

1. 连接刚度的影响

当结构 2、结构 3 相对于结构 1 为高柔结构时,取 $\omega_2/\omega_1=0.9\sim0.5$ 五种工况,质量比取 $m_2/m_1=1.2,1.5,2.0$ 三种工况。

表 6.1(a)

最优连接刚度及减震系数(工况 A)

工况	m_2/m_1	ω_2/ω_1	目标Ⅰ β_{01}	目标Ⅰ β_{02}	R_1	目标Ⅱ β_{01}	目标Ⅱ β_{02}	R_2	目标Ⅲ β_{01}	目标Ⅲ β_{02}	R_3	目标Ⅳ β_{01}	目标Ⅳ β_{02}	R_4
A	0.5	2.0	0.67	0.01*	0.75	1.12	0.61	0.36	1.69	2.00**	0.42	1.02	2.00**	0.68
		1.9	0.59	0.01*	0.77	1.06	0.58	0.36	1.55	2.00**	0.42	0.96	2.00**	0.69
		1.7	0.47	0.01*	0.81	0.92	0.51	0.37	1.29	2.00**	0.42	0.83	2.00**	0.72
		1.5	0.37	0.01*	0.85	0.78	0.41	0.40	1.04	2.00**	0.43	0.69	2.00**	0.75
		1.3	0.23	0.01*	0.91	0.61	0.28	0.46	0.79	1.90	0.49	0.53	2.00**	0.81
		1.2	0.16	0.01*	0.94	0.52	0.18	0.53	0.69	1.32	0.55	0.44	2.00**	0.85
	0.7	2.0	0.58	0.01*	0.70	1.09	0.60	0.35	1.55	2.00**	0.41	1.00	2.00**	0.63
		1.9	0.54	0.01*	0.72	1.02	0.56	0.36	1.43	2.00**	0.41	0.94	2.00**	0.65
		1.7	0.44	0.01*	0.76	0.89	0.47	0.37	1.19	2.00**	0.41	0.81	2.00**	0.68
		1.5	0.33	0.01*	0.82	0.75	0.38	0.40	0.96	2.00**	0.43	0.67	2.00**	0.72
		1.3	0.21	0.01*	0.88	0.58	0.24	0.47	0.74	1.70	0.50	0.51	2.00**	0.78
		1.2	0.15	0.01*	0.92	0.49	0.14	0.55	0.65	1.20	0.57	0.42	2.00**	0.84
	0.9	2.0	0.54	0.01*	0.66	1.06	0.58	0.35	1.44	2.00**	0.40	0.97	2.00**	0.61
		1.9	0.50	0.01*	0.68	0.99	0.53	0.35	1.33	2.00**	0.40	0.92	2.00**	0.62
		1.7	0.41	0.01*	0.73	0.85	0.44	0.37	1.11	2.00**	0.41	0.79	2.00**	0.65
		1.5	0.31	0.01*	0.78	0.72	0.35	0.40	0.90	2.00**	0.44	0.65	2.00**	0.69
		1.3	0.20	0.01*	0.86	0.55	0.20	0.48	0.70	1.60	0.51	0.50	2.00**	0.76
		1.2	0.14	0.01*	0.91	0.47	0.11	0.56	0.60	1.20	0.60	0.41	2.00**	0.83
	1.0	1.5	0.30	0.01*	0.77	0.70	0.33	0.41	0.87	2.00**	0.44	0.64	2.00**	0.68
		1.3	0.20	0.01*	0.85	0.54	0.18	0.48	0.68	1.50	0.52	0.49	2.00**	0.76
		1.2	0.14	0.01*	0.90	0.46	0.10	0.57	0.58	1.15	0.61	0.40	2.00**	0.82
	1.2	1.5	0.28	0.01*	0.75	0.66	0.27	0.41	0.82	2.00**	0.45	0.63	2.00**	0.67
		1.3	0.19	0.01*	0.83	0.51	0.13	0.50	0.64	1.50	0.54	0.47	2.00**	0.75
		1.2	0.13	0.01*	0.89	0.44	0.08	0.59	0.54	1.14	0.63	0.38	2.00**	0.82

注:* 连接刚度的影响不明显,本表取最小值 0.01;** 连接刚度越大,减震效果越好,但提升效果不显著,本表取最大值 2.0。

表 6.1(b)

最优连接刚度及减震系数（工况 B）

工况	m_2/m_1	ω_2/ω_1	目标 I			目标 II			目标 III			目标 IV		
			β_{01}	β_{02}	R_1	β_{01}	β_{02}	R_2	β_{01}	β_{02}	R_3	β_{01}	β_{02}	R_4
B	1.2	0.9	0.36	0.93	0.67	2.00*	0.35	0.86	0.08	2.00*	0.97	0.22	2.00*	0.93
		0.8	0.43	0.40	0.48	2.00*	0.35	0.68	0.15	2.00*	0.93	0.26	2.00*	0.85
		0.7	0.48	0.33	0.38	2.00*	0.37	0.52	0.20	2.00*	0.88	0.42	0.17	0.78
		0.6	0.52	0.32	0.32	2.00*	0.39	0.40	0.25	2.00*	0.83	0.57	0.20	0.71
		0.5	0.56	0.32	0.29	2.00*	0.40	0.31	0.29	2.00*	0.77	2.00*	0.32	0.62
	1.5	0.9	0.33	0.84	0.66	2.00*	0.34	0.87	0.08	2.00*	0.97	0.20	2.00*	0.93
		0.8	0.38	0.33	0.48	2.00*	0.34	0.70	0.14	2.00*	0.93	0.24	2.00*	0.86
		0.7	0.43	0.31	0.38	2.00*	0.34	0.54	0.19	2.00*	0.88	0.37	0.15	0.80
		0.6	0.47	0.29	0.32	2.00*	0.36	0.42	0.24	2.00*	0.83	2.00*	0.27	0.72
		0.5	0.47	0.27	0.29	2.00*	0.37	0.32	0.28	2.00*	0.78	2.00*	0.28	0.63
	2.0	0.9	0.29	0.76	0.67	2.00*	0.34	0.88	0.08	2.00*	0.98	0.17	2.00*	0.94
		0.8	0.33	0.32	0.48	2.00*	0.32	0.74	0.14	2.00*	0.94	0.21	2.00*	0.87
		0.7	0.35	0.28	0.38	2.00*	0.32	0.58	0.18	2.00*	0.89	0.30	0.14	0.83
		0.6	0.40	0.26	0.33	2.00*	0.33	0.45	0.22	2.00*	0.84	2.00*	0.24	0.75
		0.5	0.42	0.25	0.29	2.00*	0.34	0.35	0.26	2.00*	0.79	2.00*	0.26	0.66

注：* 连接刚度越大，减震效果越好，但提升效果不显著，本表 β_{01}、β_{02} 取最大值 2.0。

当 $m_2/m_1=1.2$，$\omega_2/\omega_1=0.9$ 时，连接刚度对各目标减震系数的影响如图 6.12 和图 6.13 所示。

对于结构 1，其振动反应随 β_{01} 先减小后增大，结构振动反应随左连接刚度变化显著，随右连接刚度变化不明显，β_{01} 最优值在 0.3～0.4 之间，结构 1 可获得较好的减震效果。

对于结构 2，其振动反应随 β_{01} 先减小后增大，再减小。当 β_{02} 取值较小时，结构 2 能获得一定的减震效果，但逊于结构 1；当 β_{02} 取值较大时，β_{01} 在一定取值范围内会使结构 2 的减震系数大于 1。当右连接刚度取值较小（$\beta_{02}=0.30\sim0.40$）而左连接刚度取值较大时，可获得最优减震效果。

对于结构 3，减震效果不理想，只在 β_{01} 取较小值、β_{02} 取较大值时的较小范围内才能获得减震效果，而且减震系数接近 1.0，左、右连接刚度在其他取值范围内时结构振动反应均放大，起不到减震作用。对于整体结构体系，随着左连接刚度增大，其振动反应先减小后增大，且随着右连接刚度增大，其减震系数趋于 1。相较而言，左连接刚度影响较右连接刚度影响更加显著，左连接刚度最优值约为 0.2。

同时，从图中曲线峰值位置可以看出，各单体结构（结构 1、结构 2、结构 3）不能同时达到最优减震效果。

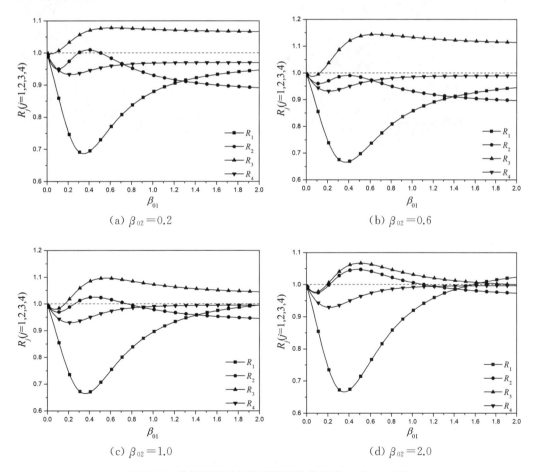

图 6.12　连接刚度对结构减震系数的影响（$w_2/w_1=0.9$）

121

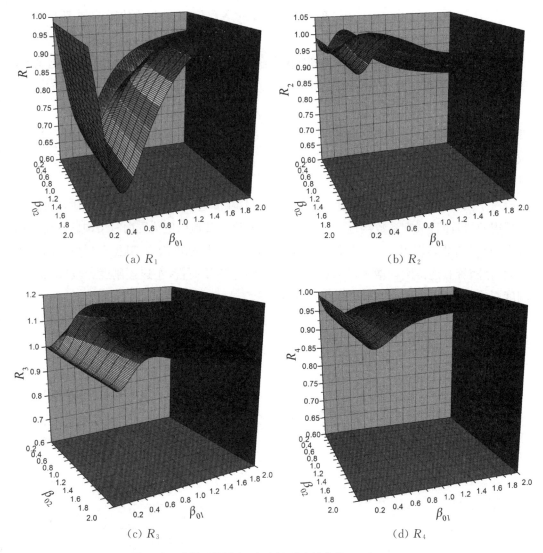

（a）R_1　　　　　　　　　　　　（b）R_2

（c）R_3　　　　　　　　　　　　（d）R_4

图 6.13　减震系数随左、右连接刚度的变化（$w_2/w_1=0.9$）

当 $m_2/m_1=1.2$，$\omega_2/\omega_1=0.7$ 时，连接刚度对各目标减震系数的影响如图 6.14 和图 6.15 所示。

对于结构 1，其振动反应随 β_{01} 先减小后增大，变化显著，而随 β_{02} 的变化不显著，其最优减震效果较 $\omega_2/\omega_1=0.9$ 时更好。

对于结构 2，其减震系数均小于 1，可获得减震效果。从三维图中可以看出，存在一条谷线即当 $\beta_{02}\approx0.4$ 时，其振动反应随 β_{01} 显著减小，而当 β_{02} 取其他值时，其振动反应随 β_{01} 先减小后增大，再缓慢减小。因此，当右连接刚度取值较小（$\beta_{02}\approx0.40$）而左连接刚度取值较大时，可获得最优减震效果。

对于结构 3，只在 β_{01} 取较小值、β_{02} 取较大值时的较小范围内才能获得减震效果，而且减震系数接近 0.9，左、右连接刚度在其他取值范围内时结构反应均有 $R_3\geqslant1$，起不到减震作用。

对于整体结构体系，随着左连接刚度增大，其振动反应先减小后增大，随着右连接刚度增大,其减震系数趋于1。相较而言,左连接刚度影响较右连接刚度影响更加显著,左连接刚度最优值约为0.4。

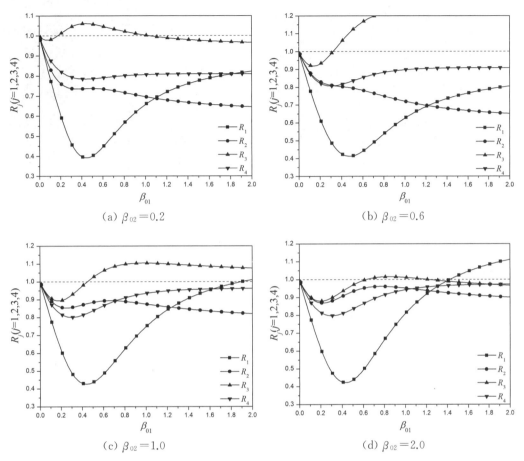

(a) $\beta_{02}=0.2$　　　　　　　　　(b) $\beta_{02}=0.6$

(c) $\beta_{02}=1.0$　　　　　　　　　(d) $\beta_{02}=2.0$

图 6.14　连接刚度对结构减震系数的影响($w_2/w_1=0.7$)

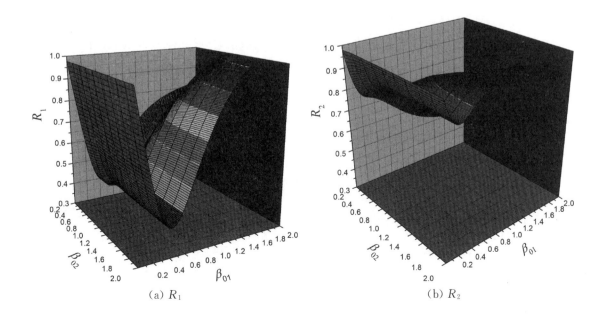

(a) R_1　　　　　　　　　　　　　(b) R_2

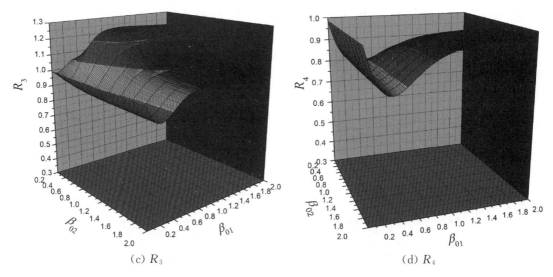

(c) R_3 (d) R_4

图 6.15 减震系数随左、右连接刚度的变化($w_2/w_1 = 0.7$)

随着结构动力特性差异进一步增大,当 $m_2/m_1 = 1.2$,$\omega_2/\omega_1 = 0.5$ 时,连接刚度对各目标的减震系数影响如图 6.16 和图 6.17 所示。

对于结构 1,其振动反应随 β_{01} 先减小后增大,变化显著,而随 β_{02} 的变化不显著,其最优减震效果较 $\omega_2/\omega_1 = 0.9$ 时更好。

对于结构 2,其减震系数均小于 1,可获得减震效果。当 $\beta_{02} \approx 0.4$ 时,其振动反应随 β_{01} 的增大而显著减小,而当 β_{02} 取其他值时,其振动反应随 β_{01} 先减小后增大,再缓慢减小。沿谷线,当 $\beta_{02} \approx 0.40$ 而左连接刚度取值较大时,可获得最优减震效果。

对于结构 3,只在 β_{01} 取较小值、β_{02} 取较大值时的较小范围内才能获得减震效果,而且减震系数接近 0.8,左、右连接刚度在其他取值范围内时结构反应均有 $R_3 \geqslant 1$,起不到减震作用。

对于整体结构体系,从曲面上可以看出存在一条谷线,即当 $\beta_{02} \approx 0.3$ 时,随 β_{01} 的增大,其振动反应先迅速减小后缓慢减小;当 β_{02} 取其他数值时,其振动反应随 β_{01} 先减小后有所增大。右连接刚度最优值约为 0.3,而左连接刚度应取较大值。

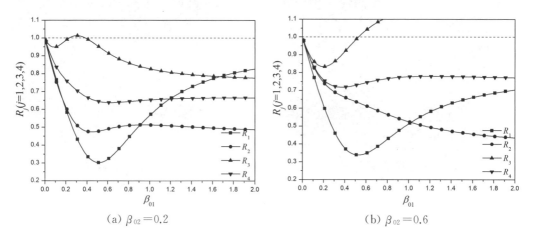

(a) $\beta_{02} = 0.2$ (b) $\beta_{02} = 0.6$

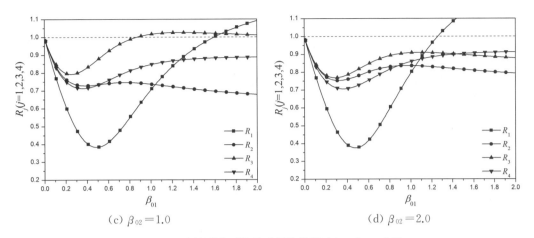

(c) $\beta_{02} = 1.0$ (d) $\beta_{02} = 2.0$

图 6.16 连接刚度对结构减震比的影响 ($w_2/w_1 = 0.5$)

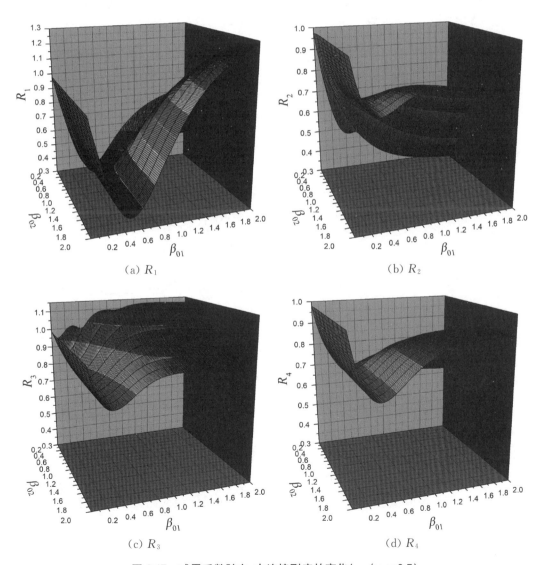

(a) R_1 (b) R_2

(c) R_3 (d) R_4

图 6.17 减震系数随左、右连接刚度的变化 ($w_2/w_1 = 0.5$)

2. 结构频率比的影响

当结构质量比 $m_2/m_1=1.5$,频率比 $\omega_2/\omega_1=0.9$,0.7,0.5 时,各减震目标的减震系数随频率比的变化如图 6.18 所示。图中曲线为右连接刚度取最优值、左连接刚度取 $0.01\sim2.0$,曲线最低点对应的横坐标即为左连接刚度的最优值,对应的纵坐标即能达到的最优减震系数。从图中可以看出,随着结构 1 与结构 2(结构 3)的动力特性差异的增大,可获得的最优减震效果显著提升,当结构频率比 $\omega_2/\omega_1=1$ 即结构动力特性相同时,各目标减震系数 $R_i=1$,连接装置起不到减震作用。

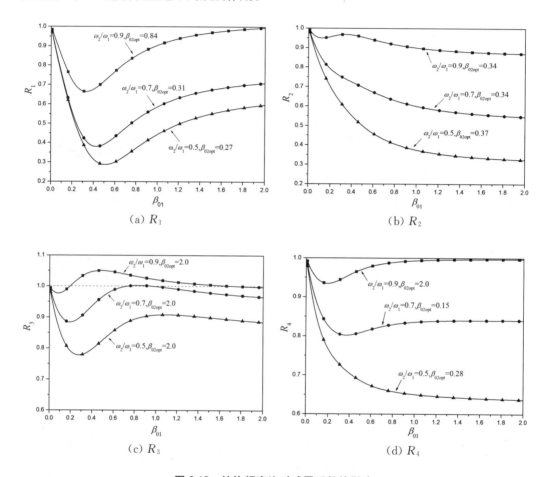

图 6.18 结构频率比对减震系数的影响

3. 结构质量比的影响

当结构频率比 $\omega_2/\omega_1=0.7$ 时,各控制目标的减震系数随结构质量比($m_2/m_1=1.2$,1.5 及 2.0)的变化如图 6.19 所示。从图中可以看出,在频率比相同的情况下,随着质量比增大,目标Ⅰ,Ⅲ的最优减震效果基本保持不变,目标Ⅱ,Ⅳ的最优减震效果略有提升。左、右连接刚度最优值 $\beta_{01\text{opt}}$ 及 $\beta_{02\text{opt}}$ 略有减小。相较于结构频率比,结构质量比对最优减震系数的影响不显著。

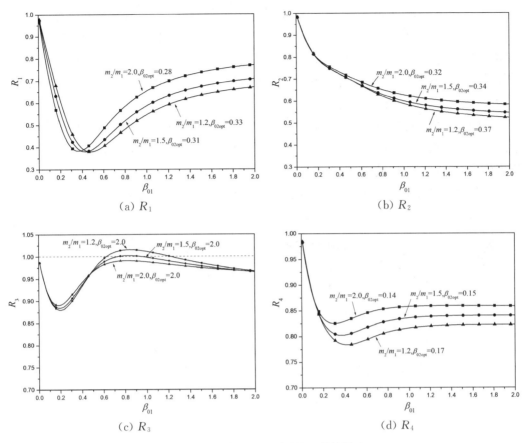

图 6.19　结构质量比对减震系数的影响

4. 最优连接刚度

在各结构质量比、频率比组合工况下,最优连接刚度取值如表 6.1(b)所示。结构自振频率相差越大,可取得的减震效果越好,当自振频率相同时,连接装置起不到减震作用。各控制目标减震系数达到最小值时,对应的左、右连接刚度值不同,因此,三个结构不能同时达到最优减震效果,可根据单体结构重要性或整体结构体系(目标Ⅳ)选取控制参数最优值。例如,结构组合工况 B 中,结构 2、结构 3 为高柔结构,一般来说是首要减震控制目标,此时按表 6.1(b)中"目标Ⅰ"或"目标Ⅲ"列选取优化连接刚度,即左、右侧连接刚度按表中值确定,则刚度值为 $k_{01}=m_2\omega_{01}^2=m_2(\beta_{01}\omega_1)^2$, $k_{02}=m_2\omega_{02}^2=m_2(\beta_{02}\omega_1)^2$。

6.3.4　结构工况 C

当结构 2 相对于结构 1、结构 3 为高柔结构时,取 $\omega_2/\omega_1=0.9\sim0.5$ 五种工况,质量比取 $m_2/m_1=1.2,1.5,2.0$ 三种工况。

由于结构 1、结构 3 相同,两侧连接装置参数亦取相同,根据对称性,本节只分析结构 1、结构 2 和整体的减震效果,结构 3 的优化设计参数可根据结构 1 确定。

在各工况下,结构 1、结构 2 及整体体系的减震系数随连接刚度、频率比和质量比的变化如图 6.20 所示。从图中可以看出,对于结构 1,其振动反应随连接刚度 $\beta_{01}(\beta_{02})$ 先减小后增大,当 $\beta_{01}(\beta_{02})$ 超过约 0.9 之后其减震系数接近或大于 1.0,振动反应有所放大。对于中部结构 2,其振动反应随 $\beta_{01}(\beta_{02})$ 先减小后增大,再缓慢减小。当中部结构自振频率接近两边结构时,即 ω_2/ω_1 趋近 1.0 时,随着连接刚度的增大,其振动反应相较于无连接时的单体结构有所放大。对于整体结构体系,随着连接刚度的增大,其振动反应先减小后增大,其减震系数均小于 1,能获得减震效果。

同时,从图中曲线极值位置可以看出,连接刚度最优值(极值横坐标)随结构频率差异的增大而有所增大,且结构可达到的最优减震效果会显著提升。结构质量比对优化连接刚度值、最优减震效果的影响不明显。

在各参数组合工况下,最优连接刚度和可达到的最优减震系数如表 6.2 所示。

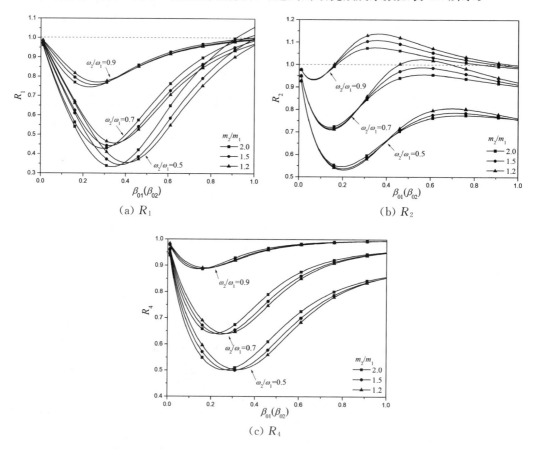

图 6.20 减震系数随连接刚度、频率比和质量比的变化(工况 C)

表 6.2　　　　　　　　最优连接刚度及减震系数(工况 C,D)

工况	m_2/m_1	ω_2/ω_1	目标 I		目标 II		目标 IV	
			$\beta_{01}(\beta_{02})$	R_1	$\beta_{01}(\beta_{02})$	R_2	$\beta_{01}(\beta_{02})$	R_4
C	2.0	0.5	0.34	0.33	0.19	0.55	0.26	0.50
		0.6	0.32	0.37	0.17	0.63	0.24	0.57

（续表）

工况	m_2/m_1	ω_2/ω_1	目标Ⅰ		目标Ⅱ		目标Ⅳ	
			$\beta_{01}(\beta_{02})$	R_1	$\beta_{01}(\beta_{02})$	R_2	$\beta_{01}(\beta_{02})$	R_4
C	2.0	0.7	0.29	0.43	0.14	0.72	0.22	0.64
		0.8	0.26	0.54	0.11	0.82	0.18	0.74
		0.9	0.23	0.74	0.06	0.94	0.14	0.89
	1.5	0.5	0.38	0.34	0.20	0.54	0.30	0.50
		0.6	0.35	0.38	0.17	0.62	0.27	0.56
		0.7	0.32	0.44	0.14	0.71	0.25	0.64
		0.8	0.29	0.55	0.11	0.82	0.21	0.74
		0.9	0.25	0.75	0.06	0.93	0.16	0.89
	1.2	0.5	0.40	0.36	0.20	0.53	0.32	0.50
		0.6	0.38	0.39	0.18	0.62	0.30	0.57
		0.7	0.35	0.45	0.15	0.71	0.27	0.64
		0.8	0.31	0.57	0.11	0.81	0.23	0.74
		0.9	0.26	0.77	0.06	0.93	0.18	0.89
D	0.9	2.0	0.49	0.69	0.72	0.34	0.57	0.63
		1.9	0.45	0.71	0.68	0.35	0.53	0.65
		1.7	0.37	0.75	0.59	0.36	0.45	0.68
		1.5	0.28	0.80	0.49	0.39	0.37	0.73
		1.3	0.19	0.87	0.39	0.47	0.28	0.79
		1.2	0.14	0.92	0.34	0.55	0.23	0.84
	0.7	2.0	0.51	0.73	0.72	0.35	0.58	0.68
		1.9	0.47	0.75	0.68	0.35	0.54	0.69
		1.8	0.43	0.77	0.64	0.36	0.50	0.71
		1.7	0.38	0.79	0.59	0.37	0.46	0.72
		1.5	0.29	0.83	0.50	0.39	0.37	0.76
		1.3	0.20	0.89	0.40	0.46	0.28	0.82
		1.2	0.14	0.93	0.35	0.54	0.23	0.87
	0.5	2.0	0.54	0.78	0.72	0.36	0.59	0.74
		1.9	0.50	0.80	0.68	0.36	0.55	0.75
		1.8	0.45	0.81	0.64	0.37	0.51	0.76
		1.7	0.40	0.83	0.60	0.37	0.47	0.78
		1.5	0.31	0.87	0.51	0.40	0.38	0.81
		1.3	0.20	0.92	0.41	0.46	0.28	0.86
		1.2	0.15	0.95	0.36	0.54	0.23	0.89

6.3.5　结构工况 D

当结构1、结构3相对于结构2为高柔结构时，取 $\omega_2/\omega_1=2.0\sim1.2$ 多种工况，质量比取 $m_2/m_1=0.5,0.7,0.9$ 三种工况。

　　类似于工况 C,结构 1、结构 3 相同,两侧连接装置参数亦取相同,根据对称性,本节只分析结构 1、结构 2 和整体的减震效果,结构 3 的优化设计参数可参照结构 1 确定。

　　在各工况下,结构 1、结构 2 及整体体系的减震系数随连接刚度、频率比和质量比的变化如图 6.21 所示。从图中可以看出,对于结构 1,当结构频率比 ω_2/ω_1 较大时(约大于 1.5),其振动反应随连接刚度 β_{01}(β_{02}) 先减小后增大,当 ω_2/ω_1 较小时,其振动反应随连接刚度先减小后增大,再缓慢减小,且连接刚度取较大值时其振动反应较单体结构有所放大。对于中部结构 2,其振动反应随 β_{01}(β_{02}) 先减小后增大。对于整体结构体系,随着连接刚度的增大,其振动反应先减小后增大,其减震系数均小于 1,能获得减震效果。

　　同时,从图中曲线极值位置可以看出,连接刚度最优值(极值横坐标)随结构频率差异的增大而有所增大,且结构可达到的最优减震效果会显著提升。结构质量比对优化连接刚度值、最优减震效果的影响不明显。

　　在各参数组合工况下,最优连接刚度和可达到的最优减震系数列于表 6.2。

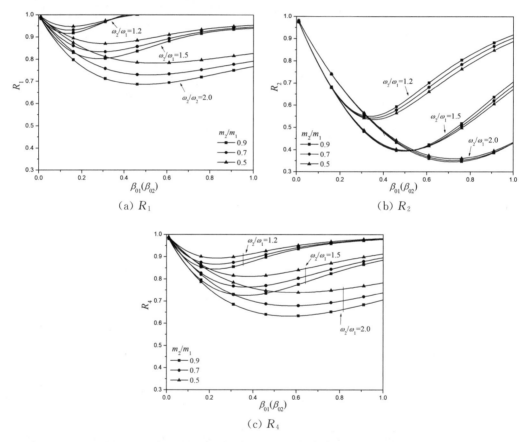

图 6.21　减震系数随连接刚度、频率比和质量比的变化(工况 D)

6.3.6　结构工况 E

　　结构 1、结构 2、结构 3 高度依次降低、频率依次增大,参数组合及最优连接参数如表 6.3 所示。

当 $m_2/m_1=0.7, m_3/m_2=0.7, \omega_2/\omega_1=1.2, \omega_3/\omega_2=1.2$ 时,各减震目标随左、右连接刚度的变化如图 6.22 所示。从图中可以看出,对于结构 1,左连接刚度的影响较右连接刚度的影响更加显著,曲面谷线的纵坐标值随着右连接刚度的增大略有减小。左连接刚度最优值约为 0.2,右连接刚度取较大值 2.0,在连接刚度较大变化范围内,减震系数最小值为 0.88,连接参数变化对提升减震效果的影响不明显。对于结构 2,左连接刚度的影响较右连接刚度的影响更加显著,曲面谷线的纵坐标值随着右连接刚度的增大先增大后减小,即右连接刚度取较小值和较大值时均可获得较好的减震效果。对于结构 3,两侧连接刚度对减震效果的影响相关性明显,曲面谷线对应的左连接刚度增大时,右连接刚度则减小,反之,右连接刚度增大时,左连接刚度则减小。对于整体结构体系,左连接刚度的影响较右连接刚度的影响更加显著,右连接刚度取较大值时,可获得更好的减震效果。

相较于工况 A,在相同质量比和频率比的情况下,工况 E 可以获得更好的减震效果,即当三结构动力特性互不相同时,结构的减震效果均可有所提升,且三结构中,较刚结构可获得最佳的减震效果。

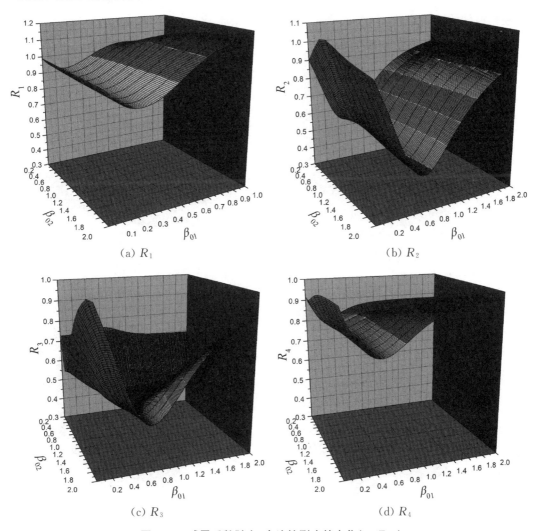

图 6.22　减震系数随左、右连接刚度的变化(工况 E)

6.3.7　结构工况 F

当结构 1 最柔、结构 2 最刚、结构 3 刚度居中时,参数组合及最优连接参数如表 6.3 所示。当 $m_2/m_1=0.7$, $m_3/m_2=1.2$, $\omega_2/\omega_1=2.0$, $\omega_3/\omega_2=0.7$ 时,各减震目标随左、右连接刚度的变化如图 6.23 所示。从图中可以看出,对于结构 1,左连接刚度的影响较右连接刚度的影响更加显著,曲面谷线的纵坐标值随着右连接刚度的增大而增大。左连接刚度最优值约为 0.6,右连接刚度取较小值。对于结构 2,结构振动反应随着左连接刚度的增大先减小后增大,存在明显最优值。当左连接刚度较大时,右连接刚度对结构振动反应的影响不明显。对于结构 3,两侧连接刚度对减震效果的影响相关性明显,右连接刚度取较大值时结构振动反应最小,左连接刚度最优值约为 1.2。对于整体结构体系,左连接刚度的影响较右连接刚度的影响显著,左、右连接刚度最优值均约为 0.75 时结构振动反应最小。

相较于工况 A,在相同质量比和频率比的情况下,工况 F 可以获得更好的减震效果,即当三结构动力特性互不相同时,结构的减震效果均可有所提升,且三结构中,较刚结构可获得最佳的减震效果。

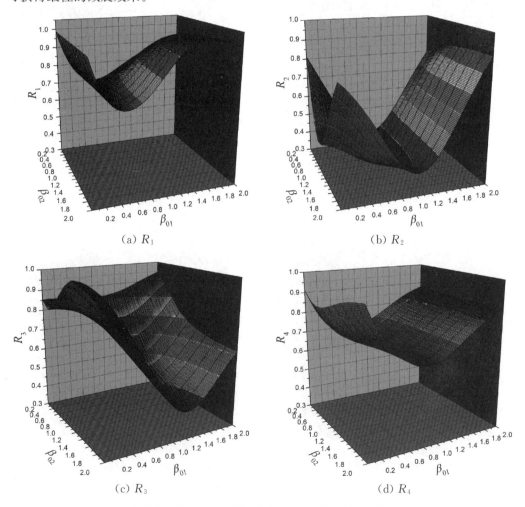

(a) R_1　　　　　　　　　　　　(b) R_2

(c) R_3　　　　　　　　　　　　(d) R_4

图 6.23　减震系数随左、右连接刚度的变化(工况 F)

6.3.8　结构工况 G

结构 1 最刚、结构 2 最柔、结构 3 刚度居中,参数组合及最优连接参数如表 6.3 所示。当 $m_2/m_1=1.5, m_3/m_2=0.9, \omega_2/\omega_1=0.5, \omega_3/\omega_2=1.5$ 时,各减震目标随左、右连接刚度的变化如图 6.24 所示。从图中可以看出,对于结构 1,左连接刚度的影响显著,右连接刚度对结构 1 近于无影响,谷线纵坐标值随右连接刚度的增大而略有增大,因此,左连接刚度最优值约为 0.4,右连接刚度取较小值。对于结构 2,左、右连接刚度的影响均显著,右连接刚度取较小值时可获得较好的减震效果。对于结构 3,随着左、右连接刚度的增大,结构振动反应明显增大,因此,左、右连接刚度均取较小值时可获得理想的减震效果。对于整体结构体系,左、右连接刚度的影响均显著,左、右连接刚度取值约为 0.2 时,可获得最佳减震效果。

相较于工况 A,在相同质量比和频率比的情况下,工况 G 可以获得更好的减震效果,即当三结构动力特性互不相同时,结构的减震效果均可有所提升,且三结构中,较刚结构可获得最佳的减震效果。

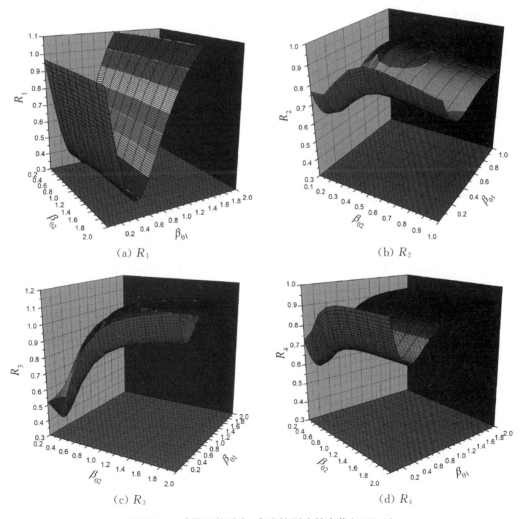

(a) R_1　　　　(b) R_2

(c) R_3　　　　(d) R_4

图 6.24　减震系数随左、右连接刚度的变化(工况 G)

表 6.3　最优连接刚度及减震效果(工况 E,F,G)

工况	m_2/m_1	m_3/m_2	ω_2/ω_1	ω_3/ω_2	目标I			目标II			目标III			目标IV		
					β_{01}	β_{02}	R_1	β_{01}	β_{02}	R_2	β_{01}	β_{02}	R_3	β_{01}	β_{02}	R_4
E	0.5	0.7	1.5	1.2	0.43	2.00*	0.82	0.97	2.00*	0.41	1.12	1.40	0.39	0.71	2.00*	0.73
	0.7	0.7	1.2	1.2	0.21	2.00*	0.88	0.65	2.00*	0.48	0.73	0.84	0.42	0.48	2.00*	0.77
	0.9	0.5	1.5	1.5	0.42	2.00*	0.71	0.94	2.00*	0.37	0.93	1.08	0.30	0.71	2.00*	0.62
F	0.5	1.5	1.5	0.9	0.35	0.10	0.85	0.71	0.49	0.37	1.02	2.00*	0.46	0.69	2.00*	0.77
	0.7	1.2	2.0	0.7	0.59	0.01	0.70	0.82	0.87	0.30	1.21	2.00*	0.43	0.75	0.74	0.66
	0.7	1.2	1.5	0.7	0.31	0.01	0.82	0.42	0.62	0.38	0.70	2.00*	0.52	0.36	0.41	0.75
G	1.2	0.9	0.5	1.2	0.51	0.25	0.33	0.24	0.02	0.64	0.02	0.22	0.57	0.23	0.18	0.69
	1.5	0.9	0.5	1.5	0.41	0.06	0.34	0.21	0.10	0.60	0.08	0.33	0.40	0.25	0.24	0.58
	2.0	0.7	0.7	1.2	0.32	0.04	0.41	0.15	0.07	0.78	0.04	0.28	0.56	0.19	0.19	0.72

注: * 连接刚度越大，减震效果越好，但提升效果不显著，本表最大值取 2.0。

6.4　连接阻尼优化分析

中间塔楼左、右两端连接装置的刚度、阻尼对三个单体结构的振动均有影响,连接参数的最优值亦具有相关性。前文对连接刚度进行优化分析时,左、右连接阻尼比均取值 $\xi_{01}=\xi_{02}=0.10$。阻尼比取不同值时,最优连接刚度也可能不同,从而影响减震效果。因此有必要分析连接阻尼比 ξ_{01} 和 ξ_{02} 对最优连接刚度值的影响。

6.4.1　连接阻尼对最优连接刚度的影响

首先分析工况 C,D 的结构对称情况,两侧连接参数对称。当两侧连接阻尼比分别取 $\xi_{01}=\xi_{02}=0.05$,0.10,0.15 和 0.20 时,工况 C 的第①项和工况 D 的第⑭项参数组合的各结构减震系数与连接刚度的关系如图 6.25 所示。从图中可以看出,当连接阻尼比从 0.05 增大到 0.20 时,结构的减震效果有所提升,但对应的连接刚度最优值变化很小。在各工况组合参数下,不同阻尼比对应的最优连接刚度如表 6.4 所示,表中 R_i 为最优连接刚度对应的减震系数,R_i' 为前文阻尼比为 0.10 时优化刚度值对应的减震系数。通过对比,各阻尼条件下按照阻尼比为 0.10 时得到的最优刚度值对应的减震系数,其变化小于 5%。

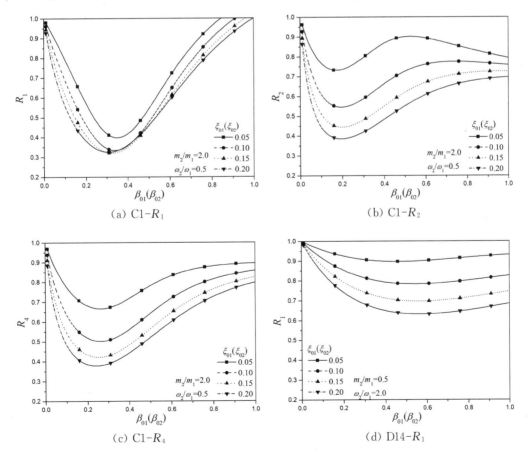

(a) C1-R_1　　　　　　　　　　(b) C1-R_2

(c) C1-R_4　　　　　　　　　　(d) D14-R_1

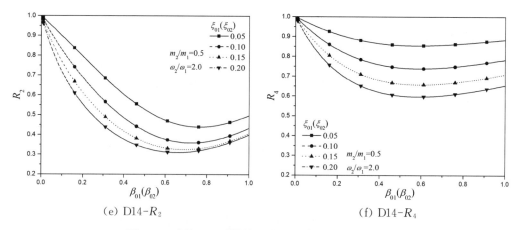

（e）D14-R_2 （f）D14-R_4

图 6.25 连接阻尼对最优连接刚度的影响(结构对称)

表 6.4   最优连接刚度 β_{01} (β_{02}) (工况 C,D)

工况	项次	ξ_{01}(ξ_{02})	目标 I		目标 II		目标 IV	
			β_{01}(β_{02})	R_1/R_1'	β_{01}(β_{02})	R_2/R_2'	β_{01}(β_{02})	R_4/R_4'
C	①	0.05	0.35	0.40/0.40	0.17	0.73/0.73	0.26	0.67/0.67
		0.10	0.34	0.33/0.33	0.19	0.55/0.55	0.26	0.50/0.50
		0.15	0.32	0.32/0.32	0.20	0.45/0.45	0.25	0.42/0.42
		0.20	0.31	0.32/0.33	0.19	0.39/0.39	0.24	0.38/0.38
	③	0.05	0.31	0.45/0.45	0.11	0.86/0.87	0.22	0.76/0.76
		0.10	0.29	0.43/0.43	0.14	0.72/0.72	0.22	0.64/0.64
		0.15	0.27	0.44/0.45	0.14	0.63/0.63	0.20	0.58/0.58
		0.20	0.25	0.47/0.48	0.14	0.58/0.58	0.19	0.55/0.55
	⑤	0.05	0.24	0.69/0.69	0.04	0.97/0.98	0.16	0.92/0.92
		0.10	0.23	0.74/0.74	0.06	0.93/0.93	0.14	0.88/0.88
		0.15	0.21	0.79/0.79	0.07	0.91/0.91	0.12	0.87/0.87
		0.20	0.18	0.82/0.83	0.07	0.89/0.89	0.11	0.87/0.87
	⑧	0.05	0.34	0.46/0.46	0.12	0.86/0.86	0.25	0.76/0.76
		0.10	0.32	0.44/0.44	0.14	0.71/0.71	0.25	0.64/0.64
		0.15	0.31	0.46/0.46	0.15	0.63/0.63	0.23	0.58/0.58
		0.20	0.29	0.49/0.49	0.15	0.57/0.57	0.21	0.55/0.56
	⑮	0.05	0.27	0.73/0.73	0.05	0.97/0.98	0.19	0.92/0.92
		0.10	0.26	0.77/0.77	0.06	0.93/0.93	0.18	0.89/0.89
		0.15	0.25	0.81/0.81	0.07	0.90/0.90	0.15	0.88/0.88
		0.20	0.23	0.84/0.84	0.07	0.88/0.88	0.13	0.88/0.88

（续表）

工况	项次	$\xi_{01}(\xi_{02})$	目标 I		目标 II		目标 IV	
			$\beta_{01}(\beta_{02})$	R_1/R_1'	$\beta_{01}(\beta_{02})$	R_2/R_2'	$\beta_{01}(\beta_{02})$	R_4/R_4'
D	⑪	0.05	0.23	0.93/0.93	0.53	0.44/0.44	0.37	0.86/0.86
		0.10	0.29	0.83/0.83	0.50	0.39/0.39	0.37	0.76/0.76
		0.15	0.31	0.76/0.76	0.48	0.39/0.39	0.35	0.70/0.70
		0.20	0.32	0.70/0.71	0.44	0.39/0.40	0.35	0.65/0.65
	⑭	0.05	0.46	0.90/0.90	0.76	0.44/0.44	0.58	0.85/0.85
		0.10	0.54	0.78/0.78	0.72	0.36/0.36	0.59	0.74/0.74
		0.15	0.56	0.70/0.70	0.69	0.32/0.33	0.59	0.66/0.66
		0.20	0.57	0.63/0.63	0.66	0.31/0.31	0.59	0.60/0.60

对于结构非对称情况，分别取工况 E，F，G 的第①，②，②项作为算例，分析连接阻尼比对连接刚度最优值的影响，继而分析对减震效果的影响。为简化分析，两侧连接阻尼比取对称值，范围为 0.05～0.25。工况 E 第①项不同连接阻尼比对最优连接刚度及减震系数的影响如图 6.26 所示。

对于结构 1，随着两侧阻尼比的增大，右侧最优连接刚度取较大值（$\beta_{02}=2.0$），左侧连接刚度随着阻尼比的增大而增大，减震系数随阻尼比的增大而减小（更优）。由于连接刚度在最优值附近变化引起的减震效果变化微小，因此，左侧最优连接刚度取阻尼比为 0.10 时的优化值 0.43，引起的减震系数最大变化为 1%。

对于结构 2，随着阻尼比的增大，右侧最优连接刚度均为较大值（取 $\beta_{02}=2.0$），左侧最优连接刚度略微减小，当左侧最优连接刚度取阻尼比为 0.10 时的优化值 0.97 时，减震系数几乎不变。

对于结构 3，随着阻尼比的增大，右侧最优连接刚度为 $\beta_{02}=1.32\sim1.40$，左侧最优连接刚度略微减小，当左侧最优连接刚度取阻尼比为 0.10 时的优化值 1.12 时，减震系数几乎不变。

对于整体体系，在各阻尼比取值情况下，左侧最优连接刚度取阻尼比 $\xi_{01}(\xi_{02})=0.10$ 时的优化值 0.71，引起的最优减震系数变化均小于 1%。

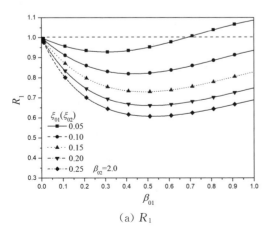

(a) R_1

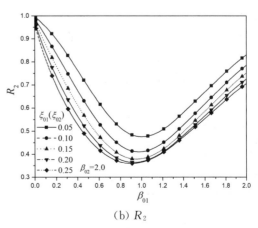

(b) R_2

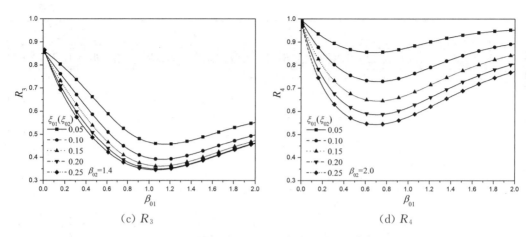

(c) R_3 ・ (d) R_4

图 6.26　连接阻尼对最优连接刚度的影响(结构非对称)

各参数组合下的最优连接刚度随连接阻尼的变化如表 6.5 所示,在各阻尼条件下,按照前文优化分析所得连接刚度(连接阻尼比取 0.10)对应的减震系数与精确最优连接刚度值对应的减震系数变化均小于 5%。连接阻尼与连接刚度最优值相关性较弱,因此可以分别进行优化分析而忽略二者的相关性,可以简化优化分析。

表 6.5　　　　　　　　　　　最优连接刚度 β_{01}/β_{02}(工况 E,F,G 部分)

工况	项次	ξ_{01} (ξ_{02})	目标 I		目标 II		目标 III		目标 IV	
			β_{01}/β_{02}	R_1/R_1'	β_{01}/β_{02}	R_2/R_2'	β_{01}/β_{02}	R_3/R_3'	β_{01}/β_{02}	R_4/R_4'
E	①	0.05	0.31/2.00	0.93/0.94	1.00/2.00	0.48/0.48	1.15/1.40	0.46/0.46	0.67/2.00	0.85/0.86
		0.10	0.43/2.00	0.82/0.82	0.97/2.00	0.41/0.41	1.12/1.40	0.39/0.39	0.71/2.00	0.73/0.73
		0.15	0.49/2.00	0.73/0.73	0.95/2.00	0.38/0.38	1.10/1.40	0.36/0.36	0.71/2.00	0.64/0.64
		0.20	0.51/2.00	0.66/0.66	0.93/2.00	0.36/0.36	1.08/1.37	0.35/0.35	0.71/2.00	0.59/0.59
		0.25	0.52/2.00	0.61/0.61	0.90/2.00	0.36/0.36	1.07/1.32	0.35/0.35	0.69/2.00	0.54/0.54
F	②	0.05	0.47/0.01	0.85/0.86	0.83/0.97	0.33/0.34	1.26/2.00	0.50/0.50	0.71/0.66	0.80/0.80
		0.10	0.59/0.01	0.70/0.70	0.82/0.87	0.30/0.30	1.21/2.00	0.43/0.43	0.75/0.74	0.66/0.66
		0.15	0.62/0.01	0.59/0.59	0.82/0.76	0.30/0.30	1.18/2.00	0.40/0.40	0.74/0.75	0.57/0.57
		0.20	0.63/0.01	0.52/0.52	0.82/0.61	0.30/0.31	1.15/2.00	0.39/0.39	0.71/0.73	0.52/0.52
		0.25	0.63/0.01	0.47/0.47	0.82/0.38	0.30/0.32	1.12/2.00	0.39/0.40	0.69/0.71	0.48/0.49
G	②	0.05	0.43/0.06	0.42/0.43	0.19/0.09	0.78/0.78	0.13/0.33	0.44/0.44	0.16/0.23	0.72/0.72
		0.10	0.41/0.06	0.34/0.34	0.21/0.10	0.60/0.60	0.08/0.33	0.40/0.40	0.25/0.24	0.58/0.58
		0.15	0.40/0.06	0.32/0.32	0.22/0.10	0.50/0.50	0.05/0.32	0.40/0.40	0.24/0.24	0.51/0.51
		0.20	0.38/0.04	0.31/0.31	0.22/0.10	0.44/0.44	0.03/0.30	0.41/0.41	0.22/0.23	0.47/0.47
		0.25	0.37/0.02	0.31/0.32	0.21/0.09	0.40/0.40	0.02/0.29	0.42/0.43	0.21/0.22	0.45/0.45

6.4.2　连接阻尼优化分析

1. 非对称阻尼连接

通过分析连接阻尼对减震效果的影响规律,从而得到最优连接阻尼,以便获得最优减震效果。由于连接阻尼与最优连接刚度之间相关性较弱,分析时连接刚度取表 6.1～表 6.3 中的分析结果。根据不同的减震控制目标,首先考虑连接装置不对称布置情况,分析左、右连接阻尼最优值。

在工况 A 第⑩项和工况 B 第⑩项参数组合下,各目标减震系数随左、右连接阻尼的变化如图 6.27 所示。

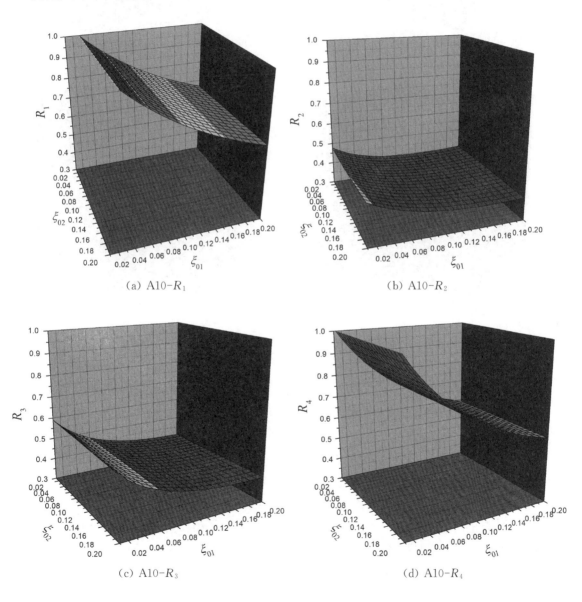

(a) A10-R_1　　　　　　　　　　　　(b) A10-R_2

(c) A10-R_3　　　　　　　　　　　　(d) A10-R_4

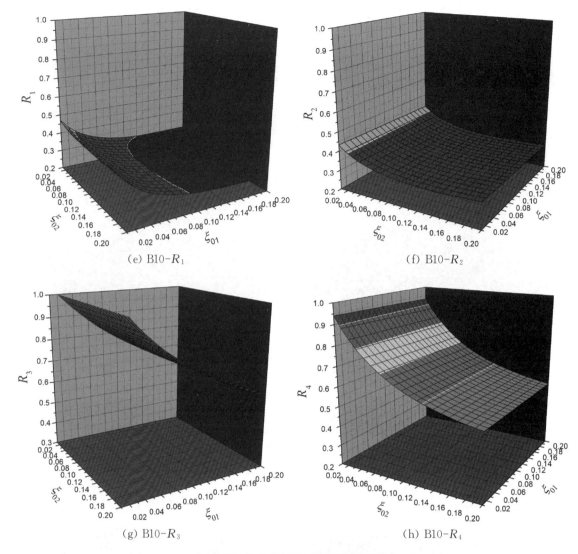

(e) B10-R_1 (f) B10-R_2

(g) B10-R_3 (h) B10-R_4

图 6.27 连接阻尼对减震系数的影响

在工况 A 各项参数组合下,目标 I,Ⅳ减震系数随左连接阻尼的增大而减小,右连接阻尼变化对其几乎没有影响。目标 Ⅱ 受右连接阻尼的影响微小,当结构自振频率差异较大时,减震系数随左连接阻尼的增大而减小,当自振频率接近时,随左连接阻尼的增大,减震系数先减小后增大。目标Ⅲ受左连接阻尼的影响较右连接阻尼的影响显著,右连接阻尼取较小值时利于结构 3。

对于工况 B,目标 I 减震系数受左连接阻尼的影响显著,受右连接阻尼的影响较小,随左连接阻尼的增大,减震系数先减小后增大。与工况 A 相反,目标 Ⅱ 受左连接阻尼的影响较小,受右连接阻尼的影响显著。类似于工况 A 的目标 I,工况 B 的目标Ⅲ减震系数受右连接阻尼的影响微小,随左连接阻尼的增大而减小。对于目标Ⅳ,当结构自振频率接近时,减震系数随左连接阻尼的增大而减小,几乎不受右连接阻尼的影响,此时左连接阻尼应取较大值,右连接阻尼应取较小值;当结构自振频率差异较大时,减震系数受右连接阻尼的影响显著,几乎不受左连接阻尼的影响,此时右连接阻尼取较大值,左连接阻尼取较小值;当结构自振频率约为 0.7 时,减震系数受两侧连接阻尼影响均显著,两侧连接阻尼均取较大值。

在各工况组合情况下,左、右最优连接阻尼及相应的减震系数如表 6.6 所示。结构动力特性差异越大,减震效果越好。

表 6.6(a)　　　　　　　　　最优连接阻尼及减震系数(工况 A)

工况	项次	目标Ⅰ			目标Ⅱ			目标Ⅲ			目标Ⅳ		
		ξ_{01}	ξ_{02}	R_1	ξ_{01}	ξ_{02}	R_2	ξ_{01}	ξ_{02}	R_3	ξ_{01}	ξ_{02}	R_4
A	①	0.20*	0.01**	0.58	0.20*	0.02	0.32	0.20*	0.01**	0.35	0.20*	0.01**	0.52
	②	0.20*	0.01**	0.60	0.20*	0.03	0.33	0.20*	0.01**	0.35	0.20*	0.01**	0.54
	③	0.20*	0.01**	0.65	0.19	0.05	0.35	0.20*	0.01	0.36	0.20*	0.01**	0.57
	④	0.20*	0.01**	0.72	0.14	0.04	0.39	0.20*	0.01	0.39	0.20*	0.01**	0.62
	⑤	0.20*	0.01**	0.81	0.09	0.05	0.46	0.15	0.01	0.47	0.20*	0.01**	0.71
	⑥	0.20*	0.01**	0.88	0.06	0.19	0.52	0.11	0.01	0.55	0.20*	0.01**	0.79
	⑦	0.20*	0.01**	0.52	0.20*	0.04	0.32	0.20*	0.01**	0.35	0.20*	0.01**	0.48
	⑧	0.20*	0.01**	0.54	0.20*	0.05	0.33	0.20*	0.01**	0.35	0.20*	0.01**	0.50
	⑨	0.20*	0.01**	0.60	0.17	0.05	0.35	0.20*	0.01	0.36	0.20*	0.01**	0.53
	⑩	0.20*	0.01**	0.67	0.13	0.06	0.39	0.20*	0.01	0.41	0.20*	0.01**	0.59
	⑪	0.20*	0.01**	0.77	0.09	0.11	0.47	0.13	0.01	0.49	0.20*	0.01**	0.69
	⑫	0.20*	0.01**	0.85	0.06	0.01**	0.54	0.09	0.01	0.57	0.20*	0.01**	0.77
	⑬	0.20*	0.01**	0.48	0.18	0.05	0.33	0.20*	0.01	0.35	0.20*	0.01**	0.46
	⑭	0.20*	0.01**	0.50	0.17	0.04	0.33	0.20*	0.01	0.35	0.20*	0.01**	0.48
	⑮	0.20*	0.01**	0.55	0.15	0.04	0.36	0.20*	0.01	0.37	0.20*	0.01**	0.52
	⑯	0.20*	0.01**	0.63	0.12	0.07	0.40	0.17	0.01	0.42	0.20*	0.01**	0.58
	⑰	0.20*	0.01**	0.74	0.08	0.14	0.48	0.11	0.01	0.51	0.20*	0.01**	0.68
	⑱	0.20*	0.01**	0.82	0.05	0.01**	0.56	0.08	0.01	0.59	0.20*	0.01**	0.77
	⑲	0.20*	0.01**	0.61	0.11	0.06	0.40	0.15	0.01	0.43	0.20*	0.01**	0.57
	⑳	0.20*	0.01**	0.73	0.08	0.19	0.48	0.11	0.01	0.52	0.20*	0.01**	0.68
	㉑	0.20*	0.01**	0.81	0.05	0.01**	0.56	0.07	0.01	0.60	0.20*	0.01**	0.77
	㉒	0.20*	0.01**	0.59	0.11	0.05	0.41	0.13	0.01	0.45	0.20*	0.01**	0.58
	㉓	0.20*	0.01**	0.71	0.08	0.01**	0.50	0.09	0.01	0.53	0.20*	0.01**	0.69
	㉔	0.20*	0.01**	0.80	0.04	0.01**	0.57	0.06	0.01	0.61	0.20*	0.01**	0.78

注:* 连接阻尼越大,减震效果越好,本表最大值取 0.20。** 连接阻尼增大对减震效果的影响微小,本表取最小值 0.01。

表 6.6(b)　　　　　　　　　最优连接阻尼及减震系数(工况 B)

工况	项次	目标Ⅰ			目标Ⅱ			目标Ⅲ			目标Ⅳ		
		ξ_{01}	ξ_{02}	R_1	ξ_{01}	ξ_{02}	R_2	ξ_{01}	ξ_{02}	R_3	ξ_{01}	ξ_{02}	R_4
B	①	0.02	0.01**	0.64	0.01**	0.01	0.82	0.20*	0.01	0.95	0.20*	0.01**	0.90
	②	0.03	0.04	0.46	0.01**	0.01	0.65	0.20*	0.01	0.85	0.20*	0.01**	0.78
	③	0.08	0.07	0.38	0.01**	0.06	0.52	0.20*	0.01	0.77	0.20*	0.20*	0.70
	④	0.11	0.10	0.32	0.01**	0.10	0.40	0.20*	0.01**	0.68	0.20*	0.20*	0.61
	⑤	0.14	0.14	0.28	0.01**	0.14	0.31	0.20*	0.01**	0.60	0.01**	0.20*	0.52
	⑥	0.02	0.01**	0.63	0.01**	0.01	0.83	0.20*	0.01	0.95	0.20*	0.01**	0.91
	⑦	0.05	0.03	0.46	0.01**	0.01	0.66	0.20*	0.01	0.86	0.20*	0.01**	0.79
	⑧	0.09	0.05	0.38	0.01**	0.05	0.54	0.20*	0.01	0.78	0.20*	0.20*	0.72
	⑨	0.12	0.08	0.32	0.01**	0.09	0.42	0.20*	0.01**	0.70	0.01**	0.20*	0.65
	⑩	0.16	0.11	0.28	0.01**	0.13	0.32	0.20*	0.01**	0.62	0.01**	0.20*	0.54
	⑪	0.02	0.01**	0.62	0.01**	0.01	0.85	0.20*	0.01	0.96	0.20*	0.01**	0.92
	⑫	0.05	0.01	0.46	0.01**	0.01	0.69	0.20*	0.01	0.87	0.20*	0.01**	0.82
	⑬	0.10	0.03	0.38	0.01**	0.04	0.56	0.20*	0.01	0.79	0.20*	0.20*	0.75
	⑭	0.12	0.05	0.32	0.01**	0.08	0.45	0.20*	0.01	0.72	0.01**	0.20*	0.68
	⑮	0.16	0.09	0.28	0.01**	0.12	0.35	0.20*	0.01**	0.64	0.01**	0.20*	0.57

注:*连接阻尼越大,减震效果越好,本表最大值取 0.20。**连接阻尼增大对减震效果的影响微小,本表取最小值 0.01。

在非对称结构工况 E 下,结构 1 最柔,右连接阻尼对其减震系数影响微小;结构 2 居中,左连接阻尼对其减震系数影响显著,右连接阻尼影响微小;对于最刚结构 3,左、右连接阻尼对其减震系数均有影响,但左连接阻尼影响更加显著。

在工况 F 组合下,结构 1 最柔,结构 2 最刚。结构 1 减震系数随左连接阻尼的增大而减小,受右连接阻尼影响微小;结构 2 受左、右连接阻尼影响均较显著;当结构 3 与结构 2 动力特性相近时,结构 3 基本只受左连接阻尼的影响,当结构 3 与结构 2 动力特性差异较大时,结构 3 受左、右连接阻尼影响均显著。

在工况 G 组合下,结构 1 最刚,结构 2 最柔。结构 1 减震系数基本只受左连接阻尼的影响;结构 2 受较刚结构一侧的连接阻尼影响更显著;结构 3 受右连接阻尼影响显著,减震系数基本不随左连接阻尼的改变而变化。

各工况组合情况下,左、右最优连接阻尼及各目标相应的减震系数如表 6.7 所示,可以看出,三结构间动力特性差异越大,可获得的减震效果越好。

表6.7　最优连接阻尼及减震系数(工况 E,F,G)

工况	项次	目标Ⅰ			目标Ⅱ			目标Ⅲ			目标Ⅳ		
		ξ_{01}	ξ_{02}	R_1	ξ_{01}	ξ_{02}	R_2	ξ_{01}	ξ_{02}	R_3	ξ_{01}	ξ_{02}	R_4
E	①	0.20*	0.01**	0.67	0.20*	0.01**	0.38	0.20*	0.01	0.32	0.20*	0.01**	0.59
	②	0.20*	0.01**	0.77	0.11	0.01**	0.48	0.18	0.01	0.38	0.20*	0.01**	0.68
	③	0.20*	0.01**	0.54	0.20*	0.01**	0.35	0.20*	0.07	0.27	0.20*	0.01**	0.49
F	①	0.20*	0.01**	0.72	0.10	0.09	0.37	0.20*	0.01	0.44	0.20*	0.01**	0.66
	②	0.20*	0.01	0.52	0.11	0.16	0.30	0.18	0.01**	0.42	0.20*	0.20*	0.52
	③	0.20*	0.01	0.67	0.01	0.18	0.36	0.08	0.01**	0.53	0.20*	0.20*	0.65
G	①	0.18	0.03	0.31	0.20*	0.01	0.47	0.01**	0.05	0.56	0.20*	0.01**	0.60
	②	0.19	0.01**	0.31	0.20*	0.20*	0.44	0.01**	0.12	0.41	0.20*	0.20*	0.47
	③	0.11	0.01**	0.41	0.20*	0.20*	0.65	0.01**	0.05	0.55	0.20*	0.20*	0.66

注：* 连接阻尼越大,减震效果越好,本表最大值取 0.20。** 连接阻尼增大对减震效果的影响微小,本表取最小值 0.01。

2. 对称阻尼连接

为简化设计与应用,分析两侧阻尼对称布置情况。

在工况 A 第⑬,⑯,⑱项参数组合下,各结构的减震系数随连接阻尼的变化如图 6.28 所示。从图中可以看出,对于较柔结构 1,随着连接阻尼的增大,结构振动反应减小。对于较刚结构 2 和结构 3,结构自振频率相差越大,最优连接阻尼越大;结构动力特性越接近,最优连接阻尼越小。因此,当结构动力特性差异较大时,要获得最优减震效果,需取较大连接阻尼;当结构动力特性差异较小时,较柔结构要获得最佳减震效果,连接阻尼需取较大值,而较刚结构则要求取较小值,结构不能同时达到最佳减震效果。

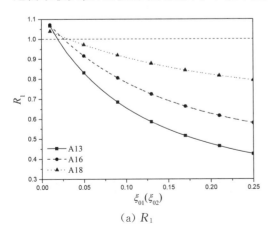

(a) R_1

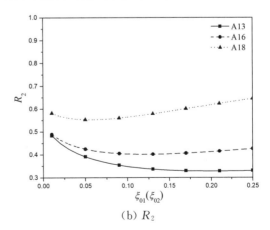

(b) R_2

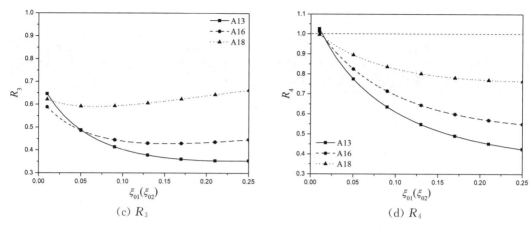

图 6.28　减震系数随连接阻尼的变化(工况 A)

在工况 B 第⑥,⑧,⑩项参数组合下,各结构的减震系数随连接阻尼的变化如图 6.29 所示。从图中可以看出,对于较刚结构 1,随着连接阻尼的增大,减震系数先减小后增大,但变化平缓,最优连接阻尼随结构差异性的增大而增大。对于中部较柔结构 2,其减震系数随连接阻尼的变化不明显,最优连接阻尼随结构差异性的增大而增大,但减震效果变化微小。对于右侧较柔结构 3 和整体体系,随着连接阻尼的增大,结构减震效果提升。各工况组合下的最优连接阻尼及减震系数如表 6.8 所示。结构差异性越大,可以获得的减震效果越好。

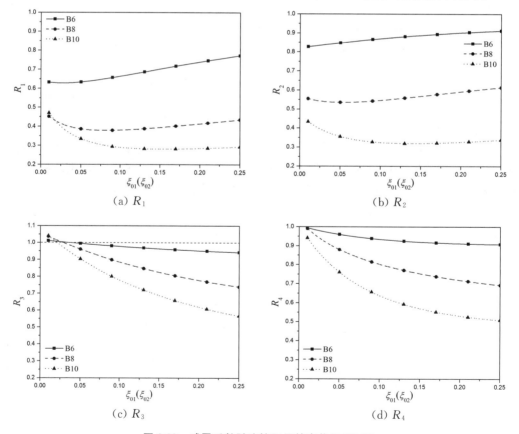

图 6.29　减震系数随连接阻尼的变化(工况 B)

表 6.8(a)　　　　　最优连接阻尼及减震系数(阻尼对称布置,工况 A)

工况	项次	目标Ⅰ		目标Ⅱ		目标Ⅲ		目标Ⅳ	
		$\xi_{01}(\xi_{02})$	R_1	$\xi_{01}(\xi_{02})$	R_2	$\xi_{01}(\xi_{02})$	R_3	$\xi_{01}(\xi_{02})$	R_4
A	①	0.20*	0.58	0.20*	0.32	0.20*	0.34	0.20*	0.52
	②	0.20*	0.60	0.20*	0.33	0.20*	0.35	0.20*	0.53
	③	0.20*	0.65	0.20*	0.35	0.20*	0.36	0.20*	0.57
	④	0.20*	0.72	0.16	0.39	0.20*	0.40	0.20*	0.62
	⑤	0.20*	0.81	0.09	0.46	0.14	0.48	0.20*	0.71
	⑥	0.20*	0.88	0.06	0.53	0.10	0.55	0.20*	0.79
	⑦	0.20*	0.52	0.20*	0.32	0.20*	0.35	0.20*	0.48
	⑧	0.20*	0.54	0.20*	0.33	0.20*	0.35	0.20*	0.49
	⑨	0.20*	0.60	0.19	0.36	0.20*	0.37	0.20*	0.53
	⑩	0.20*	0.67	0.14	0.40	0.18	0.41	0.20*	0.59
	⑪	0.20*	0.77	0.09	0.47	0.12	0.50	0.20*	0.69
	⑫	0.20*	0.85	0.06	0.54	0.08	0.57	0.20*	0.77
	⑬	0.20*	0.48	0.20*	0.33	0.20*	0.35	0.20*	0.46
	⑭	0.20*	0.50	0.19	0.34	0.20*	0.36	0.20*	0.48
	⑮	0.20*	0.55	0.16	0.36	0.19	0.38	0.20*	0.52
	⑯	0.20*	0.63	0.12	0.40	0.15	0.43	0.20*	0.58
	⑰	0.20*	0.74	0.08	0.48	0.10	0.51	0.20*	0.68
	⑱	0.20*	0.82	0.06	0.55	0.07	0.59	0.20*	0.77
	⑲	0.20*	0.61	0.12	0.40	0.14	0.44	0.20*	0.57
	⑳	0.20*	0.73	0.08	0.48	0.10	0.52	0.20*	0.68
	㉑	0.20*	0.81	0.05	0.56	0.06	0.60	0.20*	0.77
	㉒	0.20*	0.59	0.11	0.41	0.12	0.45	0.20*	0.57
	㉓	0.20*	0.71	0.08	0.49	0.08	0.54	0.20*	0.69
	㉔	0.20*	0.80	0.05	0.57	0.05	0.62	0.20*	0.78

注:＊连接阻尼越大,减震效果越好,本表最大值取 0.20。＊＊连接阻尼增大对减震效果的影响微小,本表取最小值 0.01。

表 6.8(b)　　　　　最优连接阻尼及减震系数(阻尼对称布置,工况 B)

工况	项次	目标Ⅰ		目标Ⅱ		目标Ⅲ		目标Ⅳ	
		$\xi_{01}(\xi_{02})$	R_1	$\xi_{01}(\xi_{02})$	R_2	$\xi_{01}(\xi_{02})$	R_3	$\xi_{01}(\xi_{02})$	R_4
B	①	0.03	0.63	0.01**	0.82	0.20*	0.95	0.20*	0.90
	②	0.04	0.46	0.02	0.65	0.20*	0.85	0.20*	0.78
	③	0.08	0.38	0.06	0.52	0.20*	0.77	0.20*	0.70
	④	0.11	0.32	0.10	0.40	0.20*	0.68	0.20*	0.61
	⑤	0.14	0.28	0.15	0.30	0.20*	0.60	0.20*	0.51
	⑥	0.03	0.63	0.01**	0.83	0.20*	0.95	0.20*	0.91
	⑦	0.04	0.46	0.01**	0.66	0.20*	0.86	0.20*	0.79
	⑧	0.08	0.38	0.05	0.54	0.20*	0.78	0.20*	0.72
	⑨	0.11	0.32	0.09	0.42	0.20*	0.70	0.20*	0.64
	⑩	0.15	0.28	0.14	0.32	0.20*	0.62	0.20*	0.53
	⑪	0.03	0.62	0.01**	0.85	0.20*	0.96	0.20*	0.92
	⑫	0.05	0.46	0.01**	0.69	0.20*	0.87	0.20*	0.82
	⑬	0.09	0.38	0.04	0.56	0.20*	0.79	0.20*	0.75
	⑭	0.12	0.33	0.08	0.45	0.20*	0.72	0.20*	0.68
	⑮	0.15	0.28	0.12	0.34	0.20*	0.64	0.20*	0.56

注:＊连接阻尼越大,减震效果越好,本表最大值取 0.20。＊＊连接阻尼增大对减震效果的影响微小,本表取最小值 0.01。

对称结构组合工况 C 和工况 D 的目标Ⅰ、目标Ⅱ的减震系数随连接阻尼的变化如图 6.30 所示。从图中可以看出,对于图 6.30(a),(d)对应的较刚结构,连接阻尼在 0.01～0.25 之间存在最优值,但连接阻尼的变化对减震效果的影响微小。结构频率比越接近,最优连接阻尼取值越小,其对减震效果的影响越明显;结构频率比差异越大,最优连接阻尼越大,减震效果对连接阻尼的变化越不敏感。而对于图 6.30(b),(c)对应的高柔结构,其减震系数随连接阻尼的增大而减小,因而连接阻尼越大,减震效果越好,而且结构自振频率差异越大,连接阻尼影响越显著。各参数组合下的最优连接阻尼如表 6.9 所示。

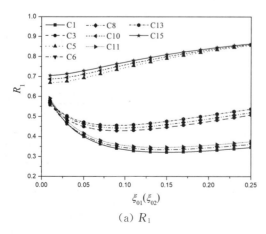

(a) R_1

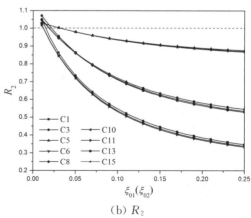

(b) R_2

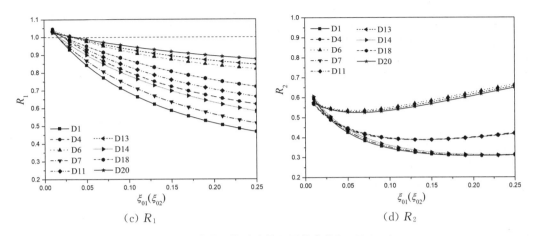

(c) R_1　　　　　　　　　　　(d) R_2

图6.30　减震系数随连接阻尼的变化(工况C,D)

表6.9　　　　　　　　　　　最优连接阻尼及减震系数(工况C,D)

工况	项次	目标Ⅰ		目标Ⅱ		目标Ⅳ	
		$\xi_{01}(\xi_{02})$	R_1	$\xi_{01}(\xi_{02})$	R_2	$\xi_{01}(\xi_{02})$	R_4
C	①	0.15	0.32	0.20*	0.39	0.20*	0.38
	②	0.12	0.37	0.20*	0.47	0.20*	0.46
	③	0.09	0.43	0.20*	0.58	0.20*	0.55
	④	0.06	0.52	0.20*	0.72	0.20*	0.69
	⑤	0.01	0.67	0.20*	0.89	0.20*	0.87
	⑥	0.14	0.33	0.20*	0.38	0.20*	0.38
	⑦	0.12	0.38	0.20*	0.46	0.20*	0.46
	⑧	0.09	0.44	0.20*	0.57	0.20*	0.56
	⑨	0.06	0.54	0.20*	0.71	0.20*	0.69
	⑩	0.01	0.69	0.20*	0.88	0.19	0.88
	⑪	0.14	0.35	0.20*	0.37	0.20*	0.39
	⑫	0.12	0.39	0.20*	0.46	0.20*	0.47
	⑬	0.09	0.46	0.20*	0.56	0.20*	0.57
	⑭	0.05	0.55	0.20*	0.70	0.20*	0.70
	⑮	0.01	0.70	0.20*	0.88	0.18	0.88
D	①	0.20*	0.52	0.20	0.31	0.20*	0.48
	②	0.20*	0.54	0.19	0.32	0.20*	0.50
	③	0.20*	0.59	0.17	0.34	0.20*	0.54
	④	0.20*	0.66	0.13	0.39	0.20*	0.61
	⑤	0.20*	0.77	0.09	0.47	0.20*	0.71

（续表）

工况	项次	目标Ⅰ		目标Ⅱ		目标Ⅳ	
		ξ_{01} (ξ_{02})	R_1	ξ_{01} (ξ_{02})	R_2	ξ_{01} (ξ_{02})	R_4
D	⑥	0.20*	0.84	0.06	0.54	0.20*	0.79
	⑦	0.20*	0.57	0.20*	0.31	0.20*	0.53
	⑧	0.20*	0.59	0.20*	0.32	0.20*	0.55
	⑨	0.20*	0.61	0.19	0.33	0.20*	0.57
	⑩	0.20*	0.64	0.18	0.34	0.20*	0.59
	⑪	0.20*	0.71	0.14	0.39	0.20*	0.65
	⑫	0.20*	0.80	0.09	0.46	0.20*	0.74
	⑬	0.20*	0.87	0.06	0.53	0.20*	0.82
	⑭	0.20*	0.63	0.20*	0.31	0.20*	0.60
	⑮	0.20*	0.65	0.20*	0.32	0.20*	0.61
	⑯	0.20*	0.67	0.20*	0.33	0.20*	0.63
	⑰	0.20*	0.70	0.18	0.35	0.20*	0.65
	⑱	0.20*	0.76	0.14	0.39	0.20*	0.71
	⑲	0.20*	0.84	0.10	0.46	0.20*	0.79
	⑳	0.20*	0.89	0.06	0.52	0.20*	0.85

注：* 减震系数随连接阻尼的增大而减小，本表连接阻尼最大取 0.20。

对于任意结构参数组合工况 E，F，G，工况 E 第①，②，③项参数组合的结构减震系数随连接阻尼的变化如图 6.31 所示。从图中可以看出，对于最柔结构 1 或整体体系，减震系数随连接阻尼的增大而减小，减震效果提升，最优连接阻尼取较大值，结构频率比越接近，减震效果越差。对于结构 2 和结构 3，最优连接阻尼随结构动力特性差异的增大而增大，减震效果相应提升。各参数组合情况下的最优连接阻尼如表 6.10 所示。

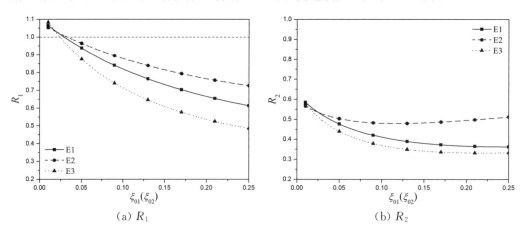

(a) R_1　　　　　　　　　　　　　(b) R_2

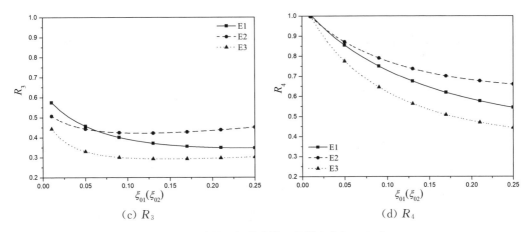

图 6.31　减震系数随连接阻尼的变化(工况 E)

表 6.10　　　　　　　　　　最优连接阻尼及减震系数(工况 E, F, G)

工况	项次	目标 I		目标 II		目标 III		目标 IV	
		$\xi_{01}(\xi_{02})$	R_1	$\xi_{01}(\xi_{02})$	R_2	$\xi_{01}(\xi_{02})$	R_3	$\xi_{01}(\xi_{02})$	R_4
E	①	0.20^*	0.67	0.20^*	0.37	0.20^*	0.35	0.20^*	0.59
	②	0.20^*	0.77	0.12	0.48	0.12	0.42	0.20^*	0.68
	③	0.20^*	0.54	0.20^*	0.33	0.15	0.29	0.20^*	0.48
F	①	0.20^*	0.72	0.10	0.37	0.19	0.44	0.20^*	0.65
	②	0.20^*	0.52	0.13	0.30	0.20^*	0.39	0.20^*	0.52
	③	0.20^*	0.67	0.11	0.39	0.10	0.52	0.20^*	0.65
G	①	0.17	0.32	0.20^*	0.47	0.06	0.56	0.20^*	0.58
	②	0.20	0.31	0.20^*	0.44	0.13	0.40	0.20^*	0.47
	③	0.11	0.41	0.20^*	0.65	0.06	0.54	0.20^*	0.66

注: * 减震系数随连接阻尼的增大而减小,本表最优连接阻尼最大取 0.20。

参考文献

[1] 林家浩,张亚辉.随机振动的虚拟激励法[M].北京:科学出版社,2004.

[2] 林家浩,张亚辉,赵岩.虚拟激励法在国内外工程界的应用回顾与展望[J].应用数学和力学,2017,
38(1):1-31.

[3] 刘良坤,谭平,闫维明,等.三相邻结构的减震效果分析[J].振动与冲击,2017,36(15):9-28.

第7章　黏滞阻尼器连接三相邻结构减震参数优化

当采用黏滞阻尼器连接时,有 $k_{02} = k_{02} = 0$。当采用线性阻尼器时,第6章式(6.1b)中刚度矩阵调整为 $\boldsymbol{K} = \mathrm{diag}(k_1 \quad k_2 \quad k_3)$;左、右连接阻尼的名义阻尼比调整为 $\xi_{01} = c_{01}/(2m_2\omega_2)$,$\xi_{02} = c_{02}/(2m_2\omega_2)$,其余参数定义同第6章。

为便于理论分析,首先采用线性阻尼模型进行参数优化分析,然后再分析非线性阻尼器速度指数的影响。

7.1　工况 A,B

对于工况 A,B,根据不同的减震优化目标,分析左、右连接阻尼对减震效果的影响规律,从而得到最优连接阻尼值。

在工况 A 第⑫项参数组合下,结构减震系数随连接阻尼的变化如图 7.1 所示。从图中可以看出,对于结构 1,随着左连接阻尼的增大,其减震系数先减小后略有增大,随右连接阻尼的增大略有减小,左连接阻尼影响较大,右连接阻尼影响微弱。结构 2 的减震系数随左连接阻尼的增大先减小后增大,随右连接阻尼的增大先略有减小后略有增大,亦是左连接阻尼影响较为显著。对于结构 3,其减震系数随左连接阻尼的增大先减小后略有增大,随右连接阻尼的增大而减小,两侧连接阻尼的影响均显著。对于整体体系,左连接阻尼的影响较右连接阻尼更显著。

各工况下的最优连接阻尼及减震系数如表 7.1(a)所示。对于目标Ⅰ,左连接阻尼最优值随结构动力特性差异性的增大而增大,结构自振频率越接近,左连接阻尼最优值越小;右连接阻尼从 0.01 提高至 0.20,虽减震系数有所降低,但减震效果提升不足 5%,因此建议取最小值 0.01。对于目标Ⅱ,左、右连接阻尼最优值相关性明显,同时增大或减小,减震效果几乎不变,右连接阻尼最优值取较小值。对于目标Ⅲ,右连接阻尼最优值取较大值,左连接阻尼最优值随结构动力特性的接近,取值变小。对于整体体系,连接阻尼最优值取值变化规律类似于减震目标Ⅰ。

在工况 B 第⑤项参数组合下,结构减震系数随连接阻尼的变化如图 7.2 所示。从图中可以看出,对于结构 1,减震系数随左连接阻尼的增大而减小(当自振频率接近时,先减小后略有增大),随右连接阻尼的增大略有减小,受其影响微弱。结构 2 的减震系数随左连接阻尼的增大而减小(当自振频率接近时,先减小后略有增大),右连接阻尼的变化对其影响微弱。对于结构 3,当自振频率差异较大时,减震系数随左、右连接阻尼的增大而减小,当自振频率接近时,减震系数随左连接阻尼的增大先减小后略有增大,随右连接阻尼的增大而减小,两侧连接阻尼的影响均显著。对于整体体系,减震系数随左、右连接阻尼的增大而减小,且左连接阻尼的影响较右连接阻尼更显著。

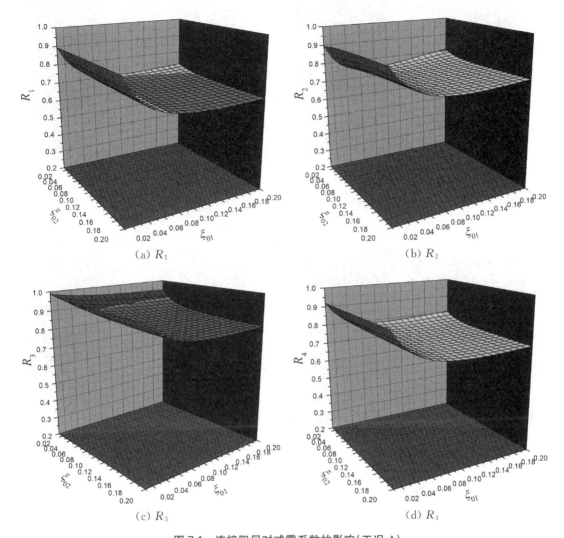

图 7.1 连接阻尼对减震系数的影响(工况 A)

各工况下的最优连接阻尼及减震系数如表 7.1(b)所示。对于目标 I ,左连接阻尼最优值随结构动力特性差异的增大而增大,结构自振频率越接近,左连接阻尼最优值越小;右连接阻尼从 0.01 提高至 0.20,虽减震系数有所降低,但减震效果提升不足 5%,因此建议取最小值 0.01。对于目标 II ,结构动力特性差异较大时,左连接阻尼最优值取较大值,动力特性差异较小时则取较小值,右连接阻尼影响较小,右连接阻尼最优值取较小值。对于目标 III ,右连接阻尼最优值取较大值,左连接阻尼最优值随结构动力特性的接近,取值变小。对于整体体系,连接阻尼最优值取值变化规律类似于减震目标 III 。

结构质量比对连接参数最优值及减震效果影响微小。

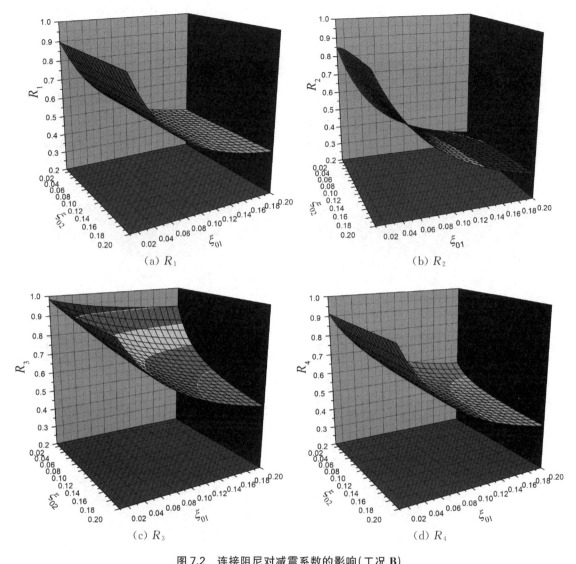

图 7.2 连接阻尼对减震系数的影响(工况 B)

比较表 7.1 与表 6.6 连接不同类型的阻尼器可以看出,连接黏滞阻尼器时,工况 A 的结构 1 和工况 B 的结构 2、结构 3 能获得更佳的减震效果,即对于较柔结构而言,连接黏滞阻尼器减震效果更好。

表 7.1(a)　　　　　　　　最优连接阻尼及减震系数(工况 A)

工况	项次	目标Ⅰ			目标Ⅱ			目标Ⅲ			目标Ⅳ		
		ξ_{01}	ξ_{02}	R_1	ξ_{01}	ξ_{02}	R_2	ξ_{01}	ξ_{02}	R_3	ξ_{01}	ξ_{02}	R_4
A	①	0.20	0.20*	0.28	0.20	0.01	0.38	0.20	0.20	0.56	0.20	0.20	0.35
	②	0.20	0.20*	0.30	0.19	0.01	0.39	0.20	0.20	0.57	0.20	0.20	0.37
	③	0.20	0.20*	0.35	0.16	0.01	0.44	0.20	0.20	0.59	0.20	0.20	0.41
	④	0.20	0.20*	0.43	0.20	0.12	0.50	0.20	0.20	0.63	0.20	0.20	0.48

(续表)

工况	项次	目标Ⅰ			目标Ⅱ			目标Ⅲ			目标Ⅳ		
		ξ_{01}	ξ_{02}	R_1	ξ_{01}	ξ_{02}	R_2	ξ_{01}	ξ_{02}	R_3	ξ_{01}	ξ_{02}	R_4
A	⑤	0.20	0.20*	0.57	0.14	0.09	0.62	0.20	0.20	0.72	0.20	0.20	0.62
	⑥	0.17	0.20	0.69	0.10	0.07	0.73	0.15	0.20	0.80	0.15	0.20	0.73
	⑦	0.20	0.20*	0.25	0.18	0.01	0.40	0.20	0.20	0.58	0.20	0.20	0.35
	⑧	0.20	0.20*	0.27	0.18	0.01	0.41	0.20	0.20	0.58	0.20	0.20	0.37
	⑨	0.20	0.20*	0.32	0.16	0.01	0.45	0.20	0.20	0.61	0.20	0.20	0.42
	⑩	0.20	0.20*	0.40	0.13	0.01	0.52	0.20	0.20	0.65	0.20	0.20	0.49
	⑪	0.16	0.20*	0.55	0.11	0.04	0.64	0.18	0.20	0.74	0.16	0.20	0.63
	⑫	0.12	0.20*	0.68	0.09	0.04	0.74	0.13	0.20	0.82	0.12	0.20	0.74
	⑬	0.20	0.20*	0.24	0.17	0.01	0.42	0.20	0.20	0.60	0.20	0.20	0.37
	⑭	0.20	0.20*	0.26	0.16	0.01	0.43	0.20	0.20	0.60	0.20	0.20	0.39
	⑮	0.20	0.20*	0.31	0.15	0.01	0.47	0.20	0.20	0.63	0.20	0.20	0.44
	⑯	0.17	0.20*	0.39	0.12	0.01	0.54	0.20	0.20	0.68	0.18	0.20	0.52
	⑰	0.12	0.20*	0.54	0.09	0.01	0.66	0.15	0.20	0.77	0.13	0.20	0.65
	⑱	0.10	0.20*	0.67	0.07	0.02	0.76	0.11	0.20	0.84	0.10	0.20	0.75
	⑲	0.15	0.20*	0.39	0.12	0.01	0.55	0.20	0.20	0.69	0.17	0.20	0.53
	⑳	0.11	0.20*	0.54	0.09	0.01	0.67	0.14	0.20	0.78	0.12	0.20	0.66
	㉑	0.09	0.20*	0.66	0.07	0.02	0.76	0.10	0.20	0.85	0.09	0.20	0.76
	㉒	0.12	0.20*	0.39	0.11	0.01	0.57	0.18	0.20	0.71	0.15	0.20	0.55
	㉓	0.09	0.20*	0.53	0.08	0.01	0.68	0.12	0.20	0.79	0.11	0.20	0.68
	㉔	0.07	0.20*	0.66	0.06	0.01	0.78	0.09	0.20	0.86	0.08	0.20	0.77

注：* 连接阻尼增大对减震系数改善微小，建议取最小值 0.01，减震系数变化小于 5%。

表 7.1(b)　　　　　　　　　最优连接阻尼及减震系数(工况 B)

工况	项次	目标Ⅰ			目标Ⅱ			目标Ⅲ			目标Ⅳ		
		ξ_{01}	ξ_{02}	R_1	ξ_{01}	ξ_{02}	R_2	ξ_{01}	ξ_{02}	R_3	ξ_{01}	ξ_{02}	R_4
B	①	0.04	0.20*	0.87	0.08	0.02	0.85	0.10	0.20	0.90	0.07	0.20*	0.88
	②	0.09	0.20*	0.68	0.13	0.03	0.62	0.20	0.20	0.75	0.14	0.20	0.70
	③	0.15	0.20*	0.55	0.20	0.04	0.46	0.20	0.20	0.62	0.20	0.20	0.55
	④	0.20	0.20*	0.46	0.20	0.01	0.34	0.20	0.20	0.55	0.20	0.20	0.46

（续表）

工况	项次	目标 I			目标 II			目标 III			目标 IV		
		ξ_{01}	ξ_{02}	R_1	ξ_{01}	ξ_{02}	R_2	ξ_{01}	ξ_{02}	R_3	ξ_{01}	ξ_{02}	R_4
B	⑤	0.20	0.20*	0.42	0.20	0.01	0.28	0.20	0.20	0.52	0.20	0.20	0.42
	⑥	0.04	0.20*	0.87	0.06	0.01	0.86	0.09	0.20	0.91	0.06	0.20*	0.89
	⑦	0.07	0.20*	0.67	0.12	0.02	0.64	0.17	0.20	0.77	0.12	0.20	0.72
	⑧	0.12	0.20*	0.54	0.19	0.03	0.47	0.20	0.20	0.64	0.20	0.20	0.57
	⑨	0.18	0.20*	0.45	0.20	0.01	0.35	0.20	0.20	0.56	0.20	0.20	0.47
	⑩	0.20	0.20*	0.39	0.20	0.01	0.28	0.20	0.20	0.52	0.20	0.20	0.42
	⑪	0.03	0.20*	0.87	0.05	0.01	0.87	0.07	0.20	0.93	0.05	0.20*	0.91
	⑫	0.05	0.20*	0.67	0.09	0.01	0.67	0.13	0.20	0.80	0.10	0.20	0.75
	⑬	0.08	0.20*	0.54	0.15	0.01	0.50	0.20	0.20	0.67	0.18	0.20	0.60
	⑭	0.13	0.20*	0.44	0.20	0.01	0.37	0.20	0.20	0.58	0.20	0.20	0.49
	⑮	0.20	0.20*	0.37	0.20	0.01	0.29	0.20	0.20	0.53	0.20	0.20	0.43

注：* 连接阻尼增大对减震系数改善微小，建议取最小值 0.01，减震系数变化小于 5%。

7.2 工况 C,D

对于工况 C,D 的对称结构，左、右连接装置采用对称连接，各结构的减震系数随连接阻尼的变化如图 7.3 所示。对于单体结构或整体结构，结构自振频率差异越大，连接阻尼最优值越大，减震效果越好；结构自振频率越接近，连接阻尼最优值越小，同时减震效果越差。结构质量比对减震效果的影响不显著。各工况组合下的连接阻尼最优值如表 7.2 所示，对于不同优化目标，连接阻尼最优值近似相等，即采用连接阻尼最优值设计连接装置，可以同时实现各结构达到最佳减震效果。

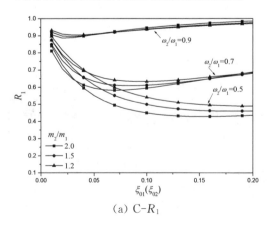

(a) C-R_1

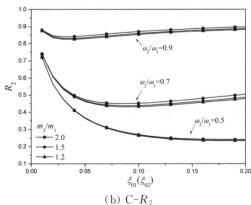

(b) C-R_2

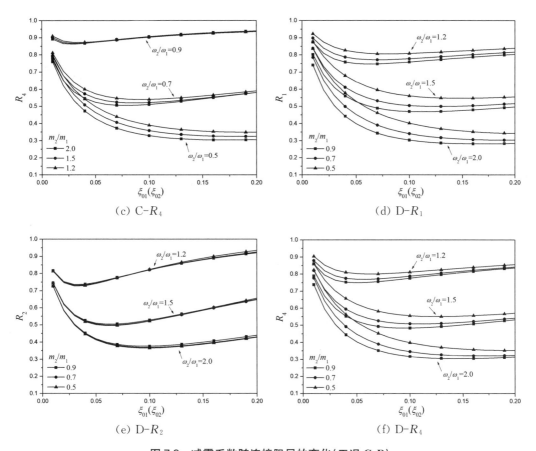

图 7.3　减震系数随连接阻尼的变化(工况 C,D)

表 7.2　　　　　　　　　　最优连接阻尼及减震系数(工况 C,D)

工况	项次	目标 I		目标 II		目标 IV	
		$\xi_{01}(\xi_{02})$	R_1	$\xi_{01}(\xi_{02})$	R_2	$\xi_{01}(\xi_{02})$	R_4
C	①	0.16	0.43	0.18	0.24	0.17	0.30
	②	0.11	0.49	0.13	0.33	0.12	0.39
	③	0.07	0.58	0.09	0.45	0.08	0.51
	④	0.04	0.71	0.05	0.62	0.05	0.66
	⑤	0.02	0.89	0.03	0.84	0.03	0.86
	⑥	0.18	0.46	0.19	0.24	0.19	0.32
	⑦	0.13	0.52	0.13	0.32	0.13	0.41
	⑧	0.08	0.61	0.09	0.44	0.09	0.52
	⑨	0.05	0.73	0.06	0.60	0.05	0.67
	⑩	0.03	0.90	0.03	0.83	0.03	0.87
	⑪	0.20	0.49	0.19	0.23	0.20	0.35

（续表）

工况	项次	目标Ⅰ		目标Ⅱ		目标Ⅳ	
		$\xi_{01}(\xi_{02})$	R_1	$\xi_{01}(\xi_{02})$	R_2	$\xi_{01}(\xi_{02})$	R_4
C	⑫	0.14	0.55	0.13	0.32	0.14	0.43
	⑬	0.10	0.63	0.09	0.43	0.09	0.54
	⑭	0.06	0.75	0.06	0.60	0.06	0.68
	⑮	0.03	0.90	0.04	0.83	0.03	0.87
D	①	0.17	0.28	0.10	0.38	0.15	0.30
	②	0.16	0.31	0.09	0.39	0.14	0.33
	③	0.14	0.37	0.08	0.43	0.12	0.39
	④	0.11	0.47	0.06	0.50	0.10	0.48
	⑤	0.08	0.63	0.04	0.63	0.07	0.64
	⑥	0.06	0.75	0.03	0.74	0.05	0.75
	⑦	0.19	0.30	0.10	0.37	0.17	0.32
	⑧	0.18	0.33	0.09	0.38	0.16	0.35
	⑨	0.17	0.36	0.09	0.40	0.15	0.38
	⑩	0.16	0.40	0.08	0.43	0.14	0.41
	⑪	0.13	0.50	0.06	0.50	0.11	0.51
	⑫	0.09	0.66	0.04	0.63	0.08	0.66
	⑬	0.07	0.77	0.03	0.73	0.06	0.77
	⑭	0.20	0.34	0.10	0.36	0.20	0.35
	⑮	0.20	0.37	0.09	0.38	0.19	0.38
	⑯	0.20	0.40	0.09	0.40	0.17	0.41
	⑰	0.18	0.44	0.08	0.43	0.16	0.45
	⑱	0.15	0.55	0.06	0.50	0.13	0.55
	⑲	0.10	0.70	0.04	0.62	0.09	0.70
	⑳	0.08	0.81	0.03	0.73	0.06	0.80

注:对称阻尼连接,本表连接阻尼最大值取 0.20。

通过比较表 7.2(连接黏滞阻尼器)与表 6.9(连接黏弹性阻尼器)可以看出,连接黏滞阻尼器时,工况 C 的目标Ⅱ和工况 D 的目标Ⅰ可以获得更佳的减震效果,即三结构中,对于较柔结构而言,采用黏滞阻尼器减震效果更好。

7.3 工况 E,F,G

对于任意结构参数组合工况 E,F,G,各减震控制目标下的最优连接阻尼如表 7.3 所示。右连接阻尼取最优值时减震系数随左连接阻尼的变化如图 7.4 所示。从图中可以看出,结构减震系数随连接阻尼的变化并不显著。另外,从表 7.3 中可以看出,三结构中,较柔结构可获得最佳的减震效果。

比较表 7.3 与表 6.7 可以看出,连接黏滞阻尼器时的工况 E,F 的结构 1 和工况 G 的结构 2 的减震效果更优,即对于较柔结构,通过连接黏滞阻尼器可获得更好的减震效果,对于较刚结构则采用黏弹性阻尼器连接更有利。

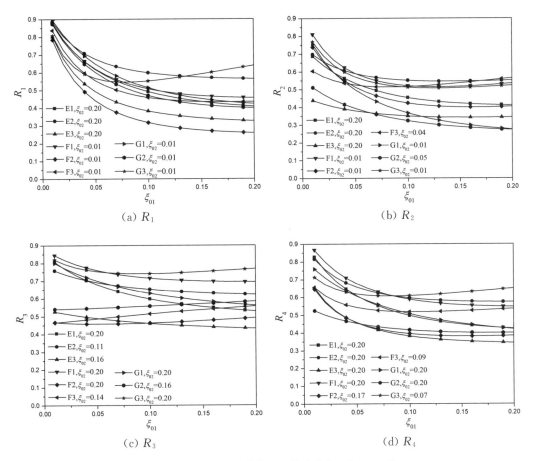

图 7.4　减震系数随连接阻尼的变化(工况 E,F,G)

表 7.3　　　　　　　　　　最优连接阻尼及减震系数(工况 E, F, G)

工况	项次	目标 I			目标 II			目标 III			目标 IV		
		ξ_{01}	ξ_{02}	R_1	ξ_{01}	ξ_{02}	R_2	ξ_{01}	ξ_{02}	R_3	ξ_{01}	ξ_{02}	R_4
E	①	0.20	0.20*	0.41	0.20	0.20	0.41	0.20	0.20	0.53	0.20	0.20	0.42
	②	0.20	0.20	0.56	0.14	0.20	0.54	0.20	0.11	0.62	0.20	0.20	0.57
	③	0.20	0.20	0.33	0.16	0.20	0.34	0.20	0.16	0.43	0.20	0.20	0.34

（续表）

工况	项次	目标Ⅰ			目标Ⅱ			目标Ⅲ			目标Ⅳ		
		ξ_{01}	ξ_{02}	R_1	ξ_{01}	ξ_{02}	R_2	ξ_{01}	ξ_{02}	R_3	ξ_{01}	ξ_{02}	R_4
F	①	0.20	0.20*	0.45	0.13	0.01	0.51	0.20	0.20	0.70	0.20	0.20	0.55
	②	0.20	0.01	0.26	0.16	0.01	0.40	0.06	0.20	0.46	0.16	0.18	0.38
	③	0.17	0.01	0.43	0.08	0.04	0.51	0.01	0.14	0.47	0.11	0.10	0.52
G	①	0.20	0.01	0.42	0.20	0.01	0.28	0.20	0.20	0.56	0.20	0.20	0.42
	②	0.20	0.01	0.40	0.20	0.05	0.27	0.01	0.16	0.54	0.19	0.20	0.40
	③	0.08	0.01	0.55	0.13	0.01	0.51	0.09	0.20	0.74	0.08	0.07	0.61

注：对称阻尼连接，本表连接阻尼最大值取 0.20。

第8章　三相邻结构减震算例数值分析

前文对三相邻结构间连接减震装置参数进行了优化分析，得到了多参数、多目标下的最优连接刚度和连接阻尼以及相应的减震效果。优化分析是基于随机振动理论并假设地面加速度激励为白噪声过程，与地震激励不完全一致；将结构简化为单自由度体系，而实际结构都是多自由度体系；优化分析过程中的阻尼器为线性阻尼，即阻尼力与相对速度呈线性关系，而实际采用的阻尼器的力与位移的关系一般为非线性。因此，本章进一步通过数值计算方法，对工程算例进行参数优化分析，探讨黏滞阻尼器在不同速度指数时的减震效果。

8.1　结构算例参数

采用文献[1]的三相邻结构算例，结构参数如下：

结构 1 为 20 层，各楼层质量为 1.5×10^6 kg，各层间刚度为 2.2×10^3 kN/mm；

结构 2 为 17 层，各楼层质量为 1.5×10^6 kg，各层间刚度为 2.8×10^3 kN/mm；

结构 3 为 15 层，各楼层质量为 1.0×10^6 kg，各层间刚度为 2.5×10^3 kN/mm。

设结构所在场地为Ⅱ类场地，防烈度为 8 度（$0.20g$）。设结构层高相同，最低结构 3 共 15 层，因此，三结构之间分别采用 15 套连接装置连接于底部 15 层，根据优化分析结果所得连接刚度及连接阻尼平均分配至各连接楼层处。结构自身阻尼比均取 0.05，采用瑞雷阻尼模型。通过模态分析得到各单体结构的基本自振频率，将各结构等效为单自由度体系，其等效刚度、等效质量如表 8.1 所示。

表 8.1　　　　　　　　　　结构参数

结构	基本自振频率/Hz	等效总质量/kg
1	0.466 9	2.55×10^7
2	0.617 0	2.17×10^7
3	0.806 1	1.28×10^7

8.2　连接黏弹性阻尼装置

设连接装置为黏弹性减震装置，由弹簧单元和阻尼单元组成，其中，弹簧单元提供连接刚度，阻尼单元为黏弹性阻尼器，提供消能阻尼。三结构间的质量比、频率比分别为：$\omega_2/\omega_1 = 1.321$，$\omega_3/\omega_2 = 1.306$，$m_2/m_1 = 0.85$，$m_3/m_2 = 0.588$。根据前文优化分析结果，针

159

对不同减震目标的最优连接参数如表 8.2 所示。将连接刚度值和连接阻尼系数值平均分配至 15 个连接处。

表 8.2 最优连接参数

优化目标	连接刚度比 β_{01},β_{02}	总连接刚度 $(k_{01},k_{02})/(\text{kN}\cdot\text{m}^{-1})$	连接阻尼比 $\xi_{01}(\xi_{02})$	总连接阻尼系数 $(c_{01},c_{02})/(\text{kN}\cdot\text{m}^{-1}\cdot\text{s})$
I	0.30,2.00	$1.678\times10^4,7.461\times10^5$	0.20	$7.630\times10^3,5.087\times10^4$
II	0.76,2.00	$1.078\times10^5,7.461\times10^5$	0.16	$1.546\times10^4,4.070\times10^4$
III	0.80,1.13	$1.194\times10^5,2.382\times10^5$	0.14	$1.424\times10^4,2.012\times10^4$
IV	0.57,2.00	$6.061\times10^4,7.462\times10^5$	0.20	$1.450\times10^4,5.087\times10^4$

8.2.1 地震反应分析

根据场地条件,选择 EL Centro 波、Taft 波和其人工波作为地震激励,地震波加速度峰值调整为 200gal,对应于基本烈度。当无连接装置时,单体结构的底部剪力及顶部位移最大值如表 8.3 所示。

表 8.3 无连接时单体结构地震反应

结构	底部剪力最大值/(10^3 kN)			顶部位移最大值/mm		
	EL Centro 波	Taft 波	人工波	EL Centro 波	Taft 波	人工波
结构 1	31.18	21.86	23.63	158.20	110.08	135.82
结构 2	24.95	26.34	25.29	94.84	114.71	94.60
结构 3	22.30	21.85	15.41	84.73	88.82	67.22

当连接减震装置时,按照目标 I 确定连接参数,在 EL Centro 波激励下,结构 1 的楼层位移、层间剪力分布以及左连接顶部阻尼器(编号 L-♯15)力-位移、地震总输入能量和总消耗能量曲线如图 8.1 所示。结构 1 的顶层位移减小了 9.3%,结构底部剪力减小了 15.7%,连接装置耗能占结构总输入能量的 34.3%。

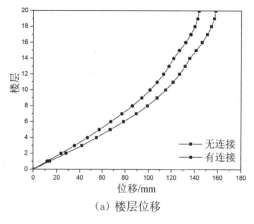

(a) 楼层位移

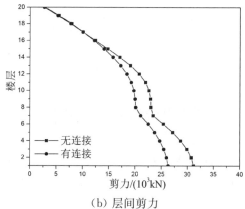

(b) 层间剪力

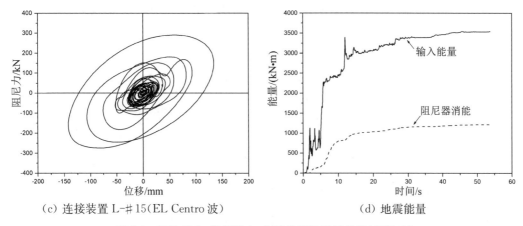

（c）连接装置 L-♯15（EL Centro 波）　　　　（d）地震能量

图8.1　结构反应、阻尼器力-位移曲线及能量曲线（目标Ⅰ）

按照减震目标Ⅱ确定连接参数，结构 2 的楼层位移、层间剪力分布以及左连接顶部阻尼器力-位移、总输入地震能量和总消耗能量曲线如图 8.2 所示。结构 2 的顶层位移减小了 16.6％，结构底部剪力减小了 24.2％，连接装置耗能占结构总输入能量的 39.5％。

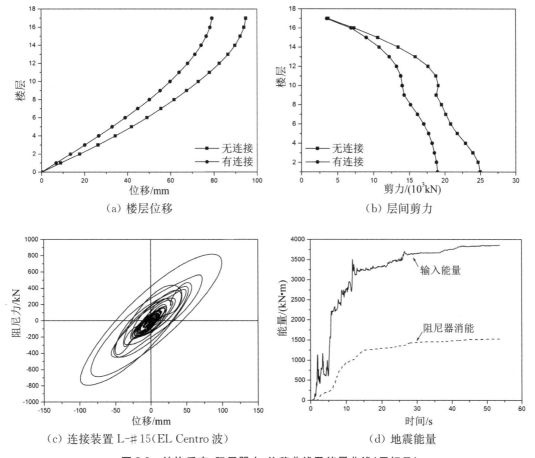

（a）楼层位移　　　　　　　　　　　　　（b）层间剪力

（c）连接装置 L-♯15（EL Centro 波）　　　　（d）地震能量

图8.2　结构反应、阻尼器力-位移曲线及能量曲线（目标Ⅱ）

按照减震目标Ⅲ确定连接参数，结构 3 的楼层位移、层间剪力分布以及左连接顶部阻尼器力-位移、总输入地震能量和总消耗能量曲线如图 8.3 所示。结构 3 的顶层位移减小了 32.1%,结构底部剪力减小了 34.2%,连接装置耗能占结构总输入能量的37.1%。

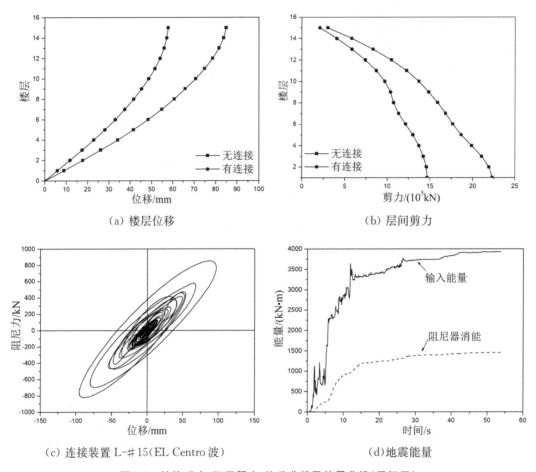

(a) 楼层位移　　　　　　　　　　　　(b) 层间剪力

(c) 连接装置 L-♯15(EL Centro 波)　　　(d)地震能量

图8.3　结构反应、阻尼器力-位移曲线及能量曲线(目标Ⅲ)

按各控制目标设置连接装置参数时,结构的减震系数如表 8.4 所示。在不同地震波激励下,结构的地震反应有所不同,部分情况下,结构地震反应会有所放大。在 EL Centro 波激励下,较刚结构可获得更好的减震效果。

表8.4　　　　　　　　　　连接黏弹性阻尼器时的减震系数

参数确定	结构	底部剪力反应的减震系数				顶部位移反应的减震系数			
		EL Centro 波	Taft 波	人工波	平均值	EL Centro 波	Taft 波	人工波	平均值
按目标Ⅰ	1	0.84	0.83	0.87	0.85	0.91	1.04	0.85	0.93
	2	0.76	0.93	0.90	0.86	0.85	0.96	0.83	0.88
	3	0.71	0.94	1.22	0.96	0.76	1.01	1.01	0.93

（续表）

参数确定	结构	底部剪力反应的减震系数				顶部位移反应的减震系数			
		EL Centro 波	Taft 波	人工波	平均值	EL Centro 波	Taft 波	人工波	平均值
按目标Ⅱ	1	0.77	0.79	0.90	0.82	0.82	1.16	0.94	0.97
	2	0.76	0.86	0.81	0.81	0.83	0.90	0.74	0.82
	3	0.70	0.86	1.08	0.88	0.74	0.94	0.90	0.86
按目标Ⅲ	1	0.79	0.81	0.92	0.84	0.84	1.16	0.96	0.99
	2	0.79	0.87	0.79	0.82	0.86	0.91	0.74	0.84
	3	0.66	0.83	1.05	0.85	0.68	0.88	0.85	0.80

8.2.2 最优连接参数调整

前述连接刚度和连接阻尼是按照第 6 章简化模型优化分析所得最优值确定的连接参数,与多自由度体系有一定差别,需进一步分析理论结果与多自由度体系在地震波激励下振动反应的差别。

以结构 2 底部剪力反应的减震系数为例,理论分析所得最优连接刚度为 k_{opt},用于多自由度体系的最优连接刚度记为 $k = \eta_1 k_{opt}$,η_1 为连接刚度调整系数。减震系数随连接刚度调整系数的变化如图 8.4(a) 所示。不同地震波作用下连接刚度最优值不同,但当调整系数 η_1 取 3~4 时,平均减震系数可达到 0.77,较理论最优连接刚度值时可获得更好的减震效果。结构连接阻尼取 $c = \eta_2 c_{opt}$,减震系数随连接阻尼调整系数的变化如图 8.4(b) 所示,减震系数随连接阻尼调整系数变化并不显著,当 η_2 取 1~2 时,平均减震系数可达 0.76。

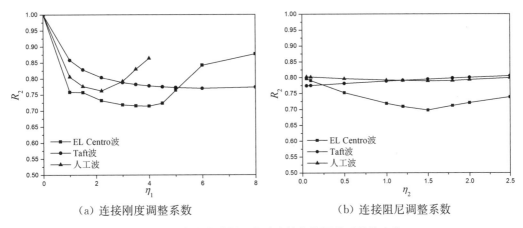

（a）连接刚度调整系数　　　　　　（b）连接阻尼调整系数

图 8.4　多自由度减震系数随连接参数调整系数的变化

8.3 连接黏滞阻尼装置

黏滞阻尼器不提供附加刚度,具有较好的消能减震性能,数值分析时,连接分为线性黏滞阻尼器和非线性黏滞阻尼器两种工况,以探讨前文参数优化分析结果对不同类型阻尼器的适用性。

根据前文优化分析结果选取左、右连接装置参数最优值(表 8.5)。例如,以中部结构 2 为减震控制目标,左、右连接阻尼比最优值分别为 $\xi_{01}=0.16,\xi_{02}=0.20$。因此,左、右总连接阻尼系数分别为

$$c_{01}=2m_2\omega_2\xi_{01}=2\times2.17\times10^7\times(2\pi\times0.617)\times0.16=2.692\times10^7\,\mathrm{N/(m/s)}$$

$$c_{02}=2m_2\omega_2\xi_{02}=2\times2.17\times10^7\times(2\pi\times0.617)\times0.20=3.365\times10^7\,\mathrm{N/(m/s)}$$

再将连接参数平均分配至 15 个楼层。

表 8.5 最优连接参数

优化目标	连接阻尼比		总连接阻尼系数/(kN·m⁻¹·s)	
	ξ_{01}	ξ_{02}	c_{01}	c_{02}
Ⅰ	0.20	0.20	3.365×10^4	3.365×10^4
Ⅱ	0.16	0.20	2.692×10^4	3.365×10^4
Ⅲ	0.20	0.13	3.365×10^4	2.187×10^4
Ⅳ	0.20	0.20	3.365×10^4	3.365×10^4

8.3.1 线性黏滞阻尼器

当连接减震装置为线性黏滞阻尼器时,按照减震目标 Ⅱ 确定连接参数,在 EL Centro 波作用下,结构 2 的楼层位移、层间剪力分布以及左连接顶部阻尼器力-位移、总输入地震能量和总消耗能量曲线如图 8.5 所示。结构 2 的顶层位移减小了 12.6%,结构底部剪力减小了 13.7%,连接装置耗能占结构总输入能量的 55.5%。

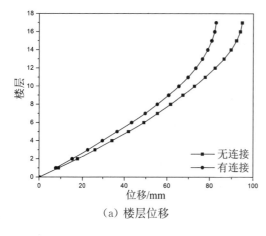

(a) 楼层位移

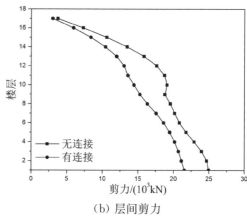

(b) 层间剪力

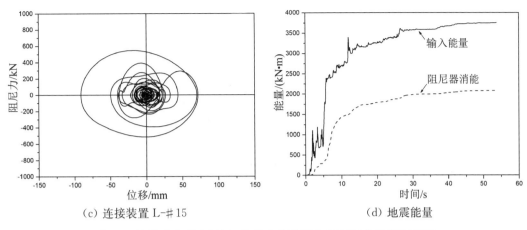

（c）连接装置 L-#15　　　　　　　　　　（d）地震能量

图 8.5　结构反应、阻尼器力-位移曲线及能量曲线（线性黏滞阻尼器）

按各控制目标设置连接装置参数时，结构的减震系数如表 8.6 所示。结构 1、结构 2 和结构 3 可获得的减震效果逐渐减弱，较柔结构可获得较好的减震效果。

表 8.6　　　　　　　　　　　　　连接线性黏滞阻尼器时的减震系数

参数确定	结构	底部剪力反应的减震系数				顶部位移反应的减震系数			
		EL Centro 波	Taft 波	人工波	平均值	EL Centro 波	Taft 波	人工波	平均值
按目标 I	1	0.71	0.69	0.57	0.66	0.82	1.07	0.69	0.86
	2	0.87	0.87	0.66	0.80	0.87	0.91	0.88	0.89
	3	0.79	0.96	0.81	0.85	0.82	1.00	1.00	0.94
按目标 II	1	0.74	0.75	0.61	0.70	0.84	1.06	0.70	0.87
	2	0.86	0.87	0.68	0.80	0.87	0.92	0.89	0.89
	3	0.78	0.96	0.82	0.85	0.82	1.00	1.00	0.94
按目标 III	1	0.71	0.74	0.59	0.68	0.82	1.06	0.70	0.86
	2	0.92	0.87	0.67	0.82	0.90	0.92	0.90	0.91
	3	0.78	0.96	0.76	0.83	0.82	0.99	0.91	0.91

同样地，基于简化模型所得最优连接参数应用于多自由度体系时，尚需进一步研究结构反应随连接参数的变化关系。仍以结构 2 底部剪力反应的减震系数为例，理论分析所得最优连接阻尼系数为 c_{opt}，用于多自由度体系的连接阻尼为 $c = \eta_3 c_{opt}$。减震系数随连接阻尼调整系数的变化如图 8.6 所示。

当调整系数 η_3 取 2～4 时，平均减震系数为 0.77。取 $\eta_3 = 2.5$，以结构 1 为控制目标，其底部剪力反应的减震系数平均值为 0.59；以结构 3 为控制目标，其底部剪力反应的减震系数平均值为 0.85。较采用理论最优连接参数时可获得更好的减震效果。

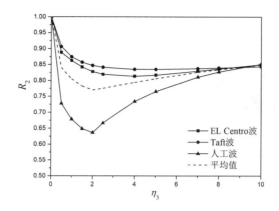

图 8.6　减震系数随连接阻尼调整系数的变化

8.3.2　非线性黏滞阻尼器

当选取连接装置为非线性黏滞阻尼器时,本算例取速度指数 $\alpha=0.30$。以结构 1 为控制目标,在 EL Centro 波激励下,结构 1 相对于地面的侧向位移曲线、层间剪力分布以及左侧顶部阻尼器力-位移曲线、地震能量曲线如图 8.7 所示。结构 1、结构 2、结构 3 的顶层

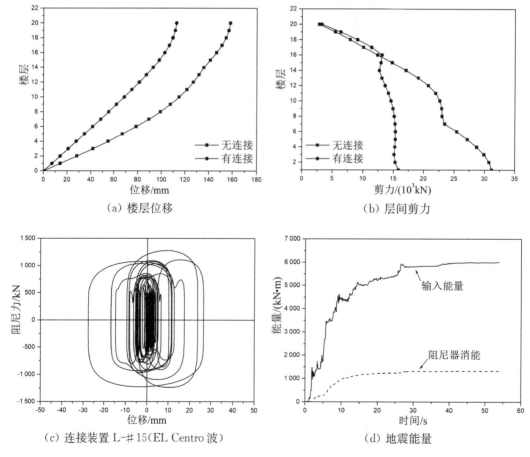

（a）楼层位移　　　　　　　　　　　　　（b）层间剪力

（c）连接装置 L-♯15(EL Centro 波)　　　　　　（d）地震能量

图 8.7　结构反应、阻尼力-位移曲线及能量曲线(非线性黏滞阻尼器)

位移分别减小了 28.9%，13.5%，13.4%，结构底部剪力分别减小了 49.2%，14.7%，12.4%，连接装置耗能占结构总输入能量的 22.0%。

各目标下结构的减震系数如表 8.7 所示，结构 1 和结构 2 的减震效果优于结构 3，较柔结构可获得更好的减震效果。

表 8.7 连接非线性黏滞阻尼器时的减震系数

参数确定	结构	底部剪力反应的减震系数				顶部位移反应的减震系数			
		EL Centro 波	Taft 波	人工波	平均值	EL Centro 波	Taft 波	人工波	平均值
按目标 I	1	0.51	0.82	0.55	0.63	0.71	1.24	0.71	0.89
	2	0.85	0.86	0.88	0.86	0.87	0.92	0.88	0.89
	3	0.88	0.92	1.15	0.98	0.87	1.02	1.14	1.01
按目标 II	1	0.49	0.81	0.59	0.63	0.71	1.24	0.70	0.88
	2	0.85	0.86	0.87	0.86	0.86	0.91	0.88	0.88
	3	0.88	0.94	1.10	0.97	0.87	1.02	1.13	1.01
按目标 III	1	0.50	0.81	0.54	0.62	0.70	1.24	0.70	0.88
	2	0.83	0.85	0.85	0.84	0.87	0.92	0.88	0.89
	3	0.88	0.94	1.08	0.97	0.84	1.00	1.12	0.98

对多自由度体系与简化模型的最优连接参数进行比较，以结构 1 为控制目标确定初步连接参数 c_{opt}，再取连接阻尼系数 $c = \eta_4 c_{opt}$，结构 1 底部剪力的减震系数随连接阻尼调整系数的变化如图 8.8 所示。

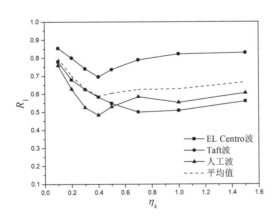

图 8.8 结构 1 底部剪力反应的减震系数随连接阻尼调整系数的变化

不同地震波作用下连接阻尼最优值不同，但当连接阻尼调整系数 η_4 取 0.3～0.5 时，结构 1 平均减震系数可达到 0.58；取 $\eta_4 = 0.4$，以结构 2 为控制目标，其底部剪力反应的减震系数平均值为 0.77；以结构 3 为控制目标，其底部剪力反应的减震系数平均值为 0.88。因此，按照 $\eta_4 = 0.4$ 选取连接阻尼系数时，较理论最优连接阻尼参数时可获得更好的减震效果,结构越柔可达到的最佳减震效果更好。另外,与线性黏滞阻尼器相比,连接非线性黏滞阻尼器可以获得更好的减震效果。

参考文献

[1] 刘良坤,谭平,闫维明,等.三相邻结构的减震效果分析[J].振动与冲击,2017,36(15):9-28.

附录 最优连接参数表

附录 A 最优连接参数 β_{0opt}，ξ_{0opt}

最优连接参数 β_{0opt}，ξ_{0opt}（目标 I，$\mu=0.6$）

附表 A.1(a)

$\xi_1(\xi_2)$ / β	0.01			0.02			0.03			0.04			0.05		
	β_{0opt}	ξ_{0opt}	R_1	β_{0opt}	ξ_{0opt}	R_1	β_{0opt}	ξ_{0opt}	R_1	β_{0opt}	ξ_{0opt}	R_1	β_{0opt}	ξ_{0opt}	R_1
0.10	0.478	0.238	0.050	0.474	0.235	0.097	0.471	0.230	0.141	0.467	0.225	0.183	0.464	0.223	0.222
0.11	0.478	0.238	0.050	0.474	0.233	0.097	0.471	0.230	0.142	0.468	0.225	0.183	0.464	0.220	0.222
0.14	0.477	0.235	0.051	0.474	0.230	0.098	0.471	0.225	0.143	0.469	0.223	0.185	0.466	0.218	0.225
0.17	0.475	0.230	0.052	0.473	0.225	0.100	0.471	0.223	0.145	0.469	0.218	0.188	0.467	0.213	0.228
0.20	0.473	0.225	0.053	0.472	0.220	0.102	0.470	0.218	0.148	0.469	0.213	0.191	0.468	0.208	0.232
0.23	0.471	0.220	0.054	0.470	0.215	0.104	0.469	0.210	0.151	0.469	0.208	0.195	0.468	0.203	0.236
0.26	0.468	0.213	0.055	0.468	0.210	0.107	0.468	0.205	0.155	0.468	0.200	0.199	0.468	0.196	0.241
0.29	0.464	0.208	0.057	0.465	0.203	0.110	0.466	0.198	0.159	0.467	0.193	0.204	0.468	0.188	0.246
0.32	0.461	0.200	0.059	0.462	0.196	0.113	0.464	0.191	0.163	0.466	0.186	0.210	0.468	0.183	0.253
0.35	0.456	0.193	0.061	0.459	0.188	0.117	0.462	0.183	0.168	0.464	0.178	0.216	0.467	0.173	0.260
0.38	0.452	0.186	0.063	0.455	0.181	0.121	0.459	0.176	0.174	0.463	0.171	0.223	0.466	0.166	0.268
0.41	0.446	0.176	0.066	0.451	0.171	0.126	0.456	0.168	0.180	0.460	0.163	0.230	0.465	0.158	0.276
0.44	0.441	0.168	0.069	0.447	0.163	0.131	0.452	0.158	0.187	0.458	0.153	0.239	0.463	0.149	0.285
0.47	0.435	0.158	0.072	0.442	0.153	0.137	0.449	0.151	0.195	0.455	0.146	0.248	0.462	0.141	0.296
0.50	0.428	0.151	0.076	0.436	0.146	0.143	0.444	0.141	0.204	0.452	0.136	0.258	0.460	0.131	0.307
0.53	0.421	0.141	0.080	0.430	0.136	0.151	0.440	0.131	0.213	0.449	0.126	0.269	0.457	0.121	0.319
0.56	0.413	0.131	0.085	0.424	0.126	0.159	0.435	0.121	0.224	0.445	0.119	0.282	0.455	0.114	0.333
0.59	0.404	0.124	0.090	0.417	0.119	0.169	0.429	0.114	0.236	0.441	0.109	0.295	0.451	0.104	0.347
0.62	0.395	0.114	0.097	0.410	0.109	0.179	0.423	0.104	0.250	0.436	0.099	0.310	0.448	0.094	0.363
0.65	0.385	0.104	0.104	0.402	0.099	0.191	0.417	0.094	0.265	0.431	0.089	0.327	0.444	0.084	0.381
0.68	0.375	0.094	0.113	0.393	0.089	0.205	0.410	0.084	0.282	0.426	0.079	0.346	0.440	0.077	0.400
0.71	0.363	0.084	0.123	0.384	0.079	0.221	0.402	0.074	0.301	0.420	0.072	0.367	0.435	0.067	0.422
0.74	0.351	0.074	0.135	0.374	0.069	0.240	0.394	0.067	0.323	0.413	0.062	0.390	0.430	0.057	0.446
0.77	0.338	0.067	0.150	0.363	0.062	0.262	0.385	0.057	0.348	0.405	0.052	0.417	0.424	0.047	0.473
0.80	0.323	0.057	0.169	0.351	0.052	0.289	0.376	0.047	0.378	0.397	0.042	0.448	0.417	0.040	0.503
0.83	0.307	0.047	0.192	0.338	0.042	0.321	0.365	0.037	0.413	0.388	0.035	0.483	0.408	0.030	0.538
0.86	0.290	0.037	0.223	0.324	0.035	0.361	0.352	0.030	0.456	0.377	0.025	0.525	0.399	0.022	0.579
0.89	0.270	0.030	0.265	0.307	0.025	0.413	0.338	0.020	0.509	0.364	0.017	0.576	0.387	0.012	0.627
0.92	0.247	0.020	0.327	0.288	0.015	0.483	0.320	0.012	0.577	0.348	0.007	0.640	0.372	0.002	0.686
0.95	0.220	0.010	0.428	0.264	0.007	0.584	0.298	0.002	0.669	0.328	0.002	0.727	0.356	0.002	0.770
0.98	0.183	0.002	0.624	0.236	0.002	0.765	0.280	0.002	0.832	0.315	0.002	0.871	0.349	0.002	0.896

附表 A.1(b)

最优连接参数 β_{0opt}, ξ_{0opt}（目标 I, $\mu=0.8$）

$\xi_1(\xi_2)$	0.01			0.02			0.03			0.04			0.05		
β	β_{0opt}	ξ_{0opt}	R_1	β_{0opt}	ξ_{0opt}	R_1	β_{0opt}	ξ_{0opt}	R_1	β_{0opt}	ξ_{0opt}	R_1	β_{0opt}	ξ_{0opt}	R_1
0.10	0.491	0.200	0.053	0.487	0.198	0.102	0.483	0.193	0.148	0.480	0.191	0.191	0.476	0.188	0.232
0.11	0.490	0.200	0.053	0.487	0.196	0.102	0.483	0.193	0.149	0.480	0.191	0.192	0.476	0.186	0.232
0.14	0.489	0.198	0.054	0.486	0.193	0.104	0.483	0.191	0.150	0.480	0.188	0.194	0.477	0.183	0.235
0.17	0.487	0.193	0.054	0.485	0.191	0.105	0.482	0.188	0.152	0.480	0.183	0.196	0.478	0.181	0.238
0.20	0.485	0.191	0.055	0.483	0.186	0.107	0.481	0.183	0.155	0.480	0.181	0.199	0.478	0.176	0.241
0.23	0.482	0.186	0.056	0.481	0.183	0.109	0.480	0.178	0.157	0.479	0.176	0.203	0.478	0.171	0.245
0.26	0.479	0.181	0.058	0.479	0.178	0.111	0.478	0.173	0.161	0.478	0.171	0.207	0.477	0.166	0.250
0.29	0.476	0.176	0.059	0.476	0.173	0.114	0.476	0.168	0.165	0.476	0.166	0.211	0.476	0.161	0.255
0.32	0.472	0.171	0.061	0.472	0.168	0.117	0.473	0.163	0.169	0.474	0.158	0.217	0.475	0.156	0.261
0.35	0.467	0.166	0.063	0.469	0.161	0.121	0.470	0.158	0.174	0.472	0.153	0.223	0.473	0.149	0.268
0.38	0.462	0.158	0.065	0.464	0.156	0.125	0.467	0.151	0.179	0.469	0.146	0.229	0.471	0.144	0.275
0.41	0.456	0.153	0.068	0.460	0.149	0.129	0.463	0.144	0.185	0.466	0.141	0.236	0.469	0.136	0.283
0.44	0.450	0.146	0.071	0.455	0.141	0.134	0.459	0.139	0.192	0.463	0.134	0.245	0.466	0.129	0.292
0.47	0.444	0.139	0.074	0.449	0.134	0.140	0.454	0.131	0.200	0.459	0.126	0.254	0.463	0.121	0.302
0.50	0.437	0.131	0.077	0.443	0.126	0.146	0.449	0.124	0.208	0.454	0.119	0.263	0.460	0.114	0.313
0.53	0.429	0.124	0.082	0.436	0.119	0.154	0.443	0.116	0.218	0.450	0.111	0.274	0.456	0.106	0.325
0.56	0.420	0.116	0.086	0.429	0.111	0.162	0.437	0.106	0.228	0.445	0.104	0.287	0.452	0.099	0.339
0.59	0.411	0.109	0.092	0.421	0.104	0.171	0.430	0.099	0.240	0.439	0.094	0.300	0.448	0.092	0.353
0.62	0.401	0.099	0.098	0.412	0.097	0.181	0.423	0.092	0.253	0.433	0.087	0.315	0.443	0.084	0.369
0.65	0.391	0.092	0.105	0.403	0.087	0.193	0.415	0.084	0.268	0.427	0.079	0.332	0.438	0.074	0.387
0.68	0.379	0.084	0.114	0.394	0.079	0.207	0.407	0.074	0.285	0.420	0.072	0.351	0.432	0.067	0.407
0.71	0.367	0.077	0.124	0.383	0.072	0.223	0.398	0.067	0.305	0.412	0.062	0.372	0.425	0.059	0.429
0.74	0.354	0.067	0.136	0.372	0.062	0.242	0.388	0.059	0.327	0.404	0.054	0.396	0.418	0.050	0.454
0.77	0.339	0.059	0.151	0.359	0.054	0.265	0.378	0.050	0.353	0.395	0.047	0.424	0.410	0.042	0.481
0.80	0.323	0.050	0.169	0.346	0.047	0.292	0.366	0.042	0.384	0.385	0.037	0.455	0.402	0.035	0.513
0.83	0.306	0.042	0.193	0.331	0.037	0.325	0.354	0.035	0.420	0.374	0.030	0.492	0.392	0.025	0.549
0.86	0.287	0.035	0.224	0.315	0.030	0.366	0.340	0.025	0.464	0.361	0.022	0.536	0.381	0.017	0.590
0.89	0.266	0.025	0.267	0.297	0.022	0.420	0.324	0.017	0.518	0.347	0.015	0.588	0.368	0.010	0.639
0.92	0.241	0.017	0.331	0.276	0.012	0.492	0.305	0.010	0.588	0.330	0.005	0.653	0.352	0.002	0.699
0.95	0.212	0.010	0.435	0.251	0.005	0.596	0.282	0.002	0.683	0.310	0.002	0.742	0.337	0.002	0.785
0.98	0.174	0.002	0.639	0.222	0.002	0.781	0.264	0.002	0.846	0.299	0.002	0.883	0.331	0.002	0.906

附表 A.1(c)

最优连接参数 β_{0opt}, ξ_{0opt} (目标 I, $\mu = 1.0$)

$\xi_1(\xi_2)$	0.01			0.02			0.03			0.04			0.05		
β	β_{0opt}	ξ_{0opt}	R_1	β_{0opt}	ξ_{0opt}	R_1	β_{0opt}	ξ_{0opt}	R_1	β_{0opt}	ξ_{0opt}	R_1	β_{0opt}	ξ_{0opt}	R_1
0.10	0.494	0.171	0.055	0.490	0.168	0.107	0.486	0.166	0.155	0.483	0.163	0.200	0.479	0.161	0.241
0.11	0.493	0.171	0.056	0.490	0.168	0.107	0.486	0.166	0.155	0.483	0.163	0.200	0.479	0.161	0.242
0.14	0.492	0.168	0.056	0.489	0.166	0.108	0.486	0.163	0.157	0.483	0.161	0.202	0.480	0.158	0.244
0.17	0.490	0.166	0.057	0.488	0.163	0.110	0.485	0.161	0.159	0.483	0.158	0.204	0.480	0.156	0.247
0.20	0.488	0.163	0.058	0.486	0.161	0.111	0.484	0.158	0.161	0.482	0.153	0.207	0.480	0.151	0.250
0.23	0.485	0.161	0.059	0.484	0.156	0.113	0.482	0.153	0.164	0.481	0.151	0.211	0.479	0.149	0.254
0.26	0.482	0.156	0.060	0.481	0.153	0.116	0.480	0.151	0.167	0.479	0.146	0.214	0.478	0.144	0.258
0.29	0.478	0.154	0.062	0.478	0.149	0.118	0.477	0.146	0.171	0.477	0.144	0.219	0.477	0.139	0.264
0.32	0.474	0.149	0.063	0.474	0.144	0.121	0.474	0.141	0.175	0.475	0.139	0.224	0.475	0.134	0.269
0.35	0.469	0.144	0.065	0.470	0.139	0.125	0.471	0.136	0.180	0.472	0.134	0.230	0.473	0.129	0.276
0.38	0.464	0.139	0.067	0.466	0.134	0.129	0.467	0.131	0.185	0.469	0.129	0.236	0.470	0.124	0.283
0.41	0.458	0.134	0.070	0.461	0.129	0.133	0.463	0.126	0.191	0.465	0.121	0.243	0.467	0.119	0.291
0.44	0.452	0.126	0.073	0.455	0.124	0.138	0.458	0.119	0.198	0.461	0.116	0.251	0.464	0.114	0.300
0.47	0.445	0.121	0.076	0.449	0.116	0.144	0.453	0.114	0.205	0.457	0.109	0.260	0.460	0.106	0.310
0.50	0.438	0.114	0.080	0.443	0.111	0.150	0.447	0.106	0.213	0.452	0.104	0.270	0.456	0.099	0.321
0.53	0.430	0.109	0.084	0.435	0.104	0.157	0.441	0.101	0.223	0.446	0.097	0.281	0.452	0.094	0.333
0.56	0.421	0.101	0.088	0.428	0.099	0.165	0.434	0.094	0.233	0.441	0.092	0.293	0.447	0.087	0.346
0.59	0.412	0.097	0.094	0.419	0.092	0.175	0.427	0.087	0.245	0.434	0.084	0.306	0.441	0.079	0.360
0.62	0.401	0.089	0.100	0.410	0.084	0.185	0.419	0.082	0.258	0.427	0.077	0.322	0.435	0.072	0.377
0.65	0.390	0.082	0.107	0.401	0.077	0.197	0.411	0.074	0.273	0.420	0.069	0.338	0.429	0.067	0.395
0.68	0.379	0.074	0.115	0.390	0.069	0.211	0.401	0.067	0.290	0.412	0.062	0.357	0.422	0.059	0.415
0.71	0.366	0.067	0.125	0.379	0.064	0.227	0.392	0.059	0.310	0.403	0.054	0.379	0.415	0.052	0.437
0.74	0.352	0.059	0.138	0.367	0.057	0.246	0.381	0.052	0.333	0.394	0.047	0.403	0.407	0.045	0.462
0.77	0.337	0.052	0.152	0.354	0.050	0.269	0.369	0.045	0.359	0.384	0.040	0.431	0.398	0.037	0.490
0.80	0.320	0.045	0.171	0.339	0.042	0.296	0.357	0.037	0.390	0.373	0.035	0.464	0.388	0.030	0.522
0.83	0.302	0.037	0.195	0.324	0.035	0.330	0.343	0.030	0.427	0.361	0.027	0.501	0.377	0.022	0.559
0.86	0.282	0.030	0.226	0.307	0.027	0.372	0.328	0.022	0.472	0.348	0.020	0.546	0.365	0.015	0.601
0.89	0.260	0.022	0.271	0.288	0.020	0.427	0.311	0.015	0.528	0.332	0.012	0.599	0.351	0.007	0.651
0.92	0.235	0.015	0.336	0.266	0.012	0.501	0.292	0.007	0.599	0.315	0.005	0.665	0.335	0.002	0.712
0.95	0.205	0.007	0.443	0.240	0.005	0.607	0.269	0.002	0.695	0.295	0.002	0.755	0.320	0.002	0.798
0.98	0.165	0.002	0.653	0.212	0.002	0.795	0.252	0.002	0.858	0.284	0.002	0.892	0.314	0.002	0.914

附表 A.1(d)

最优连接参数 β_{0opt}，ξ_{0opt}（目标 I，$\mu=1.2$）

$\xi_1(\xi_2)$ β	0.01 β_{0opt}	ξ_{0opt}	R_1	0.02 β_{0opt}	ξ_{0opt}	R_1	0.03 β_{0opt}	ξ_{0opt}	R_1	0.04 β_{0opt}	ξ_{0opt}	R_1	0.05 β_{0opt}	ξ_{0opt}	R_1
0.10	0.492	0.148	0.058	0.488	0.146	0.112	0.485	0.144	0.161	0.481	0.141	0.207	0.477	0.139	0.250
0.11	0.491	0.149	0.058	0.488	0.146	0.112	0.484	0.144	0.162	0.481	0.141	0.208	0.478	0.139	0.251
0.14	0.490	0.146	0.059	0.487	0.144	0.113	0.484	0.141	0.163	0.481	0.139	0.210	0.478	0.136	0.253
0.17	0.488	0.144	0.059	0.486	0.141	0.114	0.483	0.139	0.165	0.480	0.136	0.212	0.478	0.134	0.256
0.20	0.486	0.141	0.060	0.484	0.139	0.116	0.481	0.136	0.167	0.479	0.134	0.215	0.477	0.131	0.259
0.23	0.483	0.139	0.061	0.481	0.136	0.118	0.480	0.134	0.170	0.478	0.131	0.218	0.476	0.129	0.263
0.26	0.480	0.136	0.063	0.478	0.134	0.120	0.477	0.131	0.173	0.476	0.129	0.222	0.475	0.126	0.267
0.29	0.476	0.134	0.064	0.475	0.131	0.123	0.475	0.126	0.177	0.474	0.124	0.226	0.473	0.121	0.272
0.32	0.472	0.129	0.066	0.472	0.126	0.126	0.471	0.124	0.181	0.471	0.121	0.231	0.471	0.119	0.278
0.35	0.467	0.126	0.068	0.467	0.121	0.129	0.468	0.119	0.186	0.468	0.116	0.237	0.469	0.114	0.284
0.38	0.462	0.121	0.070	0.463	0.119	0.133	0.464	0.114	0.191	0.465	0.111	0.243	0.466	0.109	0.291
0.41	0.456	0.116	0.072	0.457	0.114	0.138	0.459	0.111	0.197	0.461	0.106	0.250	0.462	0.104	0.299
0.44	0.449	0.111	0.075	0.452	0.109	0.143	0.454	0.106	0.203	0.456	0.101	0.258	0.459	0.099	0.308
0.47	0.443	0.106	0.079	0.446	0.104	0.148	0.449	0.099	0.211	0.452	0.097	0.267	0.455	0.094	0.318
0.50	0.435	0.101	0.082	0.439	0.099	0.154	0.443	0.094	0.219	0.446	0.092	0.277	0.450	0.089	0.328
0.53	0.427	0.097	0.086	0.431	0.092	0.162	0.436	0.089	0.228	0.440	0.087	0.288	0.445	0.082	0.340
0.56	0.418	0.089	0.091	0.424	0.087	0.170	0.429	0.084	0.239	0.434	0.079	0.300	0.439	0.077	0.353
0.59	0.409	0.084	0.096	0.415	0.082	0.179	0.421	0.077	0.251	0.427	0.074	0.313	0.433	0.072	0.368
0.62	0.398	0.079	0.102	0.406	0.074	0.189	0.413	0.072	0.264	0.420	0.067	0.328	0.427	0.064	0.384
0.65	0.387	0.072	0.109	0.396	0.069	0.201	0.404	0.064	0.279	0.412	0.062	0.345	0.420	0.059	0.402
0.68	0.375	0.067	0.118	0.385	0.062	0.215	0.394	0.059	0.296	0.404	0.054	0.364	0.412	0.052	0.422
0.71	0.362	0.059	0.128	0.373	0.057	0.231	0.384	0.052	0.316	0.394	0.050	0.386	0.404	0.045	0.445
0.74	0.348	0.054	0.140	0.361	0.050	0.250	0.373	0.047	0.339	0.384	0.042	0.411	0.396	0.040	0.470
0.77	0.333	0.047	0.155	0.347	0.045	0.273	0.361	0.040	0.366	0.374	0.037	0.439	0.386	0.032	0.499
0.80	0.316	0.040	0.174	0.332	0.037	0.301	0.348	0.032	0.397	0.362	0.030	0.472	0.376	0.027	0.531
0.83	0.298	0.035	0.198	0.316	0.030	0.335	0.333	0.027	0.435	0.349	0.022	0.510	0.364	0.020	0.568
0.86	0.277	0.027	0.230	0.298	0.025	0.379	0.318	0.020	0.481	0.335	0.017	0.555	0.351	0.012	0.611
0.89	0.254	0.020	0.275	0.279	0.017	0.435	0.300	0.012	0.538	0.319	0.010	0.609	0.337	0.007	0.662
0.92	0.228	0.015	0.341	0.256	0.010	0.510	0.280	0.007	0.610	0.301	0.002	0.676	0.320	0.002	0.723
0.95	0.198	0.007	0.450	0.230	0.005	0.619	0.257	0.002	0.707	0.282	0.002	0.767	0.306	0.002	0.809
0.98	0.159	0.002	0.667	0.204	0.002	0.808	0.240	0.002	0.868	0.272	0.002	0.900	0.300	0.002	0.921

附表 A.1(e)

最优连接参数 β_{0opt}, ξ_{0opt} (目标 I, $\mu=1.5$)

$\xi_1(\xi_2)$	0.01			0.02			0.03			0.04			0.05		
β	β_{0opt}	ξ_{0opt}	R_1	β_{0opt}	ξ_{0opt}	R_1	β_{0opt}	ξ_{0opt}	R_1	β_{0opt}	ξ_{0opt}	R_1	β_{0opt}	ξ_{0opt}	R_1
0.10	0.484	0.124	0.061	0.481	0.121	0.118	0.477	0.119	0.170	0.474	0.116	0.218	0.470	0.116	0.263
0.11	0.484	0.124	0.062	0.480	0.121	0.118	0.477	0.119	0.171	0.474	0.116	0.219	0.470	0.116	0.263
0.14	0.482	0.121	0.062	0.479	0.119	0.119	0.476	0.116	0.172	0.473	0.116	0.221	0.470	0.114	0.265
0.17	0.480	0.119	0.063	0.478	0.119	0.121	0.475	0.116	0.174	0.473	0.114	0.223	0.470	0.111	0.268
0.20	0.478	0.119	0.064	0.476	0.116	0.122	0.474	0.114	0.176	0.471	0.111	0.226	0.469	0.109	0.271
0.23	0.475	0.116	0.065	0.473	0.114	0.124	0.472	0.111	0.179	0.470	0.109	0.229	0.468	0.106	0.275
0.26	0.472	0.114	0.066	0.470	0.111	0.127	0.469	0.109	0.182	0.468	0.106	0.233	0.466	0.104	0.279
0.29	0.468	0.111	0.068	0.467	0.109	0.129	0.466	0.106	0.186	0.465	0.104	0.237	0.464	0.101	0.284
0.32	0.464	0.106	0.069	0.463	0.104	0.132	0.463	0.104	0.190	0.463	0.101	0.242	0.462	0.099	0.290
0.35	0.459	0.104	0.071	0.459	0.101	0.136	0.459	0.099	0.194	0.459	0.097	0.247	0.459	0.094	0.296
0.38	0.454	0.101	0.073	0.454	0.099	0.140	0.455	0.097	0.199	0.455	0.094	0.254	0.456	0.092	0.303
0.41	0.448	0.097	0.076	0.449	0.094	0.144	0.450	0.092	0.205	0.451	0.089	0.261	0.452	0.087	0.311
0.44	0.442	0.094	0.079	0.443	0.092	0.149	0.445	0.089	0.212	0.446	0.084	0.269	0.448	0.082	0.320
0.47	0.435	0.089	0.082	0.437	0.087	0.155	0.439	0.084	0.219	0.441	0.082	0.277	0.444	0.079	0.329
0.50	0.427	0.084	0.085	0.430	0.082	0.161	0.433	0.079	0.228	0.436	0.077	0.287	0.439	0.074	0.340
0.53	0.419	0.082	0.090	0.423	0.077	0.168	0.426	0.074	0.237	0.430	0.072	0.298	0.433	0.069	0.352
0.56	0.410	0.077	0.094	0.414	0.074	0.176	0.419	0.069	0.247	0.423	0.067	0.310	0.427	0.064	0.365
0.59	0.401	0.072	0.100	0.406	0.069	0.185	0.411	0.064	0.259	0.416	0.062	0.324	0.421	0.059	0.380
0.62	0.390	0.067	0.106	0.396	0.064	0.196	0.402	0.059	0.273	0.408	0.057	0.339	0.414	0.054	0.396
0.65	0.379	0.062	0.113	0.386	0.059	0.208	0.393	0.054	0.288	0.400	0.052	0.356	0.406	0.050	0.414
0.68	0.367	0.057	0.122	0.375	0.052	0.222	0.383	0.050	0.305	0.391	0.047	0.375	0.398	0.045	0.434
0.71	0.354	0.052	0.132	0.363	0.047	0.238	0.372	0.045	0.325	0.381	0.042	0.397	0.389	0.037	0.457
0.74	0.340	0.045	0.144	0.350	0.042	0.258	0.360	0.040	0.349	0.370	0.037	0.422	0.380	0.032	0.483
0.77	0.325	0.040	0.160	0.336	0.037	0.281	0.348	0.035	0.376	0.359	0.030	0.451	0.369	0.027	0.512
0.80	0.308	0.035	0.179	0.321	0.032	0.309	0.334	0.027	0.408	0.347	0.025	0.484	0.358	0.022	0.545
0.83	0.289	0.030	0.203	0.305	0.025	0.344	0.319	0.022	0.446	0.333	0.020	0.523	0.346	0.015	0.582
0.86	0.269	0.022	0.236	0.287	0.020	0.388	0.303	0.017	0.493	0.319	0.012	0.569	0.333	0.010	0.626
0.89	0.246	0.017	0.282	0.266	0.015	0.446	0.285	0.010	0.551	0.302	0.007	0.623	0.318	0.005	0.676
0.92	0.219	0.012	0.350	0.244	0.007	0.524	0.265	0.005	0.624	0.284	0.002	0.690	0.301	0.002	0.739
0.95	0.188	0.007	0.463	0.217	0.002	0.633	0.242	0.002	0.724	0.266	0.002	0.784	0.288	0.002	0.825
0.98	0.150	0.002	0.686	0.192	0.002	0.824	0.226	0.002	0.881	0.256	0.002	0.911	0.281	0.002	0.929

附表 A.2(a)　最优连接参数 β_{0opt}, ξ_{0opt}（目标 II, $\mu=0.6$）

$\xi_1(\xi_2)$	0.01			0.02			0.03			0.04			0.05		
β	β_{0opt}	ξ_{0opt}	R_2	β_{0opt}	ξ_{0opt}	R_2	β_{0opt}	ξ_{0opt}	R_2	β_{0opt}	ξ_{0opt}	R_2	β_{0opt}	ξ_{0opt}	R_2
0.10	0	0.402	0.008	0	0.408	0.016	0	0.414	0.024	0	0.420	0.032	0	0.427	0.039
0.11	0	0.400	0.009	0	0.406	0.018	0	0.412	0.027	0	0.419	0.035	0	0.425	0.043
0.14	0	0.395	0.012	0	0.401	0.023	0	0.407	0.034	0	0.413	0.045	0	0.419	0.056
0.17	0	0.388	0.015	0	0.394	0.029	0	0.399	0.042	0	0.405	0.055	0	0.412	0.068
0.20	0	0.380	0.017	0	0.386	0.034	0	0.391	0.050	0	0.397	0.066	0	0.403	0.081
0.23	0	0.371	0.021	0	0.377	0.040	0	0.382	0.059	0	0.388	0.077	0	0.394	0.095
0.26	0	0.362	0.024	0	0.367	0.047	0	0.372	0.068	0	0.378	0.089	0	0.383	0.109
0.29	0	0.351	0.027	0	0.356	0.053	0	0.361	0.078	0	0.366	0.102	0	0.372	0.124
0.32	0	0.339	0.031	0	0.344	0.061	0	0.349	0.088	0	0.354	0.115	0	0.360	0.140
0.35	0	0.327	0.035	0	0.332	0.068	0	0.336	0.100	0	0.342	0.129	0	0.347	0.157
0.38	0	0.314	0.040	0	0.319	0.077	0	0.323	0.112	0	0.328	0.145	0	0.334	0.175
0.41	0	0.301	0.045	0	0.305	0.086	0	0.310	0.125	0	0.315	0.161	0	0.320	0.195
0.44	0	0.287	0.050	0	0.291	0.096	0	0.295	0.139	0	0.300	0.179	0	0.306	0.216
0.47	0	0.273	0.056	0	0.276	0.107	0	0.281	0.155	0	0.286	0.198	0	0.291	0.238
0.50	0	0.258	0.063	0	0.262	0.120	0	0.266	0.172	0	0.271	0.219	0	0.276	0.263
0.53	0	0.243	0.070	0	0.246	0.133	0	0.251	0.190	0	0.255	0.242	0	0.261	0.289
0.56	0	0.228	0.079	0	0.231	0.149	0	0.235	0.211	0	0.240	0.267	0	0.245	0.317
0.59	0	0.212	0.088	0	0.216	0.166	0	0.220	0.234	0	0.224	0.295	0	0.230	0.348
0.62	0	0.197	0.099	0	0.200	0.185	0	0.204	0.260	0	0.209	0.325	0	0.214	0.382
0.65	0	0.181	0.112	0	0.184	0.207	0	0.188	0.288	0	0.193	0.358	0	0.198	0.418
0.68	0	0.166	0.127	0	0.169	0.232	0	0.172	0.321	0	0.177	0.395	0	0.183	0.458
0.71	0	0.150	0.144	0	0.153	0.261	0	0.157	0.357	0	0.162	0.436	0	0.167	0.502
0.74	0	0.134	0.165	0	0.137	0.295	0	0.141	0.399	0	0.146	0.482	0	0.152	0.549
0.77	0	0.119	0.191	0	0.122	0.335	0	0.126	0.446	0	0.131	0.532	0	0.137	0.600
0.80	0	0.103	0.223	0	0.106	0.383	0	0.110	0.501	0	0.116	0.589	0	0.123	0.656
0.83	0	0.088	0.263	0	0.091	0.440	0	0.095	0.564	0	0.101	0.651	0	0.108	0.715
0.86	0	0.072	0.317	0	0.075	0.511	0	0.080	0.636	0	0.087	0.720	0	0.096	0.778
0.89	0	0.057	0.389	0	0.061	0.598	0	0.066	0.719	0	0.074	0.794	0	0.084	0.842
0.92	0	0.042	0.493	0	0.046	0.707	0	0.053	0.812	0	0.063	0.870	0	0.076	0.904
0.95	0	0.027	0.652	0	0.034	0.837	0	0.043	0.907	0	0.056	0.939	0	0.073	0.956
0.98	0	0.015	0.888	0	0.025	0.963	0	0.040	0.981	0	0.064	0.987	0	0.107	0.990

附表 A.2(b)

最优连接参数 β_{0opt}, ξ_{0opt}（目标 II，$\mu=0.8$）

$\xi_1(\xi_2)$	0.01			0.02			0.03			0.04			0.05		
β	β_{0opt}	ξ_{0opt}	R_2	β_{0opt}	ξ_{0opt}	R_2	β_{0opt}	ξ_{0opt}	R_2	β_{0opt}	ξ_{0opt}	R_2	β_{0opt}	ξ_{0opt}	R_2
0.10	0	0.311	0.008	0	0.316	0.016	0	0.322	0.023	0	0.327	0.031	0	0.333	0.038
0.11	0	0.310	0.009	0	0.315	0.017	0	0.320	0.026	0	0.326	0.034	0	0.332	0.042
0.14	0	0.306	0.011	0	0.311	0.022	0	0.316	0.033	0	0.322	0.044	0	0.327	0.054
0.17	0	0.301	0.014	0	0.306	0.028	0	0.311	0.041	0	0.317	0.053	0	0.322	0.066
0.20	0	0.296	0.017	0	0.301	0.033	0	0.305	0.049	0	0.311	0.064	0	0.316	0.078
0.23	0	0.290	0.020	0	0.294	0.039	0	0.299	0.057	0	0.304	0.074	0	0.309	0.091
0.26	0	0.282	0.023	0	0.287	0.045	0	0.292	0.066	0	0.297	0.085	0	0.302	0.105
0.29	0	0.275	0.026	0	0.279	0.051	0	0.284	0.075	0	0.289	0.097	0	0.294	0.119
0.32	0	0.267	0.030	0	0.271	0.058	0	0.275	0.084	0	0.280	0.110	0	0.285	0.134
0.35	0	0.258	0.033	0	0.262	0.065	0	0.266	0.095	0	0.271	0.123	0	0.275	0.150
0.38	0	0.248	0.038	0	0.252	0.073	0	0.256	0.106	0	0.261	0.138	0	0.266	0.167
0.41	0	0.239	0.042	0	0.242	0.082	0	0.246	0.118	0	0.251	0.153	0	0.256	0.185
0.44	0	0.228	0.047	0	0.232	0.091	0	0.236	0.132	0	0.240	0.170	0	0.245	0.205
0.47	0	0.218	0.053	0	0.221	0.101	0	0.225	0.146	0	0.229	0.188	0	0.234	0.226
0.50	0	0.207	0.059	0	0.210	0.113	0	0.214	0.162	0	0.218	0.207	0	0.222	0.249
0.53	0	0.195	0.066	0	0.198	0.125	0	0.202	0.179	0	0.206	0.229	0	0.211	0.274
0.56	0	0.184	0.073	0	0.187	0.139	0	0.190	0.199	0	0.194	0.252	0	0.199	0.301
0.59	0	0.172	0.082	0	0.175	0.155	0	0.178	0.220	0	0.182	0.278	0	0.187	0.330
0.62	0	0.160	0.092	0	0.163	0.173	0	0.166	0.244	0	0.170	0.307	0	0.175	0.362
0.65	0	0.148	0.104	0	0.150	0.194	0	0.154	0.271	0	0.158	0.339	0	0.162	0.397
0.68	0	0.135	0.118	0	0.138	0.217	0	0.141	0.302	0	0.145	0.374	0	0.150	0.436
0.71	0	0.123	0.134	0	0.125	0.244	0	0.128	0.337	0	0.133	0.414	0	0.138	0.478
0.74	0	0.110	0.153	0	0.113	0.276	0	0.116	0.376	0	0.120	0.458	0	0.126	0.525
0.77	0	0.098	0.177	0	0.100	0.314	0	0.104	0.422	0	0.108	0.508	0	0.114	0.576
0.80	0	0.085	0.207	0	0.088	0.360	0	0.091	0.476	0	0.096	0.564	0	0.102	0.633
0.83	0	0.073	0.245	0	0.075	0.416	0	0.079	0.538	0	0.084	0.628	0	0.091	0.694
0.86	0	0.060	0.295	0	0.063	0.485	0	0.067	0.612	0	0.073	0.698	0	0.080	0.759
0.89	0	0.047	0.365	0	0.051	0.572	0	0.055	0.697	0	0.062	0.776	0	0.071	0.827
0.92	0	0.035	0.467	0	0.039	0.684	0	0.045	0.795	0	0.053	0.857	0	0.064	0.893
0.95	0	0.023	0.626	0	0.028	0.821	0	0.036	0.897	0	0.047	0.932	0	0.062	0.951
0.98	0	0.012	0.876	0	0.021	0.959	0	0.034	0.978	0	0.056	0.986	0	0.097	0.989

结构间相互作用减震参数优化

附表 A.2(c)　　最优连接参数 β_{0opt}, ξ_{0opt}（目标 II, $\mu=1.0$）

$\xi_1(\xi_2)$	0.01			0.02			0.03			0.04			0.05		
β	β_{0opt}	ξ_{0opt}	R_2	β_{0opt}	ξ_{0opt}	R_2	β_{0opt}	ξ_{0opt}	R_2	β_{0opt}	ξ_{0opt}	R_2	β_{0opt}	ξ_{0opt}	R_2
0.10	0	0.251	0.008	0	0.256	0.016	0	0.261	0.023	0	0.266	0.030	0	0.271	0.037
0.11	0	0.250	0.009	0	0.255	0.017	0	0.260	0.025	0	0.265	0.033	0	0.270	0.041
0.14	0	0.247	0.011	0	0.252	0.022	0	0.257	0.033	0	0.262	0.043	0	0.267	0.053
0.17	0	0.244	0.014	0	0.248	0.027	0	0.252	0.040	0	0.258	0.052	0	0.263	0.064
0.20	0	0.240	0.017	0	0.244	0.033	0	0.248	0.048	0	0.253	0.062	0	0.258	0.077
0.23	0	0.235	0.019	0	0.239	0.038	0	0.243	0.056	0	0.248	0.073	0	0.252	0.089
0.26	0	0.230	0.022	0	0.234	0.044	0	0.238	0.064	0	0.242	0.084	0	0.247	0.102
0.29	0	0.224	0.026	0	0.228	0.050	0	0.232	0.073	0	0.236	0.095	0	0.241	0.116
0.32	0	0.217	0.029	0	0.221	0.057	0	0.225	0.083	0	0.229	0.107	0	0.234	0.131
0.35	0	0.211	0.033	0	0.214	0.064	0	0.218	0.093	0	0.222	0.120	0	0.227	0.146
0.38	0	0.203	0.037	0	0.207	0.071	0	0.211	0.104	0	0.215	0.134	0	0.219	0.163
0.41	0	0.196	0.041	0	0.199	0.079	0	0.203	0.115	0	0.207	0.149	0	0.211	0.180
0.44	0	0.188	0.046	0	0.191	0.088	0	0.194	0.128	0	0.198	0.165	0	0.203	0.199
0.47	0	0.179	0.051	0	0.182	0.098	0	0.186	0.142	0	0.190	0.182	0	0.194	0.220
0.50	0	0.171	0.057	0	0.174	0.109	0	0.177	0.157	0	0.181	0.201	0	0.185	0.242
0.53	0	0.162	0.064	0	0.164	0.121	0	0.168	0.174	0	0.171	0.222	0	0.176	0.265
0.56	0	0.152	0.071	0	0.155	0.135	0	0.158	0.192	0	0.162	0.244	0	0.166	0.291
0.59	0	0.143	0.079	0	0.146	0.150	0	0.149	0.213	0	0.152	0.269	0	0.156	0.320
0.62	0	0.133	0.089	0	0.136	0.167	0	0.139	0.236	0	0.142	0.297	0	0.146	0.351
0.65	0	0.123	0.100	0	0.126	0.187	0	0.128	0.262	0	0.132	0.328	0	0.136	0.385
0.68	0	0.113	0.113	0	0.116	0.209	0	0.119	0.291	0	0.122	0.362	0	0.126	0.423
0.71	0	0.103	0.128	0	0.105	0.235	0	0.108	0.325	0	0.112	0.401	0	0.116	0.465
0.74	0	0.093	0.147	0	0.095	0.266	0	0.098	0.364	0	0.102	0.444	0	0.106	0.511
0.77	0	0.082	0.169	0	0.085	0.303	0	0.088	0.409	0	0.091	0.493	0	0.096	0.562
0.80	0	0.072	0.198	0	0.074	0.347	0	0.077	0.461	0	0.081	0.549	0	0.086	0.618
0.83	0	0.061	0.234	0	0.064	0.401	0	0.067	0.523	0	0.071	0.613	0	0.077	0.680
0.86	0	0.051	0.283	0	0.053	0.470	0	0.057	0.597	0	0.062	0.685	0	0.068	0.747
0.89	0	0.040	0.351	0	0.043	0.557	0	0.047	0.683	0	0.053	0.764	0	0.060	0.817
0.92	0	0.030	0.451	0	0.033	0.669	0	0.038	0.784	0	0.045	0.848	0	0.055	0.887
0.95	0	0.020	0.611	0	0.024	0.811	0	0.031	0.890	0	0.041	0.928	0	0.054	0.947
0.98	0	0.011	0.869	0	0.018	0.956	0	0.030	0.977	0	0.050	0.984	0	0.088	0.988

附表 A.2(d)

最优连接参数 β_{0opt}, ξ_{0opt} (目标 II, $\mu=1.2$)

$\xi_1(\xi_2)$	0.01			0.02			0.03			0.04			0.05		
β	β_{0opt}	ξ_{0opt}	R_2	β_{0opt}	ξ_{0opt}	R_2	β_{0opt}	ξ_{0opt}	R_2	β_{0opt}	ξ_{0opt}	R_2	β_{0opt}	ξ_{0opt}	R_2
0.10	0	0.209	0.008	0	0.213	0.016	0	0.218	0.023	0	0.222	0.030	0	0.227	0.037
0.11	0	0.208	0.009	0	0.213	0.017	0	0.217	0.025	0	0.222	0.033	0	0.226	0.041
0.14	0	0.206	0.011	0	0.210	0.022	0	0.214	0.033	0	0.219	0.043	0	0.224	0.052
0.17	0	0.203	0.014	0	0.207	0.027	0	0.211	0.040	0	0.216	0.052	0	0.220	0.064
0.20	0	0.200	0.017	0	0.204	0.032	0	0.208	0.048	0	0.212	0.062	0	0.217	0.076
0.23	0	0.196	0.019	0	0.200	0.038	0	0.204	0.055	0	0.208	0.072	0	0.212	0.088
0.26	0	0.192	0.022	0	0.196	0.044	0	0.199	0.064	0	0.204	0.083	0	0.208	0.101
0.29	0	0.187	0.026	0	0.191	0.050	0	0.195	0.073	0	0.199	0.094	0	0.203	0.115
0.32	0	0.182	0.029	0	0.186	0.056	0	0.189	0.082	0	0.193	0.106	0	0.197	0.129
0.35	0	0.177	0.033	0	0.180	0.063	0	0.184	0.092	0	0.187	0.119	0	0.191	0.144
0.38	0	0.171	0.036	0	0.174	0.071	0	0.177	0.102	0	0.181	0.132	0	0.185	0.160
0.41	0	0.165	0.041	0	0.168	0.079	0	0.171	0.114	0	0.175	0.147	0	0.179	0.178
0.44	0	0.158	0.045	0	0.161	0.087	0	0.164	0.126	0	0.168	0.162	0	0.172	0.196
0.47	0	0.151	0.051	0	0.154	0.097	0	0.157	0.140	0	0.161	0.179	0	0.164	0.216
0.50	0	0.144	0.056	0	0.147	0.108	0	0.150	0.155	0	0.153	0.198	0	0.157	0.237
0.53	0	0.137	0.063	0	0.139	0.119	0	0.142	0.171	0	0.146	0.218	0	0.149	0.261
0.56	0	0.129	0.070	0	0.132	0.132	0	0.135	0.189	0	0.138	0.240	0	0.141	0.286
0.59	0	0.121	0.078	0	0.124	0.147	0	0.127	0.209	0	0.130	0.264	0	0.133	0.314
0.62	0	0.113	0.087	0	0.116	0.164	0	0.118	0.231	0	0.122	0.291	0	0.125	0.344
0.65	0	0.105	0.098	0	0.107	0.183	0	0.110	0.257	0	0.113	0.321	0	0.117	0.378
0.68	0	0.097	0.110	0	0.099	0.204	0	0.101	0.285	0	0.105	0.355	0	0.108	0.415
0.71	0	0.088	0.125	0	0.090	0.230	0	0.093	0.318	0	0.096	0.393	0	0.100	0.456
0.74	0	0.079	0.143	0	0.081	0.260	0	0.084	0.356	0	0.087	0.435	0	0.091	0.502
0.77	0	0.071	0.165	0	0.073	0.296	0	0.075	0.400	0	0.079	0.484	0	0.083	0.552
0.80	0	0.062	0.193	0	0.064	0.339	0	0.067	0.452	0	0.070	0.540	0	0.075	0.609
0.83	0	0.053	0.228	0	0.055	0.393	0	0.058	0.513	0	0.062	0.603	0	0.067	0.671
0.86	0	0.044	0.275	0	0.046	0.460	0	0.049	0.587	0	0.053	0.675	0	0.059	0.739
0.89	0	0.035	0.342	0	0.037	0.547	0	0.041	0.674	0	0.046	0.756	0	0.052	0.810
0.92	0	0.026	0.441	0	0.029	0.659	0	0.033	0.776	0	0.039	0.842	0	0.048	0.882
0.95	0	0.016	0.600	0	0.021	0.803	0	0.027	0.886	0	0.035	0.924	0	0.047	0.945
0.98	0	0.009	0.863	0	0.016	0.954	0	0.026	0.976	0	0.043	0.984	0	0.079	0.987

附表 A.2(e)

最优连接参数 β_{0opt}，ξ_{0opt}（目标Ⅱ，$\mu=1.5$）

$\xi_1(\xi_2)$	0.01			0.02			0.03			0.04			0.05		
β	β_{0opt}	ξ_{0opt}	R_2	β_{0opt}	ξ_{0opt}	R_2	β_{0opt}	ξ_{0opt}	R_2	β_{0opt}	ξ_{0opt}	R_2	β_{0opt}	ξ_{0opt}	R_2
0.10	0	0.165	0.008	0	0.169	0.016	0	0.173	0.023	0	0.177	0.030	0	0.181	0.037
0.11	0	0.165	0.009	0	0.168	0.017	0	0.172	0.025	0	0.176	0.033	0	0.181	0.041
0.14	0	0.163	0.011	0	0.167	0.022	0	0.170	0.033	0	0.174	0.043	0	0.179	0.052
0.17	0	0.161	0.014	0	0.164	0.027	0	0.168	0.040	0	0.172	0.052	0	0.176	0.064
0.20	0	0.158	0.017	0	0.162	0.033	0	0.165	0.048	0	0.169	0.062	0	0.173	0.076
0.23	0	0.155	0.020	0	0.159	0.038	0	0.162	0.055	0	0.166	0.072	0	0.170	0.088
0.26	0	0.152	0.023	0	0.156	0.044	0	0.159	0.064	0	0.163	0.083	0	0.166	0.101
0.29	0	0.149	0.026	0	0.152	0.050	0	0.155	0.072	0	0.159	0.094	0	0.162	0.114
0.32	0	0.145	0.029	0	0.148	0.056	0	0.151	0.082	0	0.155	0.106	0	0.158	0.128
0.35	0	0.141	0.033	0	0.144	0.063	0	0.147	0.091	0	0.150	0.118	0	0.154	0.143
0.38	0	0.136	0.037	0	0.139	0.070	0	0.142	0.102	0	0.145	0.131	0	0.149	0.159
0.41	0	0.132	0.041	0	0.134	0.078	0	0.137	0.113	0	0.140	0.146	0	0.144	0.176
0.44	0	0.127	0.045	0	0.129	0.087	0	0.132	0.125	0	0.135	0.161	0	0.138	0.194
0.47	0	0.121	0.050	0	0.124	0.096	0	0.127	0.138	0	0.130	0.177	0	0.133	0.213
0.50	0	0.116	0.056	0	0.118	0.107	0	0.121	0.153	0	0.124	0.195	0	0.127	0.234
0.53	0	0.110	0.062	0	0.112	0.118	0	0.115	0.169	0	0.118	0.215	0	0.121	0.257
0.56	0	0.104	0.069	0	0.106	0.131	0	0.109	0.186	0	0.112	0.236	0	0.115	0.282
0.59	0	0.098	0.077	0	0.100	0.145	0	0.103	0.206	0	0.105	0.260	0	0.108	0.309
0.62	0	0.092	0.086	0	0.094	0.161	0	0.096	0.228	0	0.099	0.286	0	0.102	0.339
0.65	0	0.085	0.096	0	0.087	0.180	0	0.089	0.252	0	0.092	0.316	0	0.095	0.372
0.68	0	0.078	0.109	0	0.080	0.201	0	0.083	0.280	0	0.085	0.349	0	0.089	0.408
0.71	0	0.072	0.123	0	0.073	0.226	0	0.076	0.312	0	0.078	0.386	0	0.082	0.448
0.74	0	0.065	0.140	0	0.067	0.255	0	0.069	0.349	0	0.072	0.428	0	0.075	0.493
0.77	0	0.058	0.162	0	0.059	0.290	0	0.062	0.393	0	0.065	0.476	0	0.068	0.544
0.80	0	0.051	0.189	0	0.052	0.332	0	0.055	0.444	0	0.058	0.531	0	0.061	0.600
0.83	0	0.043	0.223	0	0.045	0.385	0	0.048	0.504	0	0.051	0.594	0	0.055	0.662
0.86	0	0.036	0.269	0	0.038	0.451	0	0.041	0.577	0	0.044	0.666	0	0.049	0.730
0.89	0	0.029	0.334	0	0.031	0.537	0	0.034	0.665	0	0.038	0.748	0	0.043	0.803
0.92	0	0.021	0.432	0	0.024	0.650	0	0.027	0.768	0	0.033	0.836	0	0.039	0.877
0.95	0	0.014	0.590	0	0.017	0.796	0	0.022	0.881	0	0.029	0.921	0	0.039	0.942
0.98	0	0.008	0.858	0	0.013	0.951	0	0.021	0.974	0	0.037	0.983	0	0.070	0.986

附表 A.2(f) 最优连接参数 β_{0opt}, ξ_{0opt} (目标Ⅱ, $\mu=1.8$)

| $\xi_1(\xi_2)$ | | 0.01 | | | 0.02 | | | 0.03 | | | 0.04 | | | 0.05 | | |
β	β_{0opt}	ξ_{0opt}	R_2	β_{0opt}	ξ_{0opt}	R_2	β_{0opt}	ξ_{0opt}	R_2	β_{0opt}	ξ_{0opt}	R_2	β_{0opt}	ξ_{0opt}	R_2
0.10	0	0.135	0.008	0	0.138	0.016	0	0.142	0.023	0	0.146	0.030	0	0.150	0.037
0.11	0	0.135	0.009	0	0.138	0.018	0	0.142	0.026	0	0.145	0.033	0	0.149	0.041
0.14	0	0.133	0.012	0	0.137	0.023	0	0.14	0.033	0	0.144	0.043	0	0.147	0.052
0.17	0	0.132	0.014	0	0.135	0.028	0	0.138	0.040	0	0.142	0.052	0	0.145	0.064
0.20	0	0.130	0.017	0	0.133	0.033	0	0.136	0.048	0	0.139	0.062	0	0.143	0.076
0.23	0	0.127	0.020	0	0.130	0.038	0	0.134	0.056	0	0.137	0.072	0	0.140	0.088
0.26	0	0.125	0.023	0	0.128	0.044	0	0.131	0.064	0	0.134	0.083	0	0.138	0.101
0.29	0	0.122	0.026	0	0.125	0.050	0	0.128	0.073	0	0.131	0.094	0	0.134	0.114
0.32	0	0.119	0.029	0	0.122	0.057	0	0.125	0.082	0	0.128	0.106	0	0.131	0.128
0.35	0	0.116	0.033	0	0.118	0.063	0	0.121	0.092	0	0.124	0.118	0	0.127	0.143
0.38	0	0.112	0.037	0	0.115	0.071	0	0.117	0.102	0	0.120	0.131	0	0.123	0.159
0.41	0	0.108	0.041	0	0.111	0.079	0	0.113	0.113	0	0.116	0.145	0	0.119	0.175
0.44	0	0.104	0.046	0	0.107	0.087	0	0.109	0.125	0	0.112	0.161	0	0.115	0.193
0.47	0	0.100	0.051	0	0.102	0.097	0	0.105	0.138	0	0.108	0.177	0	0.111	0.212
0.50	0	0.096	0.056	0	0.098	0.107	0	0.100	0.153	0	0.103	0.195	0	0.106	0.233
0.53	0	0.091	0.062	0	0.093	0.118	0	0.096	0.168	0	0.098	0.214	0	0.101	0.255
0.56	0	0.086	0.069	0	0.088	0.131	0	0.091	0.186	0	0.093	0.235	0	0.096	0.280
0.59	0	0.081	0.077	0	0.083	0.145	0	0.085	0.205	0	0.088	0.258	0	0.091	0.307
0.62	0	0.076	0.086	0	0.078	0.161	0	0.080	0.226	0	0.083	0.284	0	0.085	0.336
0.65	0	0.071	0.096	0	0.073	0.179	0	0.075	0.251	0	0.077	0.313	0	0.080	0.368
0.68	0	0.065	0.108	0	0.067	0.200	0	0.069	0.278	0	0.072	0.346	0	0.074	0.404
0.71	0	0.060	0.123	0	0.061	0.224	0	0.063	0.310	0	0.066	0.382	0	0.069	0.444
0.74	0	0.054	0.140	0	0.056	0.253	0	0.058	0.346	0	0.060	0.424	0	0.063	0.489
0.77	0	0.048	0.161	0	0.050	0.287	0	0.052	0.389	0	0.054	0.471	0	0.057	0.538
0.80	0	0.042	0.187	0	0.044	0.329	0	0.046	0.439	0	0.049	0.526	0	0.052	0.594
0.83	0	0.036	0.221	0	0.038	0.381	0	0.040	0.499	0	0.043	0.589	0	0.046	0.656
0.86	0	0.030	0.266	0	0.032	0.446	0	0.034	0.572	0	0.037	0.661	0	0.041	0.725
0.89	0	0.024	0.331	0	0.026	0.532	0	0.029	0.659	0	0.032	0.743	0	0.037	0.799
0.92	0	0.018	0.427	0	0.020	0.644	0	0.023	0.763	0	0.028	0.832	0	0.034	0.873
0.95	0	0.012	0.585	0	0.015	0.792	0	0.019	0.877	0	0.025	0.918	0	0.033	0.940
0.98	0	0.007	0.854	0	0.011	0.950	0	0.019	0.974	0	0.031	0.982	0	0.064	0.986

附表 A.3(a)

最优连接参数 β_{0opt}, ξ_{0opt} (目标Ⅲ, $\mu=0.6$)

$\xi_1(\xi_2)$	0.01			0.02			0.03			0.04			0.05		
β	β_{0opt}	ξ_{0opt}	R_3	β_{0opt}	ξ_{0opt}	R_3	β_{0opt}	ξ_{0opt}	R_3	β_{0opt}	ξ_{0opt}	R_3	β_{0opt}	ξ_{0opt}	R_3
0.10	0	0.368	0.011	0	0.370	0.023	0	0.373	0.033	0	0.376	0.043	0	0.380	0.053
0.11	0	0.366	0.013	0	0.369	0.025	0	0.372	0.036	0	0.374	0.048	0	0.378	0.058
0.14	0	0.361	0.016	0	0.364	0.031	0	0.366	0.046	0	0.369	0.060	0	0.372	0.074
0.17	0	0.355	0.019	0	0.357	0.038	0	0.360	0.056	0	0.363	0.073	0	0.366	0.089
0.20	0	0.348	0.023	0	0.350	0.045	0	0.352	0.065	0	0.355	0.085	0	0.358	0.104
0.23	0	0.340	0.026	0	0.342	0.052	0	0.344	0.076	0	0.347	0.098	0	0.350	0.120
0.26	0	0.331	0.030	0	0.333	0.059	0	0.335	0.086	0	0.338	0.112	0	0.340	0.136
0.29	0	0.321	0.034	0	0.323	0.066	0	0.325	0.097	0	0.327	0.126	0	0.330	0.153
0.32	0	0.310	0.038	0	0.312	0.074	0	0.314	0.108	0	0.316	0.140	0	0.319	0.170
0.35	0	0.299	0.043	0	0.301	0.083	0	0.303	0.120	0	0.305	0.155	0	0.307	0.188
0.38	0	0.287	0.047	0	0.289	0.092	0	0.291	0.133	0	0.293	0.171	0	0.295	0.207
0.41	0	0.275	0.052	0	0.276	0.101	0	0.278	0.146	0	0.280	0.188	0	0.283	0.227
0.44	0	0.262	0.058	0	0.264	0.112	0	0.265	0.161	0	0.267	0.206	0	0.270	0.249
0.47	0	0.249	0.064	0	0.250	0.123	0	0.252	0.177	0	0.254	0.226	0	0.256	0.271
0.50	0	0.236	0.071	0	0.237	0.135	0	0.238	0.193	0	0.240	0.247	0	0.242	0.295
0.53	0	0.222	0.078	0	0.223	0.149	0	0.224	0.212	0	0.226	0.269	0	0.228	0.321
0.56	0	0.208	0.087	0	0.209	0.164	0	0.210	0.232	0	0.212	0.294	0	0.214	0.348
0.59	0	0.194	0.096	0	0.195	0.180	0	0.196	0.254	0	0.198	0.320	0	0.200	0.378
0.62	0	0.180	0.107	0	0.181	0.199	0	0.182	0.279	0	0.184	0.349	0	0.186	0.410
0.65	0	0.165	0.119	0	0.166	0.220	0	0.168	0.306	0	0.170	0.381	0	0.172	0.445
0.68	0	0.151	0.133	0	0.152	0.244	0	0.153	0.337	0	0.155	0.416	0	0.158	0.483
0.71	0	0.136	0.150	0	0.138	0.272	0	0.139	0.372	0	0.141	0.455	0	0.144	0.524
0.74	0	0.122	0.170	0	0.123	0.304	0	0.125	0.411	0	0.127	0.498	0	0.130	0.568
0.77	0	0.108	0.194	0	0.109	0.342	0	0.111	0.456	0	0.113	0.546	0	0.116	0.617
0.80	0	0.094	0.224	0	0.095	0.387	0	0.097	0.508	0	0.099	0.599	0	0.102	0.670
0.83	0	0.079	0.262	0	0.081	0.441	0	0.083	0.568	0	0.086	0.659	0	0.090	0.727
0.86	0	0.065	0.312	0	0.067	0.509	0	0.070	0.638	0	0.073	0.726	0	0.078	0.787
0.89	0	0.051	0.381	0	0.053	0.593	0	0.057	0.719	0	0.061	0.798	0	0.066	0.849
0.92	0	0.038	0.481	0	0.040	0.700	0	0.045	0.811	0	0.050	0.873	0	0.057	0.910
0.95	0	0.024	0.637	0	0.028	0.831	0	0.034	0.907	0	0.042	0.942	0	0.050	0.961
0.98	0	0.012	0.880	0	0.020	0.963	0	0.028	0.982	0	0.037	0.990	0	0.045	0.993

附表 A.3(b)

最优连接参数 β_{0opt}, ξ_{0opt} （目标Ⅲ, $\mu=0.7$）

$\xi_1(\xi_2)$	0.01			0.02			0.03			0.04			0.05		
β	β_{0opt}	ξ_{0opt}	R_3	β_{0opt}	ξ_{0opt}	R_3	β_{0opt}	ξ_{0opt}	R_3	β_{0opt}	ξ_{0opt}	R_3	β_{0opt}	ξ_{0opt}	R_3
0.10	0	0.325	0.012	0	0.327	0.023	0	0.330	0.034	0	0.332	0.045	0	0.335	0.055
0.11	0	0.324	0.013	0	0.326	0.026	0	0.328	0.038	0	0.331	0.049	0	0.333	0.060
0.14	0	0.320	0.017	0	0.322	0.032	0	0.324	0.048	0	0.326	0.062	0	0.329	0.076
0.17	0	0.315	0.020	0	0.316	0.039	0	0.319	0.057	0	0.321	0.075	0	0.323	0.091
0.20	0	0.309	0.024	0	0.310	0.046	0	0.312	0.067	0	0.315	0.088	0	0.317	0.107
0.23	0	0.302	0.027	0	0.304	0.053	0	0.306	0.077	0	0.308	0.101	0	0.310	0.123
0.26	0	0.294	0.031	0	0.296	0.060	0	0.298	0.088	0	0.300	0.114	0	0.302	0.139
0.29	0	0.286	0.035	0	0.288	0.068	0	0.290	0.099	0	0.291	0.128	0	0.294	0.155
0.32	0	0.277	0.039	0	0.279	0.076	0	0.280	0.110	0	0.282	0.142	0	0.284	0.172
0.35	0	0.268	0.043	0	0.269	0.084	0	0.271	0.122	0	0.272	0.157	0	0.274	0.190
0.38	0	0.258	0.048	0	0.259	0.093	0	0.260	0.134	0	0.262	0.173	0	0.264	0.209
0.41	0	0.247	0.053	0	0.248	0.102	0	0.250	0.147	0	0.251	0.189	0	0.254	0.228
0.44	0	0.236	0.058	0	0.237	0.112	0	0.239	0.161	0	0.240	0.207	0	0.242	0.249
0.47	0	0.224	0.064	0	0.226	0.123	0	0.227	0.177	0	0.229	0.226	0	0.231	0.271
0.50	0	0.213	0.071	0	0.214	0.135	0	0.215	0.193	0	0.217	0.246	0	0.219	0.294
0.53	0	0.201	0.078	0	0.202	0.148	0	0.203	0.211	0	0.205	0.268	0	0.207	0.319
0.56	0	0.188	0.086	0	0.190	0.162	0	0.191	0.231	0	0.192	0.292	0	0.194	0.346
0.59	0	0.176	0.095	0	0.177	0.179	0	0.178	0.252	0	0.180	0.317	0	0.182	0.375
0.62	0	0.164	0.105	0	0.164	0.197	0	0.166	0.276	0	0.168	0.346	0	0.170	0.407
0.65	0	0.151	0.117	0	0.152	0.217	0	0.153	0.303	0	0.155	0.377	0	0.157	0.441
0.68	0	0.138	0.131	0	0.139	0.240	0	0.140	0.333	0	0.142	0.411	0	0.144	0.478
0.71	0	0.125	0.147	0	0.126	0.267	0	0.127	0.367	0	0.129	0.449	0	0.132	0.518
0.74	0	0.112	0.166	0	0.113	0.298	0	0.114	0.405	0	0.116	0.492	0	0.119	0.562
0.77	0	0.099	0.189	0	0.100	0.335	0	0.102	0.449	0	0.104	0.539	0	0.107	0.611
0.80	0	0.086	0.218	0	0.087	0.380	0	0.089	0.501	0	0.092	0.593	0	0.095	0.664
0.83	0	0.073	0.256	0	0.074	0.434	0	0.077	0.560	0	0.080	0.652	0	0.083	0.721
0.86	0	0.060	0.305	0	0.062	0.500	0	0.064	0.630	0	0.068	0.719	0	0.072	0.782
0.89	0	0.048	0.373	0	0.050	0.585	0	0.053	0.712	0	0.057	0.793	0	0.062	0.845
0.92	0	0.035	0.472	0	0.038	0.692	0	0.042	0.806	0	0.047	0.869	0	0.053	0.907
0.95	0	0.022	0.628	0	0.027	0.826	0	0.033	0.904	0	0.039	0.941	0	0.046	0.960
0.98	0	0.012	0.877	0	0.018	0.961	0	0.026	0.982	0	0.034	0.990	0	0.043	0.993

附表 A.3(c)

最优连接参数 β_{0opt}，ξ_{0opt}（目标Ⅲ，$\mu=0.8$）

| $\xi_1(\xi_2)$ | 0.01 | | | 0.02 | | | 0.03 | | | 0.04 | | | 0.05 | | |
β	β_{0opt}	ξ_{0opt}	R_3	β_{0opt}	ξ_{0opt}	R_3	β_{0opt}	ξ_{0opt}	R_3	β_{0opt}	ξ_{0opt}	R_3	β_{0opt}	ξ_{0opt}	R_3
0.10	0	0.293	0.013	0	0.294	0.025	0	0.296	0.036	0	0.298	0.047	0	0.300	0.057
0.11	0	0.292	0.014	0	0.293	0.027	0	0.295	0.039	0	0.297	0.051	0	0.299	0.063
0.14	0	0.288	0.017	0	0.290	0.034	0	0.291	0.050	0	0.293	0.065	0	0.295	0.079
0.17	0	0.284	0.021	0	0.285	0.041	0	0.287	0.060	0	0.288	0.078	0	0.290	0.095
0.20	0	0.279	0.025	0	0.280	0.048	0	0.282	0.070	0	0.283	0.091	0	0.285	0.110
0.23	0	0.273	0.028	0	0.274	0.055	0	0.276	0.080	0	0.277	0.104	0	0.279	0.126
0.26	0	0.266	0.032	0	0.268	0.062	0	0.269	0.091	0	0.270	0.117	0	0.272	0.142
0.29	0	0.259	0.036	0	0.260	0.070	0	0.262	0.101	0	0.263	0.131	0	0.265	0.159
0.32	0	0.252	0.040	0	0.252	0.078	0	0.254	0.113	0	0.255	0.145	0	0.257	0.176
0.35	0	0.243	0.045	0	0.244	0.086	0	0.245	0.124	0	0.247	0.160	0	0.248	0.194
0.38	0	0.234	0.049	0	0.235	0.095	0	0.236	0.137	0	0.238	0.176	0	0.240	0.212
0.41	0	0.225	0.054	0	0.226	0.104	0	0.227	0.150	0	0.228	0.192	0	0.230	0.231
0.44	0	0.215	0.059	0	0.216	0.114	0	0.217	0.164	0	0.219	0.209	0	0.220	0.252
0.47	0	0.205	0.065	0	0.206	0.125	0	0.207	0.179	0	0.209	0.228	0	0.210	0.273
0.50	0	0.195	0.072	0	0.196	0.136	0	0.197	0.195	0	0.198	0.248	0	0.200	0.296
0.53	0	0.184	0.079	0	0.185	0.149	0	0.186	0.212	0	0.187	0.269	0	0.189	0.321
0.56	0	0.173	0.087	0	0.174	0.163	0	0.175	0.232	0	0.176	0.292	0	0.178	0.347
0.59	0	0.162	0.095	0	0.163	0.179	0	0.164	0.253	0	0.165	0.318	0	0.167	0.375
0.62	0	0.150	0.105	0	0.151	0.197	0	0.152	0.276	0	0.154	0.345	0	0.156	0.406
0.65	0	0.139	0.117	0	0.140	0.217	0	0.141	0.302	0	0.142	0.376	0	0.144	0.440
0.68	0	0.127	0.130	0	0.128	0.239	0	0.130	0.332	0	0.131	0.410	0	0.133	0.476
0.71	0	0.116	0.146	0	0.116	0.266	0	0.118	0.365	0	0.120	0.447	0	0.122	0.516
0.74	0	0.104	0.165	0	0.105	0.296	0	0.106	0.403	0	0.108	0.489	0	0.110	0.560
0.77	0	0.092	0.188	0	0.093	0.333	0	0.094	0.446	0	0.096	0.536	0	0.099	0.608
0.80	0	0.080	0.216	0	0.081	0.376	0	0.083	0.497	0	0.085	0.589	0	0.088	0.661
0.83	0	0.068	0.253	0	0.069	0.430	0	0.071	0.557	0	0.074	0.649	0	0.078	0.718
0.86	0	0.056	0.301	0	0.058	0.496	0	0.060	0.626	0	0.064	0.716	0	0.067	0.779
0.89	0	0.044	0.368	0	0.046	0.580	0	0.049	0.709	0	0.053	0.790	0	0.058	0.843
0.92	0	0.033	0.467	0	0.035	0.688	0	0.039	0.803	0	0.044	0.867	0	0.050	0.906
0.95	0	0.021	0.624	0	0.025	0.823	0	0.030	0.902	0	0.036	0.939	0	0.044	0.959
0.98	0	0.011	0.874	0	0.018	0.961	0	0.024	0.982	0	0.033	0.989	0	0.040	0.993

附表 A.3(d)

最优连接参数 β_{0opt}, ξ_{0opt} (目标Ⅲ, $\mu=0.9$)

$\xi_1(\xi_2)$	0.01			0.02			0.03			0.04			0.05		
β	β_{0opt}	ξ_{0opt}	R_3	β_{0opt}	ξ_{0opt}	R_3	β_{0opt}	ξ_{0opt}	R_3	β_{0opt}	ξ_{0opt}	R_3	β_{0opt}	ξ_{0opt}	R_3
0.10	0	0.267	0.013	0	0.268	0.026	0	0.269	0.038	0	0.271	0.049	0	0.272	0.060
0.11	0	0.266	0.015	0	0.267	0.028	0	0.268	0.042	0	0.270	0.054	0	0.272	0.066
0.14	0	0.263	0.018	0	0.264	0.036	0	0.265	0.052	0	0.267	0.067	0	0.268	0.082
0.17	0	0.259	0.022	0	0.260	0.043	0	0.261	0.062	0	0.263	0.081	0	0.264	0.098
0.20	0	0.255	0.026	0	0.256	0.050	0	0.257	0.073	0	0.258	0.094	0	0.260	0.114
0.23	0	0.250	0.030	0	0.250	0.057	0	0.252	0.083	0	0.253	0.108	0	0.254	0.131
0.26	0	0.244	0.034	0	0.245	0.065	0	0.246	0.094	0	0.247	0.121	0	0.248	0.147
0.29	0	0.238	0.038	0	0.238	0.072	0	0.239	0.105	0	0.240	0.135	0	0.242	0.163
0.32	0	0.231	0.042	0	0.232	0.080	0	0.232	0.116	0	0.234	0.149	0	0.235	0.181
0.35	0	0.223	0.046	0	0.224	0.089	0	0.225	0.128	0	0.226	0.164	0	0.228	0.198
0.38	0	0.216	0.051	0	0.216	0.097	0	0.217	0.140	0	0.218	0.180	0	0.220	0.216
0.41	0	0.207	0.056	0	0.208	0.106	0	0.209	0.153	0	0.210	0.196	0	0.211	0.236
0.44	0	0.198	0.061	0	0.199	0.116	0	0.200	0.167	0	0.201	0.213	0	0.202	0.256
0.47	0	0.190	0.067	0	0.190	0.127	0	0.191	0.182	0	0.192	0.232	0	0.194	0.277
0.50	0	0.180	0.073	0	0.181	0.139	0	0.182	0.198	0	0.183	0.251	0	0.184	0.300
0.53	0	0.170	0.080	0	0.171	0.151	0	0.172	0.215	0	0.173	0.272	0	0.174	0.324
0.56	0	0.160	0.088	0	0.161	0.165	0	0.162	0.234	0	0.163	0.295	0	0.165	0.350
0.59	0	0.150	0.097	0	0.151	0.181	0	0.152	0.255	0	0.153	0.320	0	0.155	0.378
0.62	0	0.140	0.106	0	0.140	0.198	0	0.142	0.278	0	0.143	0.347	0	0.144	0.408
0.65	0	0.129	0.118	0	0.130	0.218	0	0.131	0.304	0	0.132	0.377	0	0.134	0.441
0.68	0	0.119	0.131	0	0.119	0.240	0	0.120	0.333	0	0.122	0.411	0	0.124	0.477
0.71	0	0.108	0.147	0	0.108	0.266	0	0.110	0.365	0	0.111	0.448	0	0.113	0.517
0.74	0	0.097	0.165	0	0.098	0.297	0	0.099	0.403	0	0.101	0.489	0	0.103	0.560
0.77	0	0.086	0.188	0	0.087	0.333	0	0.088	0.446	0	0.090	0.536	0	0.093	0.608
0.80	0	0.075	0.216	0	0.076	0.376	0	0.078	0.496	0	0.080	0.589	0	0.082	0.660
0.83	0	0.064	0.252	0	0.065	0.429	0	0.067	0.555	0	0.070	0.648	0	0.073	0.717
0.86	0	0.053	0.300	0	0.054	0.495	0	0.056	0.625	0	0.060	0.715	0	0.063	0.778
0.89	0	0.042	0.367	0	0.044	0.578	0	0.046	0.707	0	0.050	0.789	0	0.055	0.842
0.92	0	0.031	0.465	0	0.033	0.686	0	0.037	0.802	0	0.042	0.866	0	0.047	0.905
0.95	0	0.020	0.621	0	0.024	0.822	0	0.029	0.902	0	0.035	0.939	0	0.041	0.959
0.98	0	0.011	0.873	0	0.016	0.960	0	0.024	0.981	0	0.031	0.989	0	0.038	0.993

附表 A.3(e)　最优连接参数 β_{0opt}，ξ_{0opt}（目标 Ⅲ，$\mu = 1.0$）

$\xi_1(\xi_2)$	0.01			0.02			0.03			0.04			0.05		
β	β_{0opt}	ξ_{0opt}	R_3	β_{0opt}	ξ_{0opt}	R_3	β_{0opt}	ξ_{0opt}	R_3	β_{0opt}	ξ_{0opt}	R_3	β_{0opt}	ξ_{0opt}	R_3
0.10	0	0.246	0.014	0	0.247	0.028	0	0.248	0.040	0	0.249	0.052	0	0.250	0.063
0.11	0	0.246	0.016	0	0.246	0.030	0	0.247	0.044	0	0.248	0.057	0	0.249	0.069
0.14	0	0.243	0.020	0	0.243	0.038	0	0.244	0.055	0	0.245	0.071	0	0.246	0.086
0.17	0	0.240	0.023	0	0.240	0.045	0	0.241	0.065	0	0.242	0.085	0	0.243	0.102
0.20	0	0.236	0.027	0	0.236	0.053	0	0.237	0.076	0	0.238	0.098	0	0.239	0.119
0.23	0	0.231	0.031	0	0.231	0.060	0	0.232	0.087	0	0.233	0.112	0	0.234	0.135
0.26	0	0.226	0.035	0	0.226	0.068	0	0.227	0.098	0	0.228	0.126	0	0.229	0.152
0.29	0	0.220	0.039	0	0.220	0.075	0	0.221	0.109	0	0.222	0.140	0	0.223	0.169
0.32	0	0.214	0.043	0	0.214	0.083	0	0.215	0.120	0	0.216	0.154	0	0.217	0.186
0.35	0	0.207	0.048	0	0.208	0.092	0	0.208	0.132	0	0.209	0.169	0	0.210	0.203
0.38	0	0.200	0.053	0	0.200	0.100	0	0.201	0.144	0	0.202	0.185	0	0.203	0.222
0.41	0	0.192	0.058	0	0.193	0.110	0	0.194	0.157	0	0.194	0.201	0	0.196	0.241
0.44	0	0.185	0.063	0	0.185	0.120	0	0.186	0.171	0	0.186	0.218	0	0.188	0.261
0.47	0	0.176	0.069	0	0.177	0.130	0	0.178	0.186	0	0.178	0.236	0	0.180	0.282
0.50	0	0.168	0.075	0	0.168	0.142	0	0.169	0.202	0	0.170	0.256	0	0.171	0.304
0.53	0	0.159	0.082	0	0.160	0.154	0	0.160	0.219	0	0.161	0.277	0	0.162	0.328
0.56	0	0.150	0.090	0	0.150	0.168	0	0.151	0.238	0	0.152	0.299	0	0.153	0.354
0.59	0	0.140	0.098	0	0.141	0.184	0	0.142	0.258	0	0.143	0.324	0	0.144	0.382
0.62	0	0.131	0.108	0	0.132	0.201	0	0.132	0.281	0	0.133	0.351	0	0.135	0.412
0.65	0	0.121	0.120	0	0.122	0.221	0	0.123	0.307	0	0.124	0.381	0	0.125	0.444
0.68	0	0.111	0.133	0	0.112	0.243	0	0.113	0.335	0	0.114	0.413	0	0.116	0.480
0.71	0	0.101	0.148	0	0.102	0.269	0	0.103	0.368	0	0.104	0.450	0	0.106	0.519
0.74	0	0.091	0.166	0	0.092	0.299	0	0.093	0.405	0	0.094	0.491	0	0.097	0.562
0.77	0	0.081	0.189	0	0.082	0.334	0	0.083	0.448	0	0.085	0.537	0	0.087	0.609
0.80	0	0.070	0.217	0	0.072	0.377	0	0.073	0.498	0	0.075	0.590	0	0.078	0.661
0.83	0	0.060	0.253	0	0.061	0.430	0	0.063	0.556	0	0.066	0.649	0	0.068	0.717
0.86	0	0.050	0.301	0	0.051	0.495	0	0.053	0.626	0	0.056	0.715	0	0.060	0.778
0.89	0	0.040	0.367	0	0.041	0.579	0	0.044	0.707	0	0.047	0.789	0	0.052	0.842
0.92	0	0.029	0.465	0	0.031	0.686	0	0.035	0.802	0	0.039	0.866	0	0.044	0.905
0.95	0	0.019	0.621	0	0.022	0.822	0	0.028	0.902	0	0.033	0.939	0	0.039	0.959
0.98	0	0.010	0.873	0	0.016	0.960	0	0.022	0.981	0	0.029	0.989	0	0.036	0.993

附表 A.3(f)

最优连接参数 β_{0opt}, ξ_{0opt} (目标Ⅲ, $\mu=1.2$)

| $\xi_1(\xi_2)$ | 0.01 | | | 0.02 | | | 0.03 | | | 0.04 | | | 0.05 | | |
β	β_{0opt}	ξ_{0opt}	R_3	β_{0opt}	ξ_{0opt}	R_3	β_{0opt}	ξ_{0opt}	R_3	β_{0opt}	ξ_{0opt}	R_3	β_{0opt}	ξ_{0opt}	R_3
0.10	0.166	0.214	0.016	0.118	0.214	0.031	0.013	0.215	0.045	0	0.215	0.057	0	0.216	0.069
0.11	0.166	0.213	0.018	0.118	0.214	0.034	0.018	0.214	0.049	0	0.214	0.063	0	0.215	0.076
0.14	0.166	0.211	0.022	0.120	0.212	0.042	0.028	0.212	0.061	0	0.212	0.078	0	0.213	0.094
0.17	0.166	0.208	0.026	0.121	0.209	0.050	0.036	0.209	0.072	0	0.209	0.093	0	0.210	0.112
0.20	0.165	0.205	0.030	0.121	0.205	0.058	0.040	0.206	0.084	0	0.206	0.107	0	0.207	0.129
0.23	0.164	0.201	0.034	0.121	0.202	0.066	0.045	0.202	0.095	0	0.202	0.121	0	0.203	0.146
0.26	0.163	0.197	0.039	0.121	0.197	0.074	0.046	0.198	0.106	0	0.198	0.136	0	0.199	0.163
0.29	0.163	0.192	0.043	0.121	0.193	0.082	0.048	0.193	0.118	0	0.193	0.150	0	0.194	0.180
0.32	0.161	0.187	0.047	0.120	0.187	0.090	0.050	0.188	0.129	0	0.188	0.165	0	0.189	0.198
0.35	0.159	0.182	0.052	0.120	0.182	0.099	0.052	0.182	0.141	0	0.183	0.180	0	0.183	0.216
0.38	0.157	0.176	0.057	0.118	0.176	0.108	0.052	0.176	0.154	0	0.177	0.196	0	0.177	0.234
0.41	0.155	0.169	0.062	0.117	0.170	0.117	0.051	0.170	0.167	0	0.170	0.212	0	0.171	0.253
0.44	0.153	0.163	0.067	0.116	0.163	0.127	0.051	0.163	0.181	0	0.164	0.229	0	0.165	0.273
0.47	0.151	0.156	0.073	0.113	0.156	0.138	0.051	0.156	0.196	0	0.157	0.247	0	0.158	0.294
0.50	0.148	0.148	0.079	0.111	0.149	0.150	0.049	0.149	0.212	0	0.150	0.267	0	0.150	0.316
0.53	0.145	0.141	0.086	0.109	0.141	0.162	0.047	0.142	0.229	0	0.142	0.288	0	0.143	0.340
0.56	0.142	0.133	0.094	0.107	0.133	0.176	0.045	0.134	0.247	0	0.134	0.310	0	0.135	0.365
0.59	0.138	0.125	0.103	0.104	0.125	0.191	0.042	0.126	0.268	0	0.126	0.334	0	0.127	0.392
0.62	0.134	0.116	0.113	0.101	0.117	0.209	0.039	0.118	0.291	0	0.118	0.361	0	0.119	0.422
0.65	0.130	0.108	0.124	0.097	0.108	0.228	0.035	0.109	0.316	0	0.110	0.390	0	0.111	0.454
0.68	0.126	0.099	0.137	0.093	0.100	0.250	0.030	0.101	0.344	0	0.102	0.422	0	0.103	0.488
0.71	0.120	0.091	0.153	0.089	0.091	0.276	0.024	0.092	0.376	0	0.093	0.458	0	0.095	0.527
0.74	0.115	0.082	0.171	0.084	0.082	0.306	0.012	0.083	0.413	0	0.085	0.499	0	0.086	0.569
0.77	0.109	0.073	0.193	0.079	0.073	0.341	0	0.074	0.455	0	0.076	0.544	0	0.078	0.615
0.80	0.102	0.063	0.221	0.073	0.064	0.383	0	0.066	0.504	0	0.067	0.595	0	0.070	0.666
0.83	0.094	0.054	0.257	0.066	0.055	0.435	0	0.057	0.562	0	0.059	0.653	0	0.061	0.721
0.86	0.086	0.045	0.305	0.058	0.046	0.500	0	0.048	0.630	0	0.051	0.719	0	0.054	0.781
0.89	0.077	0.036	0.371	0.047	0.037	0.583	0	0.040	0.711	0	0.043	0.791	0	0.047	0.844
0.92	0.065	0.026	0.468	0.032	0.029	0.689	0	0.032	0.804	0	0.036	0.868	0	0.040	0.906
0.95	0.049	0.017	0.624	0.003	0.020	0.823	0	0.025	0.903	0	0.030	0.940	0	0.035	0.959
0.98	0.024	0.009	0.874	0.002	0.014	0.961	0	0.020	0.982	0	0.027	0.989	0	0.032	0.993

附表 A.3(g)

最优连接参数 β_{0opt}, ξ_{0opt}（目标Ⅲ, $\mu = 1.3$）

$\xi_1(\xi_2)$	0.01			0.02			0.03			0.04			0.05		
β	β_{0opt}	ξ_{0opt}	R_3	β_{0opt}	ξ_{0opt}	R_3	β_{0opt}	ξ_{0opt}	R_3	β_{0opt}	ξ_{0opt}	R_3	β_{0opt}	ξ_{0opt}	R_3
0.10	0.208	0.201	0.017	0.173	0.201	0.033	0.129	0.202	0.047	0.055	0.202	0.060	0	0.202	0.073
0.11	0.208	0.200	0.019	0.173	0.200	0.036	0.130	0.201	0.051	0.056	0.201	0.066	0	0.202	0.079
0.14	0.207	0.198	0.023	0.174	0.198	0.044	0.131	0.199	0.064	0.061	0.199	0.082	0	0.200	0.098
0.17	0.207	0.195	0.027	0.174	0.196	0.053	0.132	0.196	0.076	0.066	0.197	0.097	0	0.197	0.117
0.20	0.206	0.192	0.032	0.174	0.193	0.061	0.133	0.193	0.087	0.068	0.194	0.112	0	0.194	0.134
0.23	0.205	0.189	0.036	0.173	0.189	0.069	0.133	0.190	0.099	0.071	0.190	0.127	0	0.191	0.152
0.26	0.204	0.185	0.040	0.173	0.185	0.077	0.133	0.186	0.111	0.073	0.186	0.141	0	0.187	0.169
0.29	0.202	0.180	0.045	0.171	0.181	0.085	0.133	0.181	0.122	0.074	0.182	0.156	0	0.182	0.187
0.32	0.200	0.176	0.049	0.170	0.176	0.094	0.132	0.177	0.134	0.074	0.177	0.171	0	0.178	0.204
0.35	0.198	0.171	0.054	0.169	0.171	0.102	0.131	0.171	0.146	0.075	0.172	0.186	0	0.173	0.222
0.38	0.196	0.165	0.059	0.167	0.165	0.111	0.130	0.166	0.159	0.075	0.167	0.202	0	0.167	0.241
0.41	0.193	0.159	0.064	0.165	0.160	0.121	0.129	0.160	0.172	0.075	0.161	0.218	0	0.161	0.260
0.44	0.191	0.153	0.069	0.162	0.153	0.131	0.127	0.154	0.186	0.072	0.155	0.236	0	0.155	0.280
0.47	0.187	0.147	0.075	0.160	0.147	0.142	0.125	0.148	0.201	0.071	0.148	0.254	0	0.149	0.301
0.50	0.184	0.140	0.082	0.157	0.140	0.154	0.122	0.141	0.217	0.069	0.141	0.273	0	0.142	0.323
0.53	0.180	0.133	0.089	0.154	0.133	0.166	0.120	0.134	0.234	0.067	0.134	0.294	0	0.135	0.346
0.56	0.176	0.125	0.097	0.150	0.126	0.180	0.116	0.126	0.253	0.063	0.127	0.316	0	0.128	0.372
0.59	0.172	0.118	0.105	0.146	0.118	0.196	0.113	0.119	0.273	0.061	0.120	0.340	0	0.121	0.399
0.62	0.167	0.110	0.115	0.142	0.111	0.213	0.110	0.111	0.296	0.056	0.112	0.367	0	0.113	0.428
0.65	0.162	0.102	0.127	0.138	0.103	0.232	0.105	0.103	0.321	0.050	0.104	0.396	0	0.106	0.459
0.68	0.156	0.094	0.140	0.133	0.095	0.254	0.100	0.095	0.349	0.043	0.096	0.428	0	0.098	0.494
0.71	0.150	0.086	0.155	0.126	0.086	0.280	0.095	0.087	0.381	0.035	0.089	0.464	0	0.090	0.532
0.74	0.143	0.077	0.173	0.120	0.078	0.309	0.089	0.079	0.417	0.020	0.080	0.503	0	0.082	0.573
0.77	0.135	0.069	0.196	0.113	0.070	0.345	0.082	0.071	0.459	0	0.072	0.548	0	0.074	0.619
0.80	0.127	0.060	0.224	0.106	0.061	0.387	0.074	0.062	0.508	0	0.064	0.599	0	0.066	0.669
0.83	0.118	0.052	0.260	0.097	0.053	0.439	0.063	0.054	0.565	0	0.056	0.657	0	0.059	0.724
0.86	0.108	0.043	0.307	0.086	0.044	0.503	0.053	0.046	0.633	0	0.048	0.722	0	0.051	0.784
0.89	0.096	0.034	0.373	0.075	0.035	0.586	0.034	0.038	0.713	0	0.041	0.793	0	0.044	0.846
0.92	0.082	0.025	0.471	0.060	0.027	0.692	0.001	0.030	0.805	0	0.034	0.869	0	0.038	0.907
0.95	0.063	0.016	0.626	0.039	0.020	0.825	0.001	0.024	0.903	0	0.029	0.940	0	0.034	0.960
0.98	0.034	0.009	0.875	0.004	0.014	0.961	0.001	0.019	0.982	0	0.025	0.989	0	0.031	0.993

附表 A.3(h)

最优连接参数 β_{0opt}，ξ_{0opt}（目标Ⅲ，$\mu=1.5$）

$\xi_1(\xi_2)$ β	0.01			0.02			0.03			0.04			0.05		
	β_{0opt}	ξ_{0opt}	R_3	β_{0opt}	ξ_{0opt}	R_3	β_{0opt}	ξ_{0opt}	R_3	β_{0opt}	ξ_{0opt}	R_3	β_{0opt}	ξ_{0opt}	R_3
0.10	0.259	0.177	0.019	0.234	0.178	0.036	0.205	0.179	0.052	0.171	0.179	0.067	0.126	0.180	0.080
0.11	0.259	0.177	0.021	0.234	0.177	0.039	0.205	0.178	0.057	0.171	0.179	0.072	0.127	0.179	0.087
0.14	0.258	0.175	0.025	0.234	0.176	0.049	0.206	0.176	0.070	0.172	0.177	0.089	0.129	0.178	0.107
0.17	0.257	0.173	0.030	0.233	0.173	0.058	0.206	0.174	0.083	0.173	0.175	0.106	0.131	0.175	0.127
0.20	0.256	0.170	0.035	0.232	0.171	0.066	0.205	0.171	0.095	0.174	0.172	0.121	0.133	0.173	0.145
0.23	0.255	0.167	0.039	0.231	0.168	0.075	0.205	0.168	0.107	0.174	0.169	0.137	0.134	0.170	0.164
0.26	0.253	0.164	0.044	0.230	0.164	0.083	0.204	0.165	0.119	0.173	0.166	0.152	0.134	0.166	0.182
0.29	0.251	0.160	0.048	0.229	0.161	0.092	0.203	0.161	0.131	0.173	0.162	0.167	0.134	0.163	0.200
0.32	0.249	0.156	0.053	0.227	0.157	0.101	0.202	0.157	0.144	0.172	0.158	0.182	0.134	0.159	0.218
0.35	0.246	0.151	0.058	0.225	0.152	0.109	0.200	0.153	0.156	0.170	0.153	0.198	0.133	0.154	0.236
0.38	0.243	0.147	0.063	0.222	0.147	0.119	0.197	0.148	0.169	0.169	0.149	0.214	0.132	0.149	0.255
0.41	0.240	0.142	0.068	0.219	0.142	0.128	0.195	0.143	0.182	0.166	0.144	0.231	0.130	0.144	0.274
0.44	0.236	0.136	0.073	0.216	0.137	0.139	0.193	0.138	0.196	0.164	0.138	0.248	0.128	0.139	0.294
0.47	0.232	0.131	0.080	0.212	0.131	0.150	0.189	0.132	0.211	0.161	0.133	0.266	0.126	0.133	0.315
0.50	0.228	0.125	0.086	0.208	0.125	0.161	0.186	0.126	0.227	0.158	0.127	0.285	0.122	0.128	0.337
0.53	0.223	0.119	0.093	0.204	0.119	0.174	0.181	0.120	0.245	0.154	0.121	0.306	0.119	0.121	0.360
0.56	0.218	0.112	0.101	0.199	0.113	0.188	0.177	0.113	0.263	0.150	0.114	0.328	0.114	0.115	0.385
0.59	0.213	0.105	0.110	0.194	0.106	0.203	0.173	0.107	0.284	0.146	0.108	0.352	0.110	0.109	0.412
0.62	0.207	0.099	0.120	0.189	0.099	0.221	0.167	0.100	0.306	0.141	0.101	0.379	0.105	0.102	0.440
0.65	0.200	0.092	0.131	0.183	0.092	0.240	0.162	0.093	0.331	0.135	0.094	0.407	0.097	0.095	0.472
0.68	0.193	0.084	0.144	0.176	0.085	0.262	0.155	0.086	0.359	0.128	0.087	0.439	0.091	0.088	0.506
0.71	0.186	0.077	0.160	0.169	0.078	0.288	0.149	0.079	0.391	0.122	0.080	0.474	0.082	0.081	0.543
0.74	0.177	0.070	0.178	0.161	0.070	0.317	0.141	0.071	0.427	0.113	0.073	0.514	0.073	0.074	0.583
0.77	0.168	0.062	0.201	0.152	0.063	0.353	0.132	0.064	0.468	0.105	0.066	0.558	0.059	0.067	0.628
0.80	0.158	0.054	0.229	0.143	0.055	0.395	0.123	0.056	0.517	0.094	0.058	0.608	0.041	0.060	0.677
0.83	0.147	0.047	0.265	0.132	0.048	0.446	0.111	0.049	0.573	0.081	0.051	0.665	0	0.053	0.731
0.86	0.134	0.039	0.313	0.119	0.040	0.511	0.099	0.042	0.640	0.064	0.044	0.728	0	0.047	0.789
0.89	0.120	0.031	0.379	0.105	0.032	0.592	0.083	0.034	0.719	0.039	0.037	0.798	0	0.041	0.849
0.92	0.102	0.023	0.476	0.088	0.025	0.697	0.061	0.028	0.810	0.001	0.031	0.872	0	0.035	0.909
0.95	0.080	0.015	0.631	0.063	0.018	0.829	0.020	0.022	0.906	0.001	0.026	0.942	0	0.031	0.961
0.98	0.048	0.008	0.878	0.007	0.013	0.962	0.001	0.018	0.982	0.001	0.023	0.990	0	0.029	0.993

附表 A.3(i)　最优连接参数 β_{0opt}，ξ_{0opt}（目标Ⅲ，$\mu=1.8$）

$\xi_1(\xi_2)$ / β	0.01			0.02			0.03			0.04			0.05		
	β_{0opt}	ξ_{0opt}	R_3	β_{0opt}	ξ_{0opt}	R_3	β_{0opt}	ξ_{0opt}	R_3	β_{0opt}	ξ_{0opt}	R_3	β_{0opt}	ξ_{0opt}	R_3
0.10	0.300	0.150	0.022	0.281	0.151	0.041	0.259	0.152	0.059	0.236	0.153	0.076	0.208	0.154	0.091
0.11	0.300	0.150	0.024	0.281	0.150	0.045	0.259	0.151	0.064	0.236	0.152	0.082	0.208	0.153	0.098
0.14	0.299	0.148	0.029	0.280	0.149	0.055	0.259	0.150	0.079	0.236	0.151	0.101	0.209	0.152	0.121
0.17	0.298	0.146	0.034	0.279	0.147	0.065	0.259	0.148	0.093	0.236	0.149	0.118	0.210	0.150	0.142
0.20	0.297	0.144	0.039	0.278	0.145	0.074	0.258	0.146	0.106	0.236	0.147	0.135	0.210	0.148	0.162
0.23	0.295	0.142	0.044	0.277	0.143	0.083	0.257	0.143	0.119	0.235	0.144	0.152	0.210	0.145	0.181
0.26	0.293	0.139	0.049	0.275	0.140	0.092	0.256	0.141	0.132	0.234	0.141	0.168	0.209	0.142	0.200
0.29	0.290	0.136	0.053	0.273	0.137	0.101	0.254	0.138	0.144	0.233	0.138	0.183	0.208	0.139	0.218
0.32	0.287	0.132	0.058	0.271	0.133	0.110	0.252	0.134	0.157	0.231	0.135	0.199	0.207	0.136	0.237
0.35	0.284	0.129	0.063	0.268	0.130	0.120	0.249	0.131	0.170	0.229	0.131	0.215	0.205	0.132	0.256
0.38	0.281	0.125	0.068	0.265	0.126	0.129	0.247	0.127	0.183	0.226	0.127	0.231	0.203	0.128	0.274
0.41	0.277	0.121	0.074	0.261	0.122	0.139	0.244	0.122	0.197	0.224	0.123	0.248	0.200	0.124	0.294
0.44	0.273	0.116	0.080	0.257	0.117	0.150	0.240	0.118	0.211	0.220	0.119	0.266	0.197	0.120	0.314
0.47	0.268	0.112	0.086	0.253	0.112	0.161	0.236	0.113	0.226	0.216	0.114	0.284	0.194	0.115	0.335
0.50	0.264	0.107	0.092	0.249	0.107	0.173	0.232	0.108	0.242	0.212	0.109	0.303	0.190	0.110	0.357
0.53	0.258	0.102	0.100	0.243	0.102	0.185	0.227	0.103	0.260	0.208	0.104	0.324	0.185	0.105	0.380
0.56	0.252	0.096	0.108	0.238	0.097	0.200	0.222	0.098	0.278	0.203	0.098	0.346	0.180	0.100	0.404
0.59	0.246	0.091	0.117	0.232	0.091	0.215	0.216	0.092	0.299	0.197	0.093	0.370	0.175	0.094	0.431
0.62	0.239	0.085	0.127	0.225	0.086	0.232	0.210	0.086	0.321	0.191	0.087	0.396	0.169	0.089	0.459
0.65	0.232	0.079	0.138	0.218	0.080	0.252	0.203	0.080	0.346	0.184	0.082	0.424	0.162	0.083	0.489
0.68	0.223	0.073	0.152	0.211	0.074	0.274	0.195	0.075	0.374	0.177	0.076	0.455	0.154	0.077	0.523
0.71	0.214	0.067	0.167	0.202	0.067	0.300	0.187	0.068	0.405	0.169	0.069	0.490	0.146	0.071	0.559
0.74	0.205	0.060	0.186	0.193	0.061	0.329	0.178	0.062	0.441	0.159	0.063	0.529	0.136	0.065	0.599
0.77	0.194	0.054	0.209	0.183	0.055	0.364	0.168	0.056	0.482	0.149	0.057	0.572	0.125	0.059	0.642
0.80	0.183	0.047	0.237	0.171	0.048	0.406	0.156	0.049	0.530	0.138	0.051	0.621	0.112	0.053	0.690
0.83	0.170	0.040	0.273	0.158	0.041	0.458	0.144	0.043	0.586	0.124	0.045	0.676	0.097	0.047	0.742
0.86	0.155	0.033	0.321	0.144	0.035	0.522	0.130	0.036	0.652	0.108	0.039	0.738	0.075	0.041	0.798
0.89	0.138	0.027	0.388	0.127	0.028	0.603	0.112	0.030	0.729	0.089	0.033	0.806	0.044	0.036	0.856
0.92	0.118	0.020	0.485	0.107	0.022	0.706	0.090	0.024	0.817	0.058	0.028	0.878	0.001	0.031	0.913
0.95	0.094	0.013	0.639	0.082	0.016	0.835	0.057	0.019	0.910	0.001	0.023	0.944	0.001	0.028	0.962
0.98	0.056	0.007	0.882	0.035	0.011	0.963	0.001	0.016	0.983	0.001	0.020	0.990	0.001	0.025	0.994

附录 B　实用最优连接阻尼参数 ξ_{0opt}

附表 B.1(a)　　　　实用最优连接阻尼参数 ξ_{0opt}（目标 II，$\mu = 0.6, 0.8$）

β ＼ $\dfrac{\mu}{\xi_1 (\xi_2)}$	0.6					0.8				
	0.01	0.02	0.03	0.04	0.05	0.01	0.02	0.03	0.04	0.05
0.10	0.090	0.132	0.160	0.180	0.196	0.068	0.101	0.122	0.138	0.151
0.11	0.095	0.138	0.166	0.186	0.202	0.072	0.105	0.127	0.143	0.155
0.14	0.108	0.153	0.180	0.200	0.215	0.082	0.117	0.138	0.154	0.166
0.17	0.119	0.164	0.190	0.209	0.224	0.091	0.125	0.146	0.161	0.173
0.20	0.128	0.171	0.197	0.215	0.229	0.098	0.132	0.152	0.166	0.177
0.23	0.135	0.177	0.201	0.218	0.232	0.103	0.136	0.156	0.169	0.180
0.26	0.140	0.181	0.204	0.220	0.232	0.107	0.140	0.158	0.171	0.181
0.29	0.144	0.183	0.205	0.220	0.231	0.111	0.142	0.159	0.171	0.181
0.32	0.146	0.183	0.204	0.218	0.229	0.113	0.142	0.159	0.170	0.179
0.35	0.147	0.183	0.202	0.215	0.225	0.114	0.142	0.158	0.168	0.177
0.38	0.148	0.181	0.198	0.210	0.220	0.115	0.141	0.156	0.166	0.173
0.41	0.147	0.178	0.194	0.205	0.214	0.115	0.139	0.153	0.162	0.169
0.44	0.145	0.174	0.189	0.199	0.207	0.114	0.137	0.149	0.158	0.164
0.47	0.143	0.169	0.183	0.192	0.199	0.112	0.133	0.145	0.153	0.159
0.50	0.139	0.163	0.176	0.184	0.191	0.110	0.129	0.140	0.147	0.153
0.53	0.135	0.157	0.168	0.176	0.181	0.107	0.125	0.134	0.141	0.146
0.56	0.130	0.150	0.160	0.167	0.172	0.103	0.120	0.128	0.134	0.139
0.59	0.125	0.142	0.151	0.157	0.162	0.100	0.114	0.122	0.127	0.131
0.62	0.119	0.134	0.142	0.147	0.151	0.095	0.108	0.115	0.119	0.123
0.65	0.112	0.125	0.132	0.137	0.140	0.090	0.101	0.107	0.111	0.115
0.68	0.105	0.116	0.122	0.126	0.129	0.085	0.094	0.099	0.103	0.106
0.71	0.097	0.107	0.111	0.115	0.118	0.079	0.087	0.091	0.094	0.097
0.74	0.089	0.097	0.101	0.104	0.106	0.072	0.079	0.083	0.085	0.088
0.77	0.080	0.087	0.090	0.092	0.095	0.065	0.071	0.073	0.076	0.079
0.80	0.071	0.076	0.078	0.081	0.083	0.058	0.063	0.065	0.067	0.069
0.83	0.062	0.065	0.067	0.069	0.071	0.051	0.054	0.056	0.058	0.060
0.86	0.052	0.054	0.055	0.057	0.059	0.043	0.045	0.046	0.048	0.050
0.89	0.041	0.043	0.044	0.046	0.048	0.034	0.036	0.037	0.039	0.041
0.92	0.030	0.031	0.032	0.034	0.036	0.025	0.026	0.028	0.029	0.031
0.95	0.019	0.020	0.021	0.022	0.022	0.016	0.017	0.018	0.019	0.020
0.98	0.008	0.007	0.005	0.002	0.001	0.007	0.007	0.005	0.003	0.001

附表 B.1(b)　　　实用最优连接阻尼参数 ξ_{0opt}（目标Ⅱ，$\mu = 1.0$，1.2）

β \ ξ_1 (ξ_2)	μ 1.0					1.2				
	0.01	0.02	0.03	0.04	0.05	0.01	0.02	0.03	0.04	0.05
0.10	0.055	0.081	0.099	0.112	0.122	0.046	0.068	0.082	0.093	0.102
0.11	0.058	0.085	0.102	0.115	0.126	0.048	0.071	0.085	0.096	0.105
0.14	0.066	0.094	0.112	0.124	0.134	0.055	0.079	0.093	0.104	0.112
0.17	0.073	0.101	0.118	0.130	0.140	0.061	0.084	0.099	0.109	0.117
0.20	0.079	0.106	0.123	0.135	0.144	0.066	0.089	0.103	0.113	0.121
0.23	0.083	0.110	0.126	0.138	0.146	0.070	0.092	0.106	0.115	0.123
0.26	0.087	0.113	0.128	0.139	0.147	0.073	0.095	0.107	0.117	0.124
0.29	0.090	0.115	0.129	0.139	0.147	0.075	0.096	0.108	0.117	0.124
0.32	0.091	0.116	0.129	0.139	0.146	0.077	0.097	0.109	0.117	0.123
0.35	0.093	0.116	0.128	0.138	0.145	0.078	0.097	0.108	0.116	0.122
0.38	0.093	0.115	0.127	0.136	0.142	0.078	0.097	0.107	0.114	0.120
0.41	0.093	0.114	0.125	0.133	0.139	0.078	0.096	0.105	0.112	0.117
0.44	0.093	0.112	0.122	0.130	0.135	0.078	0.094	0.103	0.109	0.114
0.47	0.092	0.109	0.119	0.126	0.131	0.077	0.092	0.101	0.106	0.111
0.50	0.090	0.106	0.115	0.121	0.126	0.076	0.090	0.097	0.103	0.107
0.53	0.088	0.103	0.111	0.116	0.121	0.074	0.087	0.094	0.099	0.103
0.56	0.085	0.099	0.106	0.111	0.115	0.072	0.084	0.090	0.095	0.098
0.59	0.082	0.094	0.101	0.105	0.109	0.070	0.080	0.086	0.090	0.093
0.62	0.079	0.090	0.095	0.099	0.103	0.067	0.076	0.081	0.085	0.088
0.65	0.075	0.084	0.089	0.093	0.096	0.063	0.072	0.076	0.080	0.082
0.68	0.070	0.079	0.083	0.086	0.089	0.060	0.067	0.071	0.073	0.076
0.71	0.066	0.073	0.076	0.079	0.082	0.056	0.062	0.066	0.068	0.070
0.74	0.060	0.066	0.070	0.072	0.074	0.052	0.057	0.060	0.062	0.064
0.77	0.055	0.060	0.062	0.065	0.067	0.047	0.051	0.054	0.056	0.058
0.80	0.049	0.053	0.055	0.057	0.059	0.042	0.045	0.047	0.049	0.051
0.83	0.043	0.046	0.047	0.049	0.051	0.037	0.039	0.041	0.043	0.045
0.86	0.036	0.038	0.040	0.041	0.043	0.031	0.033	0.034	0.036	0.038
0.89	0.029	0.030	0.032	0.033	0.035	0.025	0.026	0.028	0.029	0.031
0.92	0.022	0.023	0.024	0.025	0.027	0.019	0.020	0.021	0.022	0.024
0.95	0.014	0.015	0.016	0.016	0.018	0.012	0.013	0.014	0.015	0.016
0.98	0.018	0.006	0.005	0.004	0.002	0.005	0.006	0.005	0.004	0.002

附表 B.1(c)　　　实用最优连接阻尼参数 ξ_{0opt}（目标Ⅱ，μ = 1.5，1.8）

β \ μ ξ_1 (ξ_2)	1.5					1.8				
	0.01	0.02	0.03	0.04	0.05	0.01	0.02	0.03	0.04	0.05
0.10	0.036	0.054	0.066	0.074	0.082	0.030	0.045	0.054	0.062	0.068
0.11	0.039	0.056	0.068	0.077	0.084	0.032	0.047	0.056	0.064	0.070
0.14	0.044	0.063	0.074	0.083	0.090	0.037	0.052	0.061	0.069	0.074
0.17	0.049	0.067	0.079	0.087	0.094	0.040	0.056	0.065	0.072	0.078
0.20	0.052	0.071	0.082	0.090	0.097	0.043	0.059	0.068	0.075	0.080
0.23	0.055	0.073	0.084	0.092	0.098	0.046	0.061	0.070	0.076	0.081
0.26	0.058	0.075	0.086	0.093	0.099	0.048	0.062	0.071	0.077	0.082
0.29	0.060	0.077	0.087	0.094	0.099	0.049	0.063	0.072	0.078	0.082
0.32	0.061	0.077	0.087	0.093	0.099	0.051	0.064	0.072	0.077	0.082
0.35	0.062	0.078	0.087	0.093	0.098	0.051	0.064	0.072	0.077	0.081
0.38	0.063	0.077	0.086	0.092	0.096	0.052	0.064	0.071	0.076	0.080
0.41	0.063	0.077	0.085	0.090	0.095	0.052	0.064	0.070	0.075	0.079
0.44	0.062	0.076	0.083	0.088	0.092	0.052	0.063	0.069	0.073	0.077
0.47	0.062	0.074	0.081	0.086	0.090	0.051	0.062	0.067	0.071	0.075
0.50	0.061	0.072	0.079	0.083	0.087	0.051	0.060	0.065	0.069	0.072
0.53	0.060	0.070	0.076	0.080	0.083	0.049	0.058	0.063	0.067	0.070
0.56	0.058	0.068	0.073	0.077	0.080	0.048	0.056	0.061	0.064	0.067
0.59	0.056	0.065	0.070	0.073	0.076	0.047	0.054	0.058	0.061	0.063
0.62	0.054	0.062	0.066	0.069	0.072	0.045	0.051	0.055	0.058	0.060
0.65	0.051	0.058	0.062	0.065	0.067	0.043	0.049	0.052	0.054	0.056
0.68	0.048	0.055	0.058	0.060	0.063	0.040	0.046	0.049	0.051	0.053
0.71	0.045	0.051	0.053	0.056	0.058	0.038	0.042	0.045	0.047	0.049
0.74	0.042	0.046	0.049	0.051	0.053	0.035	0.039	0.041	0.043	0.045
0.77	0.038	0.042	0.044	0.046	0.048	0.032	0.035	0.037	0.039	0.040
0.80	0.034	0.037	0.039	0.041	0.042	0.029	0.031	0.033	0.034	0.036
0.83	0.030	0.032	0.034	0.035	0.037	0.025	0.027	0.029	0.030	0.031
0.86	0.026	0.027	0.028	0.030	0.032	0.022	0.023	0.024	0.025	0.027
0.89	0.021	0.022	0.023	0.024	0.026	0.017	0.019	0.020	0.021	0.022
0.92	0.016	0.016	0.018	0.019	0.020	0.013	0.014	0.015	0.016	0.018
0.95	0.010	0.011	0.012	0.013	0.014	0.016	0.009	0.010	0.011	0.012
0.98	0.013	0.005	0.004	0.004	0.003	0.011	0.004	0.004	0.003	0.003

附表 B.2(a)　　　实用最优连接阻尼参数 ξ_{0opt}（目标Ⅲ，$\mu = 0.6$，0.7）

β \ μ $\xi_1(\xi_2)$	0.6					0.7				
	0.01	0.02	0.03	0.04	0.05	0.01	0.02	0.03	0.04	0.05
0.10	0.099	0.139	0.162	0.179	0.192	0.089	0.124	0.145	0.159	0.170
0.11	0.104	0.144	0.168	0.184	0.197	0.094	0.128	0.149	0.164	0.175
0.14	0.116	0.156	0.179	0.195	0.207	0.105	0.140	0.160	0.173	0.184
0.17	0.125	0.165	0.187	0.202	0.213	0.113	0.147	0.167	0.179	0.189
0.20	0.132	0.171	0.192	0.206	0.216	0.119	0.153	0.171	0.183	0.192
0.23	0.138	0.174	0.194	0.208	0.217	0.124	0.156	0.173	0.185	0.193
0.26	0.141	0.177	0.195	0.207	0.216	0.127	0.158	0.174	0.185	0.193
0.29	0.143	0.177	0.195	0.206	0.214	0.128	0.159	0.174	0.184	0.191
0.32	0.144	0.176	0.193	0.203	0.211	0.130	0.158	0.172	0.181	0.188
0.35	0.145	0.174	0.190	0.199	0.206	0.130	0.156	0.170	0.178	0.184
0.38	0.144	0.172	0.185	0.194	0.201	0.129	0.154	0.166	0.174	0.180
0.41	0.142	0.168	0.180	0.188	0.194	0.128	0.151	0.162	0.169	0.174
0.44	0.139	0.163	0.175	0.182	0.187	0.126	0.147	0.157	0.164	0.168
0.47	0.136	0.158	0.168	0.175	0.179	0.123	0.142	0.152	0.157	0.161
0.50	0.132	0.152	0.161	0.167	0.171	0.119	0.137	0.146	0.151	0.154
0.53	0.127	0.145	0.154	0.159	0.162	0.115	0.132	0.139	0.144	0.147
0.56	0.122	0.138	0.146	0.150	0.153	0.111	0.125	0.132	0.136	0.139
0.59	0.117	0.131	0.137	0.141	0.143	0.106	0.119	0.125	0.128	0.130
0.62	0.111	0.123	0.128	0.131	0.133	0.100	0.112	0.117	0.120	0.122
0.65	0.104	0.115	0.119	0.122	0.123	0.095	0.104	0.109	0.111	0.113
0.68	0.097	0.106	0.110	0.112	0.113	0.088	0.097	0.100	0.102	0.103
0.71	0.089	0.097	0.100	0.101	0.102	0.082	0.089	0.091	0.093	0.094
0.74	0.082	0.088	0.090	0.091	0.092	0.075	0.080	0.082	0.084	0.084
0.77	0.073	0.078	0.080	0.081	0.081	0.067	0.072	0.073	0.074	0.075
0.80	0.065	0.068	0.069	0.070	0.070	0.060	0.063	0.064	0.065	0.065
0.83	0.056	0.058	0.059	0.059	0.060	0.052	0.054	0.055	0.055	0.056
0.86	0.047	0.048	0.049	0.049	0.049	0.043	0.045	0.045	0.046	0.046
0.89	0.037	0.038	0.038	0.038	0.039	0.034	0.035	0.036	0.036	0.036
0.92	0.027	0.028	0.028	0.028	0.028	0.025	0.026	0.026	0.026	0.026
0.95	0.017	0.017	0.017	0.016	0.015	0.016	0.016	0.016	0.016	0.015
0.98	0.007	0.006	0.004	0.001	0.001	0.007	0.006	0.004	0.001	0.001

附表 B.2(b)　　　实用最优连接阻尼参数 ξ_{0opt}（目标Ⅲ，$\mu = 0.8$，0.9）

β \ μ ξ_1 (ξ_2)	0.8					0.9				
	0.01	0.02	0.03	0.04	0.05	0.01	0.02	0.03	0.04	0.05
0.10	0.082	0.114	0.132	0.144	0.154	0.077	0.105	0.122	0.133	0.141
0.11	0.086	0.118	0.136	0.148	0.158	0.081	0.109	0.125	0.136	0.144
0.14	0.096	0.128	0.145	0.157	0.166	0.090	0.118	0.134	0.144	0.152
0.17	0.104	0.134	0.151	0.162	0.171	0.097	0.124	0.139	0.149	0.156
0.20	0.109	0.139	0.155	0.166	0.173	0.102	0.128	0.143	0.152	0.159
0.23	0.113	0.142	0.157	0.167	0.174	0.105	0.131	0.145	0.153	0.160
0.26	0.116	0.144	0.158	0.167	0.174	0.108	0.133	0.146	0.154	0.159
0.29	0.118	0.144	0.158	0.167	0.173	0.110	0.133	0.145	0.153	0.158
0.32	0.119	0.144	0.157	0.165	0.170	0.110	0.133	0.144	0.151	0.156
0.35	0.119	0.143	0.154	0.162	0.167	0.111	0.132	0.142	0.149	0.153
0.38	0.118	0.141	0.151	0.158	0.163	0.110	0.130	0.140	0.145	0.150
0.41	0.117	0.138	0.148	0.154	0.158	0.109	0.127	0.136	0.142	0.146
0.44	0.115	0.134	0.143	0.149	0.153	0.107	0.124	0.132	0.137	0.141
0.47	0.113	0.130	0.139	0.144	0.147	0.105	0.121	0.128	0.132	0.136
0.50	0.109	0.126	0.133	0.138	0.141	0.102	0.116	0.123	0.127	0.130
0.53	0.106	0.121	0.127	0.131	0.134	0.098	0.112	0.118	0.121	0.124
0.56	0.102	0.115	0.121	0.125	0.127	0.095	0.107	0.112	0.115	0.117
0.59	0.097	0.109	0.114	0.117	0.120	0.091	0.101	0.106	0.109	0.111
0.62	0.092	0.103	0.107	0.110	0.112	0.086	0.096	0.100	0.102	0.104
0.65	0.087	0.096	0.100	0.102	0.104	0.081	0.090	0.093	0.095	0.096
0.68	0.082	0.089	0.092	0.094	0.095	0.076	0.083	0.086	0.088	0.089
0.71	0.075	0.082	0.085	0.086	0.087	0.070	0.076	0.079	0.080	0.081
0.74	0.069	0.074	0.076	0.078	0.078	0.065	0.070	0.071	0.072	0.073
0.77	0.062	0.067	0.068	0.069	0.070	0.058	0.062	0.064	0.064	0.065
0.80	0.055	0.059	0.060	0.060	0.061	0.052	0.055	0.056	0.056	0.057
0.83	0.048	0.050	0.051	0.051	0.052	0.045	0.047	0.048	0.048	0.049
0.86	0.040	0.042	0.042	0.043	0.043	0.038	0.039	0.040	0.040	0.040
0.89	0.032	0.033	0.033	0.034	0.034	0.030	0.031	0.031	0.032	0.032
0.92	0.024	0.024	0.025	0.025	0.025	0.022	0.023	0.023	0.024	0.024
0.95	0.015	0.016	0.016	0.015	0.014	0.014	0.015	0.015	0.014	0.013
0.98	0.020	0.006	0.004	0.001	0.001	0.006	0.006	0.004	0.001	0.001

附表 B.2(c)　　　　实用最优连接阻尼参数 ξ_{0opt}（目标Ⅲ，$\mu = 1.0$）

μ $\xi_1(\xi_2)$ β	1.0				
	0.01	0.02	0.03	0.04	0.05
0.10	0.073	0.099	0.113	0.123	0.130
0.11	0.077	0.102	0.117	0.126	0.134
0.14	0.085	0.111	0.124	0.134	0.140
0.17	0.091	0.116	0.129	0.138	0.144
0.20	0.096	0.120	0.133	0.141	0.147
0.23	0.099	0.123	0.135	0.142	0.148
0.26	0.102	0.124	0.135	0.142	0.147
0.29	0.103	0.124	0.135	0.142	0.146
0.32	0.104	0.124	0.134	0.140	0.144
0.35	0.104	0.123	0.132	0.138	0.142
0.38	0.103	0.121	0.130	0.135	0.139
0.41	0.102	0.119	0.127	0.132	0.135
0.44	0.100	0.116	0.123	0.128	0.131
0.47	0.098	0.113	0.119	0.123	0.126
0.50	0.095	0.109	0.115	0.118	0.121
0.53	0.092	0.105	0.110	0.113	0.115
0.56	0.089	0.100	0.105	0.108	0.109
0.59	0.085	0.095	0.099	0.102	0.103
0.62	0.081	0.090	0.093	0.095	0.097
0.65	0.076	0.084	0.087	0.089	0.090
0.68	0.072	0.078	0.081	0.082	0.083
0.71	0.066	0.072	0.073	0.075	0.076
0.74	0.061	0.065	0.067	0.068	0.069
0.77	0.055	0.059	0.060	0.061	0.061
0.80	0.049	0.052	0.053	0.053	0.054
0.83	0.042	0.044	0.045	0.045	0.046
0.86	0.036	0.037	0.037	0.038	0.038
0.89	0.029	0.029	0.030	0.030	0.030
0.92	0.021	0.022	0.022	0.022	0.022
0.95	0.014	0.014	0.014	0.014	0.013
0.98	0.006	0.005	0.003	0.001	0.001

附录 C　最优连接阻尼参数 ξ_{0opt}

最优连接阻尼参数 ξ_{0opt}（目标 I，$\mu=0.6$）

附表 C.1(a)

ξ_1 (ξ_2) β	0.01 ξ_{0opt}	R_1	R_2	0.02 ξ_{0opt}	R_1	R_2	0.03 ξ_{0opt}	R_1	R_2	0.04 ξ_{0opt}	R_1	R_2	0.05 ξ_{0opt}	R_1	R_2
0.10	0.301	0.063	0.009	0.296	0.121	0.017	0.290	0.174	0.026	0.285	0.224	0.034	0.279	0.270	0.043
0.11	0.300	0.063	0.010	0.294	0.121	0.019	0.289	0.175	0.028	0.284	0.225	0.038	0.278	0.271	0.047
0.14	0.296	0.064	0.012	0.291	0.123	0.024	0.286	0.177	0.036	0.280	0.228	0.048	0.275	0.274	0.060
0.17	0.291	0.065	0.015	0.286	0.125	0.030	0.281	0.180	0.045	0.276	0.231	0.059	0.271	0.279	0.073
0.20	0.286	0.066	0.018	0.280	0.127	0.036	0.276	0.183	0.053	0.271	0.236	0.070	0.266	0.284	0.087
0.23	0.279	0.068	0.021	0.274	0.130	0.042	0.269	0.187	0.062	0.264	0.241	0.082	0.260	0.290	0.101
0.26	0.272	0.069	0.025	0.267	0.133	0.049	0.262	0.192	0.072	0.258	0.246	0.095	0.253	0.297	0.117
0.29	0.264	0.071	0.028	0.259	0.137	0.056	0.255	0.197	0.082	0.250	0.253	0.108	0.246	0.304	0.132
0.32	0.255	0.074	0.032	0.251	0.141	0.063	0.246	0.203	0.093	0.242	0.260	0.122	0.238	0.313	0.149
0.35	0.246	0.076	0.036	0.242	0.146	0.071	0.238	0.210	0.105	0.234	0.269	0.137	0.230	0.323	0.167
0.38	0.236	0.079	0.041	0.232	0.152	0.080	0.228	0.218	0.117	0.224	0.278	0.153	0.221	0.333	0.186
0.41	0.226	0.083	0.046	0.222	0.158	0.090	0.219	0.226	0.131	0.215	0.289	0.170	0.212	0.345	0.206
0.44	0.216	0.087	0.052	0.212	0.165	0.100	0.209	0.236	0.146	0.205	0.300	0.188	0.202	0.359	0.228
0.47	0.205	0.091	0.058	0.202	0.173	0.112	0.198	0.247	0.162	0.195	0.313	0.208	0.192	0.373	0.252
0.50	0.194	0.096	0.065	0.191	0.182	0.124	0.188	0.258	0.179	0.184	0.327	0.230	0.182	0.389	0.277
0.53	0.182	0.102	0.073	0.180	0.192	0.139	0.177	0.272	0.199	0.174	0.343	0.253	0.171	0.407	0.304
0.56	0.171	0.108	0.081	0.168	0.203	0.154	0.166	0.287	0.220	0.163	0.361	0.279	0.161	0.427	0.333
0.59	0.160	0.115	0.091	0.157	0.216	0.172	0.155	0.303	0.244	0.152	0.380	0.307	0.150	0.448	0.364
0.62	0.148	0.124	0.103	0.146	0.230	0.192	0.144	0.322	0.270	0.141	0.403	0.338	0.139	0.472	0.399
0.65	0.136	0.133	0.116	0.134	0.247	0.214	0.132	0.344	0.299	0.130	0.427	0.372	0.129	0.499	0.435
0.68	0.124	0.145	0.131	0.122	0.266	0.240	0.121	0.369	0.332	0.119	0.455	0.410	0.118	0.529	0.476
0.71	0.112	0.159	0.149	0.111	0.289	0.270	0.110	0.397	0.369	0.108	0.487	0.451	0.107	0.562	0.519
0.74	0.101	0.175	0.171	0.100	0.316	0.304	0.098	0.430	0.411	0.098	0.523	0.496	0.097	0.599	0.566
0.77	0.089	0.196	0.197	0.088	0.348	0.345	0.087	0.468	0.459	0.087	0.564	0.547	0.086	0.640	0.617
0.80	0.077	0.221	0.229	0.076	0.387	0.393	0.076	0.513	0.513	0.076	0.611	0.603	0.076	0.686	0.672
0.83	0.066	0.254	0.270	0.065	0.436	0.451	0.065	0.567	0.576	0.066	0.665	0.665	0.066	0.738	0.730
0.86	0.054	0.298	0.324	0.054	0.497	0.521	0.055	0.632	0.647	0.056	0.727	0.732	0.057	0.794	0.791
0.89	0.042	0.361	0.398	0.043	0.576	0.608	0.045	0.710	0.729	0.046	0.797	0.804	0.048	0.854	0.853
0.92	0.031	0.454	0.502	0.033	0.681	0.714	0.035	0.803	0.820	0.038	0.872	0.877	0.040	0.914	0.912
0.95	0.020	0.607	0.658	0.023	0.817	0.842	0.026	0.903	0.912	0.029	0.944	0.944	0.032	0.965	0.962
0.98	0.011	0.865	0.890	0.015	0.960	0.965	0.019	0.984	0.983	0.020	0.992	0.990	0.020	0.996	0.993

附表 C.1(b)

最优连接阻尼参数 $\xi_{0\text{opt}}$（目标 I, $\mu = 0.8$）

$\xi_1(\xi_2)$ β	0.01			0.02			0.03			0.04			0.05		
	$\xi_{0\text{opt}}$	R_1	R_2	$\xi_{0\text{opt}}$	R_1	R_2	$\xi_{0\text{opt}}$	R_1	R_2	$\xi_{0\text{opt}}$	R_1	R_2	$\xi_{0\text{opt}}$	R_1	R_2
0.10	0.268	0.070	0.008	0.263	0.134	0.016	0.258	0.192	0.024	0.254	0.245	0.032	0.249	0.294	0.039
0.11	0.268	0.070	0.009	0.262	0.134	0.018	0.258	0.192	0.026	0.253	0.246	0.035	0.248	0.295	0.043
0.14	0.264	0.071	0.012	0.260	0.136	0.023	0.255	0.195	0.034	0.250	0.249	0.045	0.246	0.298	0.055
0.17	0.260	0.072	0.014	0.256	0.137	0.028	0.251	0.197	0.042	0.247	0.252	0.055	0.242	0.302	0.068
0.20	0.256	0.073	0.017	0.251	0.140	0.034	0.247	0.201	0.050	0.242	0.256	0.065	0.238	0.307	0.081
0.23	0.250	0.075	0.020	0.246	0.143	0.039	0.242	0.205	0.058	0.238	0.261	0.076	0.234	0.313	0.094
0.26	0.244	0.077	0.023	0.240	0.146	0.045	0.236	0.209	0.067	0.232	0.267	0.088	0.228	0.319	0.108
0.29	0.238	0.079	0.026	0.234	0.150	0.052	0.230	0.214	0.076	0.226	0.273	0.100	0.222	0.326	0.122
0.32	0.231	0.081	0.030	0.227	0.154	0.059	0.224	0.220	0.086	0.220	0.280	0.112	0.216	0.335	0.138
0.35	0.223	0.084	0.034	0.220	0.159	0.066	0.216	0.227	0.097	0.212	0.288	0.126	0.209	0.344	0.154
0.38	0.215	0.087	0.038	0.212	0.164	0.074	0.208	0.234	0.108	0.205	0.297	0.141	0.202	0.354	0.171
0.41	0.207	0.090	0.043	0.204	0.170	0.083	0.200	0.243	0.120	0.197	0.307	0.156	0.194	0.366	0.190
0.44	0.198	0.094	0.048	0.195	0.177	0.092	0.192	0.252	0.134	0.189	0.319	0.173	0.186	0.379	0.210
0.47	0.189	0.098	0.053	0.186	0.185	0.103	0.183	0.262	0.149	0.180	0.331	0.191	0.177	0.393	0.232
0.50	0.179	0.103	0.059	0.176	0.194	0.114	0.174	0.274	0.165	0.171	0.345	0.211	0.168	0.408	0.255
0.53	0.169	0.109	0.066	0.167	0.204	0.127	0.164	0.287	0.182	0.162	0.361	0.233	0.159	0.426	0.280
0.56	0.159	0.115	0.074	0.157	0.215	0.141	0.154	0.302	0.202	0.152	0.378	0.257	0.150	0.445	0.307
0.59	0.149	0.123	0.083	0.147	0.228	0.157	0.145	0.319	0.223	0.142	0.397	0.283	0.140	0.466	0.337
0.62	0.138	0.131	0.093	0.136	0.242	0.175	0.134	0.338	0.248	0.133	0.419	0.312	0.131	0.490	0.369
0.65	0.128	0.141	0.105	0.126	0.259	0.196	0.124	0.359	0.275	0.123	0.444	0.344	0.121	0.516	0.405
0.68	0.117	0.153	0.119	0.116	0.279	0.219	0.114	0.383	0.306	0.113	0.471	0.380	0.112	0.545	0.444
0.71	0.106	0.167	0.135	0.105	0.302	0.247	0.104	0.412	0.341	0.103	0.502	0.419	0.102	0.577	0.486
0.74	0.096	0.183	0.154	0.094	0.328	0.279	0.094	0.444	0.381	0.093	0.538	0.464	0.092	0.613	0.533
0.77	0.084	0.204	0.178	0.084	0.361	0.317	0.083	0.483	0.427	0.083	0.578	0.514	0.082	0.654	0.584
0.80	0.074	0.230	0.208	0.073	0.400	0.363	0.073	0.528	0.480	0.073	0.624	0.570	0.073	0.699	0.641
0.83	0.063	0.264	0.246	0.062	0.449	0.419	0.062	0.581	0.543	0.063	0.678	0.634	0.064	0.749	0.701
0.86	0.052	0.309	0.297	0.052	0.510	0.488	0.052	0.645	0.616	0.054	0.738	0.704	0.054	0.804	0.767
0.89	0.041	0.372	0.367	0.042	0.589	0.576	0.043	0.722	0.702	0.044	0.806	0.781	0.046	0.861	0.834
0.92	0.030	0.466	0.469	0.032	0.693	0.686	0.034	0.812	0.799	0.036	0.878	0.861	0.038	0.918	0.899
0.95	0.020	0.619	0.628	0.022	0.825	0.823	0.026	0.908	0.900	0.028	0.947	0.936	0.030	0.967	0.955
0.98	0.010	0.871	0.877	0.015	0.962	0.960	0.018	0.984	0.980	0.020	0.993	0.988	0.019	0.996	0.992

附表 C.1(c)

最优连接阻尼参数 ξ_{0opt}（目标 I，$\mu = 1.0$）

$\xi_1(\xi_2)$	0.01			0.02			0.03			0.04			0.05		
β	ξ_{0opt}	R_1	R_2	ξ_{0opt}	R_1	R_2	ξ_{0opt}	R_1	R_2	ξ_{0opt}	R_1	R_2	ξ_{0opt}	R_1	R_2
0.10	0.242	0.077	0.008	0.237	0.146	0.016	0.233	0.209	0.023	0.228	0.265	0.031	0.224	0.316	0.038
0.11	0.241	0.077	0.009	0.237	0.147	0.017	0.232	0.209	0.026	0.228	0.266	0.034	0.224	0.317	0.042
0.14	0.238	0.078	0.011	0.234	0.148	0.022	0.230	0.211	0.033	0.226	0.269	0.043	0.222	0.321	0.053
0.17	0.235	0.079	0.014	0.231	0.150	0.027	0.227	0.214	0.040	0.223	0.272	0.053	0.219	0.324	0.065
0.20	0.231	0.080	0.017	0.227	0.152	0.033	0.223	0.217	0.048	0.219	0.276	0.063	0.216	0.329	0.077
0.23	0.227	0.082	0.019	0.223	0.155	0.038	0.219	0.221	0.056	0.216	0.281	0.073	0.212	0.335	0.090
0.26	0.222	0.084	0.022	0.218	0.159	0.044	0.214	0.226	0.065	0.211	0.286	0.084	0.207	0.341	0.104
0.29	0.216	0.086	0.026	0.213	0.162	0.050	0.209	0.231	0.073	0.206	0.292	0.096	0.202	0.348	0.117
0.32	0.210	0.088	0.029	0.207	0.167	0.057	0.204	0.237	0.083	0.200	0.300	0.108	0.197	0.356	0.132
0.35	0.204	0.091	0.033	0.200	0.171	0.064	0.197	0.243	0.093	0.194	0.307	0.121	0.191	0.365	0.148
0.38	0.197	0.094	0.037	0.194	0.177	0.071	0.191	0.251	0.104	0.188	0.316	0.135	0.184	0.375	0.164
0.41	0.190	0.097	0.041	0.186	0.183	0.080	0.184	0.259	0.116	0.181	0.326	0.150	0.178	0.387	0.182
0.44	0.182	0.101	0.046	0.179	0.190	0.089	0.176	0.268	0.129	0.173	0.337	0.166	0.170	0.399	0.201
0.47	0.174	0.106	0.051	0.171	0.198	0.099	0.168	0.279	0.142	0.166	0.350	0.183	0.163	0.413	0.222
0.50	0.165	0.111	0.057	0.163	0.207	0.109	0.160	0.290	0.158	0.158	0.364	0.202	0.156	0.428	0.244
0.53	0.156	0.117	0.064	0.154	0.217	0.121	0.152	0.304	0.174	0.150	0.379	0.223	0.148	0.445	0.268
0.56	0.148	0.123	0.071	0.146	0.228	0.135	0.143	0.318	0.193	0.141	0.396	0.246	0.139	0.464	0.294
0.59	0.138	0.131	0.079	0.136	0.241	0.150	0.134	0.335	0.214	0.132	0.415	0.271	0.131	0.485	0.322
0.62	0.129	0.139	0.089	0.127	0.256	0.167	0.126	0.354	0.237	0.124	0.437	0.299	0.122	0.508	0.354
0.65	0.119	0.150	0.100	0.118	0.273	0.187	0.116	0.375	0.263	0.115	0.461	0.329	0.114	0.533	0.388
0.68	0.110	0.162	0.113	0.108	0.292	0.209	0.107	0.400	0.292	0.106	0.488	0.364	0.104	0.562	0.426
0.71	0.100	0.176	0.128	0.098	0.316	0.236	0.098	0.428	0.326	0.096	0.519	0.403	0.096	0.593	0.468
0.74	0.090	0.193	0.147	0.089	0.343	0.266	0.088	0.460	0.365	0.087	0.554	0.446	0.087	0.629	0.514
0.77	0.080	0.214	0.169	0.079	0.375	0.303	0.078	0.498	0.410	0.078	0.593	0.496	0.078	0.668	0.565
0.80	0.070	0.241	0.198	0.069	0.415	0.347	0.069	0.543	0.462	0.069	0.639	0.552	0.069	0.712	0.622
0.83	0.059	0.275	0.234	0.059	0.463	0.402	0.059	0.596	0.524	0.060	0.691	0.615	0.060	0.760	0.684
0.86	0.049	0.321	0.283	0.050	0.525	0.470	0.050	0.659	0.598	0.051	0.750	0.687	0.052	0.813	0.751
0.89	0.039	0.385	0.351	0.040	0.603	0.557	0.041	0.733	0.685	0.042	0.815	0.767	0.044	0.868	0.821
0.92	0.028	0.480	0.451	0.030	0.705	0.670	0.032	0.820	0.785	0.034	0.885	0.850	0.036	0.923	0.890
0.95	0.018	0.632	0.611	0.021	0.833	0.811	0.024	0.913	0.892	0.027	0.950	0.930	0.029	0.969	0.951
0.98	0.010	0.877	0.869	0.014	0.964	0.957	0.018	0.985	0.978	0.018	0.993	0.987	0.018	0.997	0.991

附表 C.1(d)

最优连接阻尼参数 ξ_{0opt}（目标 I, $\mu = 1.2$）

$\xi_1(\xi_2)$ β	0.01			0.02			0.03			0.04			0.05		
	ξ_{0opt}	R_1	R_2	ξ_{0opt}	R_1	R_2	ξ_{0opt}	R_1	R_2	ξ_{0opt}	R_1	R_2	ξ_{0opt}	R_1	R_2
0.10	0.220	0.084	0.008	0.216	0.158	0.016	0.212	0.225	0.023	0.208	0.284	0.030	0.204	0.338	0.037
0.11	0.219	0.084	0.009	0.215	0.159	0.017	0.211	0.225	0.025	0.207	0.285	0.033	0.204	0.339	0.041
0.14	0.217	0.085	0.011	0.213	0.160	0.022	0.209	0.228	0.033	0.206	0.288	0.043	0.202	0.342	0.052
0.17	0.214	0.086	0.014	0.210	0.162	0.027	0.207	0.230	0.040	0.203	0.291	0.052	0.200	0.345	0.064
0.20	0.211	0.087	0.017	0.207	0.165	0.032	0.204	0.234	0.048	0.200	0.295	0.062	0.196	0.350	0.076
0.23	0.207	0.089	0.019	0.204	0.168	0.038	0.200	0.237	0.055	0.197	0.300	0.072	0.193	0.355	0.089
0.26	0.203	0.091	0.022	0.200	0.171	0.044	0.196	0.242	0.064	0.193	0.305	0.083	0.189	0.362	0.102
0.29	0.198	0.093	0.026	0.195	0.175	0.050	0.192	0.247	0.073	0.188	0.311	0.094	0.185	0.369	0.115
0.32	0.193	0.095	0.029	0.190	0.179	0.056	0.186	0.253	0.082	0.184	0.318	0.106	0.180	0.377	0.130
0.35	0.187	0.098	0.033	0.184	0.184	0.063	0.181	0.259	0.092	0.178	0.326	0.119	0.175	0.385	0.145
0.38	0.181	0.101	0.037	0.178	0.190	0.071	0.175	0.267	0.102	0.172	0.335	0.132	0.170	0.395	0.161
0.41	0.174	0.105	0.041	0.172	0.196	0.079	0.169	0.275	0.114	0.166	0.345	0.147	0.164	0.406	0.178
0.44	0.168	0.109	0.045	0.165	0.203	0.087	0.162	0.285	0.126	0.160	0.356	0.163	0.158	0.419	0.197
0.47	0.160	0.114	0.051	0.158	0.211	0.097	0.156	0.295	0.140	0.153	0.368	0.179	0.151	0.432	0.216
0.50	0.153	0.119	0.056	0.150	0.220	0.108	0.148	0.307	0.155	0.146	0.382	0.198	0.144	0.447	0.238
0.53	0.145	0.125	0.063	0.143	0.230	0.119	0.141	0.320	0.171	0.139	0.397	0.218	0.137	0.464	0.261
0.56	0.137	0.131	0.070	0.135	0.242	0.132	0.133	0.335	0.189	0.131	0.414	0.240	0.129	0.482	0.287
0.59	0.128	0.139	0.078	0.127	0.255	0.147	0.125	0.351	0.209	0.123	0.433	0.264	0.122	0.503	0.314
0.62	0.120	0.148	0.087	0.118	0.270	0.164	0.117	0.370	0.231	0.115	0.454	0.291	0.114	0.525	0.345
0.65	0.111	0.159	0.098	0.110	0.287	0.183	0.108	0.392	0.257	0.107	0.478	0.321	0.106	0.55	0.379
0.68	0.102	0.171	0.111	0.101	0.307	0.205	0.100	0.416	0.285	0.099	0.505	0.355	0.098	0.578	0.416
0.71	0.093	0.186	0.125	0.092	0.330	0.230	0.091	0.444	0.318	0.090	0.535	0.393	0.090	0.609	0.457
0.74	0.084	0.203	0.143	0.083	0.357	0.260	0.082	0.476	0.356	0.082	0.570	0.436	0.082	0.644	0.503
0.77	0.075	0.225	0.165	0.074	0.390	0.296	0.074	0.514	0.400	0.074	0.609	0.485	0.073	0.682	0.554
0.80	0.065	0.252	0.193	0.065	0.430	0.339	0.065	0.558	0.452	0.065	0.653	0.540	0.065	0.724	0.610
0.83	0.056	0.287	0.228	0.056	0.479	0.393	0.056	0.610	0.513	0.056	0.704	0.604	0.057	0.771	0.672
0.86	0.046	0.334	0.276	0.046	0.539	0.460	0.047	0.672	0.587	0.048	0.761	0.676	0.049	0.822	0.740
0.89	0.037	0.399	0.342	0.037	0.617	0.547	0.038	0.745	0.674	0.040	0.824	0.757	0.042	0.875	0.812
0.92	0.027	0.494	0.441	0.028	0.717	0.659	0.030	0.829	0.776	0.032	0.890	0.843	0.034	0.927	0.884
0.95	0.018	0.645	0.600	0.020	0.841	0.803	0.023	0.917	0.886	0.026	0.952	0.926	0.028	0.971	0.947
0.98	0.009	0.883	0.863	0.013	0.966	0.954	0.016	0.986	0.977	0.018	0.993	0.985	0.017	0.997	0.990

附表 C.1(e)

最优连接阻尼参数 ξ_{0opt}（目标 I，$\mu = 1.5$）

$\xi_1(\xi_2)$	0.01			0.02			0.03			0.04			0.05		
β	ξ_{0opt}	R_1	R_2	ξ_{0opt}	R_1	R_2	ξ_{0opt}	R_1	R_2	ξ_{0opt}	R_1	R_2	ξ_{0opt}	R_1	R_2
0.10	0.194	0.094	0.008	0.190	0.176	0.016	0.187	0.248	0.023	0.183	0.311	0.030	0.180	0.367	0.037
0.11	0.193	0.095	0.009	0.190	0.177	0.017	0.186	0.249	0.026	0.183	0.312	0.033	0.179	0.368	0.041
0.14	0.191	0.095	0.012	0.188	0.178	0.022	0.184	0.251	0.033	0.181	0.315	0.043	0.178	0.371	0.052
0.17	0.189	0.097	0.014	0.186	0.180	0.028	0.182	0.254	0.040	0.179	0.318	0.052	0.176	0.375	0.064
0.20	0.186	0.098	0.017	0.183	0.183	0.033	0.180	0.257	0.048	0.177	0.322	0.062	0.174	0.379	0.076
0.23	0.183	0.100	0.020	0.180	0.186	0.038	0.177	0.261	0.056	0.174	0.326	0.072	0.171	0.384	0.088
0.26	0.180	0.102	0.023	0.176	0.189	0.044	0.174	0.265	0.064	0.170	0.332	0.083	0.168	0.391	0.101
0.29	0.176	0.104	0.026	0.172	0.193	0.050	0.170	0.270	0.073	0.167	0.338	0.094	0.164	0.397	0.114
0.32	0.171	0.106	0.029	0.168	0.197	0.057	0.166	0.276	0.082	0.163	0.345	0.106	0.160	0.405	0.128
0.35	0.166	0.109	0.033	0.164	0.203	0.063	0.161	0.283	0.092	0.158	0.353	0.118	0.156	0.414	0.143
0.38	0.161	0.113	0.037	0.158	0.208	0.071	0.156	0.290	0.102	0.154	0.362	0.132	0.151	0.424	0.159
0.41	0.156	0.116	0.041	0.153	0.215	0.079	0.151	0.299	0.114	0.148	0.371	0.146	0.146	0.434	0.176
0.44	0.150	0.121	0.046	0.147	0.222	0.088	0.145	0.308	0.126	0.143	0.382	0.161	0.141	0.446	0.194
0.47	0.143	0.125	0.051	0.141	0.230	0.097	0.139	0.319	0.139	0.137	0.395	0.178	0.135	0.460	0.213
0.50	0.137	0.131	0.057	0.135	0.239	0.107	0.133	0.331	0.153	0.131	0.408	0.196	0.129	0.474	0.234
0.53	0.130	0.137	0.063	0.128	0.250	0.119	0.126	0.344	0.169	0.125	0.423	0.215	0.123	0.491	0.257
0.56	0.123	0.144	0.070	0.122	0.262	0.132	0.120	0.359	0.187	0.118	0.440	0.237	0.116	0.509	0.282
0.59	0.116	0.152	0.078	0.114	0.275	0.146	0.113	0.375	0.207	0.111	0.459	0.260	0.110	0.529	0.309
0.62	0.108	0.162	0.087	0.107	0.290	0.162	0.106	0.394	0.228	0.104	0.480	0.287	0.103	0.550	0.339
0.65	0.101	0.173	0.098	0.100	0.308	0.181	0.098	0.416	0.253	0.097	0.503	0.316	0.096	0.575	0.372
0.68	0.093	0.186	0.110	0.092	0.328	0.202	0.091	0.440	0.281	0.090	0.529	0.349	0.089	0.602	0.408
0.71	0.085	0.201	0.125	0.084	0.352	0.227	0.083	0.468	0.313	0.082	0.559	0.386	0.082	0.632	0.448
0.74	0.076	0.219	0.142	0.076	0.380	0.256	0.075	0.500	0.350	0.075	0.592	0.428	0.074	0.665	0.493
0.77	0.068	0.242	0.164	0.068	0.413	0.291	0.067	0.537	0.393	0.067	0.630	0.476	0.067	0.702	0.544
0.80	0.060	0.270	0.191	0.059	0.452	0.334	0.059	0.580	0.444	0.059	0.673	0.531	0.060	0.742	0.600
0.83	0.051	0.306	0.225	0.051	0.501	0.386	0.051	0.631	0.505	0.052	0.722	0.594	0.052	0.786	0.662
0.86	0.042	0.354	0.272	0.042	0.561	0.453	0.043	0.691	0.578	0.044	0.776	0.666	0.045	0.834	0.731
0.89	0.034	0.420	0.337	0.034	0.637	0.538	0.036	0.761	0.665	0.037	0.836	0.748	0.038	0.884	0.804
0.92	0.025	0.515	0.434	0.026	0.733	0.651	0.028	0.840	0.768	0.030	0.898	0.836	0.032	0.932	0.878
0.95	0.016	0.664	0.592	0.018	0.852	0.796	0.021	0.923	0.881	0.024	0.956	0.921	0.026	0.973	0.944
0.98	0.008	0.892	0.858	0.012	0.969	0.952	0.015	0.987	0.975	0.016	0.994	0.984	0.016	0.997	0.989

附表 C.2(a)　最优连接阻尼参数 ξ 0opt（目标Ⅲ, μ=1.2）

ξ₁(ξ₂)	0.01				0.02				0.03				0.04				0.05			
β	ξ_{0opt}	R_1	R_2	R_3	ξ_{0opt}	R_1	R_2	R_3	ξ_{0opt}	R_1	R_2	R_3	ξ_{0opt}	R_1	R_2	R_3	ξ_{0opt}	R_1	R_2	R_3
0.10	0.215	0.084	0.008	0.016	0.215	0.158	0.016	0.031	0.215	0.225	0.023	0.045	0.215	0.284	0.030	0.057	0.216	0.338	0.037	0.069
0.11	0.214	0.084	0.009	0.018	0.214	0.159	0.017	0.034	0.214	0.225	0.025	0.049	0.214	0.285	0.033	0.063	0.215	0.339	0.041	0.076
0.14	0.212	0.085	0.011	0.022	0.212	0.160	0.022	0.042	0.212	0.228	0.033	0.061	0.212	0.288	0.043	0.078	0.213	0.342	0.052	0.094
0.17	0.209	0.086	0.014	0.026	0.209	0.162	0.027	0.05	0.209	0.230	0.040	0.072	0.209	0.291	0.052	0.093	0.210	0.346	0.064	0.112
0.20	0.206	0.088	0.017	0.030	0.206	0.165	0.032	0.058	0.206	0.234	0.048	0.084	0.206	0.295	0.062	0.107	0.206	0.350	0.076	0.129
0.23	0.202	0.089	0.019	0.034	0.202	0.168	0.038	0.066	0.202	0.237	0.055	0.095	0.202	0.300	0.072	0.121	0.203	0.356	0.088	0.146
0.26	0.198	0.091	0.022	0.039	0.198	0.171	0.044	0.074	0.198	0.242	0.064	0.106	0.198	0.305	0.083	0.136	0.198	0.362	0.101	0.163
0.29	0.193	0.093	0.026	0.043	0.193	0.175	0.050	0.082	0.193	0.247	0.073	0.118	0.193	0.311	0.094	0.150	0.194	0.369	0.115	0.180
0.32	0.188	0.095	0.029	0.047	0.188	0.179	0.056	0.090	0.188	0.253	0.082	0.129	0.188	0.318	0.106	0.165	0.189	0.377	0.129	0.198
0.35	0.182	0.098	0.033	0.052	0.182	0.184	0.063	0.099	0.182	0.259	0.092	0.141	0.182	0.326	0.119	0.180	0.183	0.386	0.144	0.216
0.38	0.176	0.101	0.036	0.057	0.176	0.190	0.071	0.108	0.176	0.267	0.102	0.154	0.176	0.335	0.132	0.196	0.177	0.396	0.161	0.234
0.41	0.170	0.105	0.041	0.062	0.170	0.196	0.079	0.117	0.170	0.275	0.114	0.167	0.170	0.345	0.147	0.212	0.171	0.407	0.178	0.253
0.44	0.163	0.109	0.045	0.067	0.163	0.203	0.087	0.127	0.163	0.285	0.126	0.181	0.164	0.356	0.162	0.229	0.164	0.419	0.196	0.273
0.47	0.156	0.114	0.051	0.073	0.156	0.211	0.097	0.138	0.156	0.295	0.140	0.196	0.157	0.368	0.179	0.247	0.158	0.432	0.216	0.294
0.50	0.149	0.119	0.056	0.080	0.149	0.220	0.108	0.150	0.149	0.307	0.155	0.212	0.150	0.382	0.198	0.267	0.150	0.447	0.238	0.316
0.53	0.141	0.125	0.063	0.087	0.142	0.230	0.119	0.162	0.142	0.320	0.171	0.229	0.142	0.397	0.218	0.288	0.143	0.464	0.261	0.340
0.56	0.133	0.132	0.070	0.095	0.134	0.242	0.132	0.176	0.134	0.335	0.189	0.247	0.134	0.414	0.240	0.310	0.135	0.482	0.286	0.365
0.59	0.125	0.139	0.078	0.103	0.126	0.255	0.147	0.192	0.126	0.351	0.209	0.268	0.126	0.433	0.264	0.334	0.127	0.503	0.314	0.392
0.62	0.117	0.148	0.087	0.113	0.118	0.270	0.164	0.209	0.118	0.370	0.231	0.291	0.118	0.454	0.291	0.361	0.119	0.525	0.344	0.422
0.65	0.108	0.159	0.098	0.125	0.109	0.287	0.183	0.228	0.109	0.392	0.257	0.316	0.110	0.478	0.321	0.390	0.111	0.551	0.378	0.454
0.68	0.100	0.171	0.110	0.138	0.100	0.307	0.204	0.250	0.100	0.416	0.285	0.344	0.102	0.505	0.355	0.422	0.103	0.578	0.415	0.488
0.71	0.091	0.186	0.125	0.153	0.091	0.330	0.230	0.276	0.092	0.444	0.318	0.376	0.093	0.535	0.393	0.458	0.094	0.609	0.456	0.527
0.74	0.082	0.204	0.143	0.172	0.082	0.357	0.260	0.306	0.083	0.476	0.356	0.413	0.084	0.570	0.436	0.499	0.086	0.644	0.502	0.569
0.77	0.073	0.225	0.165	0.194	0.073	0.390	0.296	0.341	0.074	0.514	0.400	0.455	0.076	0.609	0.484	0.544	0.078	0.682	0.553	0.615
0.80	0.064	0.252	0.193	0.222	0.064	0.430	0.339	0.384	0.066	0.558	0.452	0.504	0.067	0.653	0.540	0.595	0.070	0.725	0.609	0.666
0.83	0.055	0.288	0.228	0.258	0.055	0.479	0.393	0.435	0.057	0.610	0.513	0.562	0.059	0.704	0.603	0.653	0.061	0.772	0.671	0.721
0.86	0.046	0.334	0.276	0.305	0.046	0.539	0.460	0.500	0.048	0.672	0.587	0.630	0.050	0.761	0.675	0.719	0.054	0.822	0.739	0.781
0.89	0.037	0.399	0.342	0.371	0.037	0.617	0.547	0.583	0.040	0.745	0.674	0.711	0.043	0.824	0.756	0.791	0.046	0.875	0.811	0.844
0.92	0.026	0.494	0.441	0.469	0.028	0.717	0.659	0.689	0.032	0.829	0.776	0.804	0.036	0.891	0.842	0.868	0.040	0.927	0.882	0.906
0.95	0.017	0.645	0.600	0.624	0.020	0.841	0.803	0.823	0.024	0.917	0.886	0.903	0.030	0.953	0.925	0.940	0.035	0.971	0.945	0.959
0.98	0.009	0.883	0.863	0.874	0.014	0.966	0.954	0.961	0.020	0.986	0.976	0.982	0.026	0.994	0.984	0.989	0.033	0.997	0.988	0.993

附表 C.2(b)

最优连接阻尼参数 ξ_{0opt}（目标Ⅲ，$\mu=1.3$）

$\xi_1(\xi_2)$ β	0.01				0.02				0.03				0.04				0.05			
	ξ_{0opt}	R_1	R_2	R_3	ξ_{0opt}	R_1	R_2	R_3	ξ_{0opt}	R_1	R_2	R_3	ξ_{0opt}	R_1	R_2	R_3	ξ_{0opt}	R_1	R_2	R_3
0.10	0.202	0.087	0.008	0.017	0.202	0.164	0.016	0.033	0.202	0.233	0.023	0.047	0.202	0.293	0.030	0.060	0.202	0.348	0.037	0.073
0.11	0.202	0.088	0.009	0.019	0.201	0.165	0.017	0.036	0.201	0.233	0.025	0.051	0.201	0.294	0.033	0.066	0.202	0.349	0.041	0.079
0.14	0.200	0.089	0.011	0.023	0.199	0.167	0.022	0.044	0.199	0.235	0.033	0.064	0.199	0.297	0.042	0.082	0.200	0.352	0.052	0.098
0.17	0.197	0.090	0.014	0.028	0.197	0.169	0.027	0.053	0.196	0.238	0.040	0.076	0.196	0.300	0.052	0.097	0.197	0.356	0.064	0.117
0.20	0.194	0.091	0.017	0.032	0.194	0.171	0.032	0.061	0.194	0.241	0.047	0.088	0.194	0.304	0.062	0.112	0.194	0.360	0.076	0.134
0.23	0.191	0.093	0.019	0.036	0.190	0.174	0.038	0.069	0.190	0.245	0.055	0.099	0.190	0.309	0.072	0.127	0.190	0.365	0.088	0.152
0.26	0.187	0.095	0.022	0.041	0.186	0.177	0.044	0.077	0.186	0.250	0.064	0.111	0.186	0.314	0.083	0.141	0.186	0.372	0.101	0.169
0.29	0.182	0.097	0.026	0.045	0.182	0.181	0.050	0.086	0.182	0.255	0.072	0.122	0.182	0.320	0.094	0.156	0.182	0.379	0.115	0.187
0.32	0.178	0.099	0.029	0.050	0.177	0.185	0.056	0.094	0.177	0.261	0.082	0.134	0.177	0.327	0.106	0.171	0.178	0.386	0.129	0.204
0.35	0.172	0.102	0.033	0.054	0.172	0.190	0.063	0.103	0.172	0.267	0.092	0.147	0.172	0.335	0.118	0.186	0.172	0.395	0.144	0.222
0.38	0.166	0.105	0.036	0.059	0.166	0.196	0.070	0.112	0.166	0.275	0.102	0.159	0.166	0.344	0.132	0.202	0.167	0.405	0.160	0.241
0.41	0.160	0.109	0.041	0.064	0.160	0.202	0.078	0.121	0.161	0.283	0.113	0.172	0.161	0.354	0.146	0.218	0.161	0.416	0.177	0.260
0.44	0.154	0.113	0.045	0.070	0.154	0.209	0.087	0.132	0.154	0.293	0.126	0.186	0.154	0.365	0.162	0.236	0.155	0.428	0.195	0.280
0.47	0.148	0.118	0.050	0.076	0.148	0.217	0.097	0.142	0.148	0.303	0.139	0.201	0.148	0.377	0.178	0.254	0.149	0.442	0.215	0.301
0.50	0.141	0.123	0.056	0.082	0.141	0.227	0.107	0.154	0.141	0.315	0.154	0.217	0.141	0.391	0.197	0.273	0.142	0.457	0.236	0.323
0.53	0.134	0.129	0.062	0.090	0.134	0.237	0.119	0.167	0.134	0.328	0.170	0.234	0.134	0.406	0.217	0.294	0.135	0.473	0.259	0.346
0.56	0.126	0.136	0.069	0.097	0.127	0.248	0.132	0.181	0.127	0.343	0.188	0.253	0.127	0.423	0.238	0.316	0.128	0.491	0.284	0.372
0.59	0.119	0.144	0.078	0.106	0.119	0.262	0.146	0.196	0.120	0.360	0.208	0.273	0.120	0.442	0.262	0.340	0.120	0.512	0.312	0.399
0.62	0.111	0.153	0.087	0.116	0.112	0.277	0.163	0.214	0.112	0.378	0.230	0.296	0.112	0.463	0.289	0.367	0.113	0.534	0.342	0.428
0.65	0.103	0.163	0.097	0.128	0.104	0.294	0.181	0.233	0.104	0.400	0.255	0.321	0.104	0.487	0.319	0.396	0.105	0.559	0.375	0.459
0.68	0.095	0.176	0.110	0.141	0.096	0.314	0.203	0.255	0.096	0.424	0.283	0.349	0.096	0.513	0.352	0.428	0.098	0.586	0.412	0.494
0.71	0.087	0.191	0.124	0.156	0.087	0.337	0.228	0.281	0.087	0.452	0.316	0.381	0.088	0.543	0.390	0.464	0.090	0.617	0.453	0.532
0.74	0.078	0.209	0.142	0.175	0.079	0.365	0.258	0.310	0.079	0.484	0.353	0.418	0.080	0.577	0.432	0.503	0.082	0.651	0.498	0.573
0.77	0.070	0.231	0.164	0.197	0.071	0.398	0.293	0.346	0.071	0.522	0.397	0.459	0.072	0.616	0.481	0.548	0.074	0.689	0.549	0.619
0.80	0.061	0.258	0.191	0.225	0.062	0.437	0.336	0.388	0.062	0.566	0.449	0.508	0.064	0.660	0.536	0.599	0.066	0.731	0.605	0.669
0.83	0.053	0.294	0.226	0.261	0.054	0.486	0.390	0.440	0.054	0.617	0.510	0.566	0.056	0.710	0.600	0.657	0.058	0.777	0.668	0.724
0.86	0.044	0.341	0.273	0.309	0.046	0.547	0.457	0.504	0.046	0.678	0.583	0.633	0.048	0.766	0.672	0.722	0.051	0.826	0.736	0.784
0.89	0.036	0.406	0.339	0.375	0.038	0.624	0.543	0.586	0.038	0.750	0.670	0.713	0.041	0.828	0.753	0.793	0.044	0.878	0.808	0.846
0.92	0.027	0.502	0.437	0.472	0.030	0.722	0.656	0.692	0.030	0.833	0.773	0.805	0.034	0.893	0.840	0.869	0.038	0.929	0.880	0.907
0.95	0.020	0.651	0.597	0.627	0.024	0.845	0.801	0.825	0.024	0.919	0.884	0.903	0.028	0.954	0.923	0.940	0.034	0.972	0.944	0.960
0.98	0.014	0.886	0.861	0.875	0.019	0.967	0.953	0.961	0.019	0.987	0.975	0.982	0.025	0.994	0.984	0.989	0.032	0.997	0.988	0.993

附表 C.2(c)

最优连接阻尼参数 ξ0opt（目标Ⅲ，μ=1.5）

ξ1(ξ2) β	0.01				0.02				0.03				0.04				0.05			
	ξ0opt	R1	R2	R3	ξ0opt	R1	R2	R3	ξ0opt	R1	R2	R3	ξ0opt	R1	R2	R3	ξ0opt	R1	R2	R3
0.10	0.182	0.094	0.008	0.019	0.181	0.176	0.016	0.037	0.181	0.248	0.023	0.052	0.180	0.311	0.030	0.067	0.180	0.367	0.037	0.080
0.11	0.182	0.095	0.009	0.021	0.181	0.177	0.017	0.040	0.180	0.249	0.025	0.057	0.180	0.312	0.033	0.073	0.180	0.368	0.041	0.087
0.14	0.180	0.096	0.011	0.026	0.179	0.178	0.022	0.049	0.178	0.251	0.033	0.071	0.178	0.315	0.043	0.090	0.178	0.371	0.052	0.107
0.17	0.178	0.097	0.014	0.031	0.177	0.181	0.027	0.059	0.176	0.254	0.040	0.083	0.176	0.318	0.052	0.106	0.176	0.375	0.064	0.127
0.20	0.175	0.098	0.017	0.036	0.174	0.183	0.033	0.067	0.174	0.257	0.048	0.096	0.173	0.322	0.062	0.122	0.173	0.379	0.076	0.146
0.23	0.172	0.100	0.020	0.040	0.171	0.186	0.038	0.076	0.171	0.261	0.056	0.108	0.170	0.327	0.072	0.137	0.170	0.385	0.088	0.164
0.26	0.169	0.102	0.023	0.045	0.168	0.189	0.044	0.085	0.167	0.265	0.064	0.120	0.167	0.332	0.083	0.153	0.167	0.391	0.101	0.182
0.29	0.165	0.104	0.026	0.050	0.164	0.193	0.050	0.093	0.164	0.271	0.073	0.133	0.163	0.338	0.094	0.168	0.163	0.397	0.114	0.200
0.32	0.160	0.107	0.029	0.054	0.160	0.198	0.056	0.102	0.159	0.276	0.082	0.145	0.159	0.345	0.106	0.183	0.159	0.405	0.128	0.218
0.35	0.156	0.109	0.033	0.059	0.155	0.203	0.063	0.111	0.155	0.283	0.092	0.157	0.155	0.353	0.118	0.199	0.155	0.414	0.143	0.236
0.38	0.151	0.113	0.037	0.064	0.150	0.208	0.071	0.121	0.150	0.291	0.102	0.170	0.150	0.362	0.131	0.215	0.150	0.424	0.159	0.255
0.41	0.146	0.117	0.041	0.070	0.145	0.215	0.078	0.130	0.145	0.299	0.113	0.184	0.145	0.371	0.146	0.232	0.145	0.434	0.176	0.274
0.44	0.140	0.121	0.046	0.075	0.140	0.222	0.087	0.141	0.140	0.308	0.125	0.198	0.139	0.382	0.161	0.249	0.140	0.446	0.194	0.294
0.47	0.134	0.126	0.051	0.082	0.134	0.230	0.097	0.152	0.134	0.319	0.139	0.213	0.134	0.395	0.177	0.267	0.134	0.460	0.213	0.315
0.50	0.128	0.131	0.056	0.088	0.128	0.240	0.107	0.164	0.128	0.331	0.153	0.229	0.128	0.408	0.195	0.287	0.128	0.474	0.234	0.337
0.53	0.122	0.137	0.062	0.096	0.122	0.250	0.118	0.177	0.122	0.344	0.169	0.247	0.122	0.423	0.215	0.307	0.122	0.491	0.257	0.361
0.56	0.116	0.144	0.069	0.104	0.115	0.262	0.131	0.191	0.115	0.359	0.187	0.265	0.115	0.440	0.237	0.329	0.116	0.509	0.282	0.385
0.59	0.109	0.153	0.077	0.113	0.108	0.275	0.146	0.206	0.108	0.376	0.206	0.286	0.108	0.459	0.260	0.353	0.109	0.529	0.309	0.412
0.62	0.102	0.162	0.086	0.123	0.101	0.291	0.162	0.224	0.101	0.395	0.228	0.308	0.102	0.48	0.287	0.380	0.102	0.550	0.339	0.441
0.65	0.094	0.173	0.097	0.134	0.094	0.308	0.180	0.243	0.094	0.416	0.253	0.333	0.095	0.503	0.316	0.408	0.096	0.575	0.372	0.472
0.68	0.087	0.186	0.109	0.148	0.087	0.328	0.202	0.266	0.087	0.440	0.281	0.361	0.088	0.529	0.349	0.440	0.089	0.602	0.408	0.506
0.71	0.080	0.201	0.124	0.164	0.079	0.352	0.226	0.291	0.080	0.468	0.313	0.393	0.080	0.559	0.386	0.475	0.082	0.632	0.448	0.543
0.74	0.072	0.220	0.141	0.182	0.072	0.380	0.256	0.321	0.072	0.500	0.350	0.429	0.073	0.593	0.428	0.514	0.074	0.665	0.493	0.584
0.77	0.064	0.242	0.163	0.205	0.064	0.413	0.290	0.356	0.065	0.537	0.393	0.470	0.066	0.630	0.476	0.559	0.067	0.702	0.544	0.628
0.80	0.056	0.270	0.189	0.234	0.056	0.453	0.333	0.398	0.057	0.581	0.444	0.518	0.058	0.673	0.531	0.609	0.060	0.742	0.600	0.677
0.83	0.048	0.307	0.224	0.270	0.048	0.501	0.385	0.450	0.050	0.631	0.505	0.575	0.051	0.722	0.594	0.665	0.053	0.786	0.662	0.731
0.86	0.040	0.354	0.270	0.318	0.040	0.561	0.452	0.514	0.042	0.691	0.577	0.641	0.044	0.776	0.666	0.728	0.047	0.834	0.730	0.789
0.89	0.032	0.420	0.335	0.384	0.032	0.637	0.537	0.595	0.034	0.761	0.665	0.720	0.037	0.836	0.748	0.798	0.040	0.884	0.803	0.849
0.92	0.023	0.516	0.433	0.481	0.025	0.734	0.650	0.699	0.028	0.840	0.768	0.810	0.031	0.898	0.836	0.872	0.035	0.932	0.877	0.909
0.95	0.015	0.664	0.591	0.634	0.018	0.852	0.796	0.829	0.022	0.923	0.881	0.906	0.026	0.956	0.921	0.942	0.031	0.973	0.942	0.961
0.98	0.008	0.892	0.858	0.878	0.013	0.969	0.951	0.962	0.018	0.987	0.975	0.982	0.024	0.994	0.983	0.990	0.029	0.997	0.987	0.993

附表 C.2(d)

最优连接阻尼参数 ξ_{0opt}（目标Ⅲ，$\mu=1.8$）

$\xi_1(\xi_2)$	0.01				0.02				0.03				0.04				0.05			
β	ξ_{0opt}	R_1	R_2	R_3	ξ_{0opt}	R_1	R_2	R_3	ξ_{0opt}	R_1	R_2	R_3	ξ_{0opt}	R_1	R_2	R_3	ξ_{0opt}	R_1	R_2	R_3
0.10	0.160	0.105	0.008	0.023	0.158	0.194	0.016	0.043	0.157	0.270	0.023	0.061	0.156	0.336	0.030	0.077	0.156	0.394	0.037	0.092
0.11	0.160	0.105	0.009	0.025	0.158	0.194	0.018	0.047	0.157	0.271	0.026	0.066	0.156	0.337	0.034	0.084	0.156	0.395	0.041	0.099
0.14	0.158	0.106	0.012	0.031	0.156	0.196	0.023	0.058	0.155	0.273	0.033	0.081	0.154	0.340	0.043	0.103	0.154	0.398	0.052	0.122
0.17	0.156	0.107	0.014	0.036	0.155	0.198	0.028	0.068	0.154	0.276	0.041	0.096	0.153	0.343	0.053	0.121	0.152	0.402	0.064	0.143
0.20	0.154	0.109	0.017	0.041	0.152	0.201	0.033	0.078	0.151	0.279	0.048	0.109	0.151	0.347	0.062	0.138	0.150	0.406	0.076	0.163
0.23	0.151	0.110	0.020	0.047	0.150	0.204	0.039	0.087	0.149	0.283	0.056	0.123	0.148	0.352	0.073	0.154	0.148	0.411	0.088	0.183
0.26	0.148	0.112	0.023	0.052	0.147	0.207	0.045	0.096	0.146	0.288	0.065	0.136	0.145	0.357	0.083	0.171	0.145	0.417	0.101	0.202
0.29	0.145	0.115	0.026	0.057	0.144	0.211	0.051	0.106	0.143	0.293	0.073	0.149	0.142	0.363	0.094	0.187	0.142	0.424	0.114	0.221
0.32	0.142	0.117	0.030	0.062	0.140	0.216	0.057	0.115	0.139	0.299	0.082	0.162	0.139	0.370	0.106	0.203	0.138	0.432	0.128	0.239
0.35	0.138	0.120	0.033	0.067	0.136	0.221	0.064	0.125	0.136	0.306	0.092	0.175	0.135	0.378	0.119	0.219	0.135	0.440	0.143	0.258
0.38	0.134	0.124	0.037	0.073	0.132	0.227	0.071	0.135	0.132	0.313	0.103	0.188	0.131	0.387	0.132	0.235	0.131	0.450	0.159	0.277
0.41	0.129	0.128	0.042	0.078	0.128	0.233	0.079	0.145	0.127	0.322	0.114	0.202	0.127	0.397	0.146	0.252	0.126	0.461	0.176	0.297
0.44	0.124	0.132	0.046	0.084	0.123	0.241	0.088	0.156	0.122	0.331	0.126	0.217	0.122	0.407	0.161	0.270	0.122	0.472	0.193	0.317
0.47	0.119	0.137	0.051	0.091	0.118	0.249	0.097	0.167	0.118	0.342	0.139	0.232	0.117	0.420	0.177	0.288	0.117	0.485	0.213	0.338
0.50	0.114	0.143	0.057	0.098	0.113	0.259	0.108	0.179	0.112	0.354	0.153	0.248	0.112	0.433	0.195	0.308	0.112	0.500	0.233	0.360
0.53	0.108	0.150	0.063	0.105	0.108	0.270	0.119	0.193	0.107	0.367	0.169	0.266	0.107	0.448	0.214	0.328	0.107	0.516	0.256	0.383
0.56	0.103	0.157	0.070	0.114	0.102	0.282	0.132	0.207	0.102	0.382	0.187	0.285	0.101	0.465	0.236	0.351	0.102	0.533	0.280	0.407
0.59	0.097	0.166	0.078	0.123	0.096	0.295	0.146	0.223	0.096	0.399	0.206	0.305	0.096	0.483	0.259	0.374	0.096	0.553	0.307	0.433
0.62	0.090	0.176	0.087	0.134	0.090	0.311	0.162	0.241	0.090	0.418	0.227	0.328	0.090	0.504	0.285	0.400	0.090	0.574	0.336	0.462
0.65	0.084	0.187	0.098	0.146	0.084	0.329	0.180	0.260	0.084	0.439	0.252	0.353	0.084	0.527	0.314	0.429	0.084	0.598	0.368	0.492
0.68	0.078	0.201	0.110	0.160	0.077	0.350	0.201	0.283	0.077	0.463	0.279	0.381	0.078	0.553	0.346	0.460	0.078	0.624	0.404	0.525
0.71	0.071	0.217	0.124	0.176	0.071	0.373	0.226	0.309	0.071	0.491	0.311	0.412	0.071	0.581	0.383	0.494	0.072	0.653	0.444	0.561
0.74	0.064	0.236	0.141	0.195	0.064	0.402	0.255	0.338	0.064	0.523	0.347	0.447	0.065	0.614	0.424	0.533	0.066	0.684	0.489	0.600
0.77	0.057	0.259	0.162	0.219	0.057	0.435	0.289	0.374	0.058	0.559	0.390	0.488	0.058	0.651	0.472	0.576	0.060	0.720	0.539	0.644
0.80	0.050	0.288	0.189	0.248	0.050	0.475	0.331	0.416	0.051	0.602	0.440	0.536	0.052	0.692	0.526	0.624	0.053	0.758	0.594	0.691
0.83	0.043	0.326	0.223	0.284	0.043	0.523	0.382	0.467	0.044	0.651	0.500	0.591	0.046	0.739	0.589	0.679	0.047	0.800	0.656	0.743
0.86	0.036	0.374	0.269	0.333	0.036	0.582	0.448	0.530	0.037	0.709	0.572	0.655	0.039	0.790	0.661	0.740	0.042	0.845	0.725	0.798
0.89	0.028	0.441	0.333	0.400	0.029	0.657	0.533	0.609	0.031	0.776	0.660	0.731	0.033	0.847	0.743	0.807	0.036	0.892	0.799	0.856
0.92	0.021	0.537	0.429	0.496	0.022	0.749	0.645	0.710	0.024	0.851	0.763	0.818	0.028	0.905	0.832	0.878	0.031	0.937	0.873	0.913
0.95	0.014	0.682	0.586	0.647	0.016	0.862	0.792	0.836	0.019	0.929	0.877	0.910	0.023	0.959	0.918	0.944	0.027	0.975	0.941	0.962
0.98	0.007	0.899	0.854	0.883	0.011	0.971	0.950	0.964	0.016	0.988	0.974	0.983	0.021	0.995	0.983	0.990	0.026	0.998	0.987	0.994

附录 D 最优连接参数 β_0, ξ_0

非对称连接时最优连接刚度参数 β_{01}, β_{02}

附表 D.1

μ_0	β	μ	目标I β_{01}	目标I β_{02}	目标I R_1	目标I R_2	目标II β_{01}	目标II β_{02}	目标II R_1	目标II R_2	目标III β_{01}	目标III β_{02}	目标III R_1	目标III R_2	目标III R_3
0.1	0.5	0.6	0.89	0.23	0.44	0.98	0.02	0.46	1.00	0.51	0.04	0.46	0.99	0.51	0.62
		0.8	0.89	0.23	0.44	0.97	0.04	0.46	0.99	0.48	0.06	0.46	0.99	0.48	0.62
		1.0	0.89	0.23	0.44	0.97	0.06	0.45	0.99	0.45	0.09	0.45	0.98	0.45	0.63
	0.7	0.6	0.89	0.30	0.43	1.03	0.02	0.65	0.99	0.51	0.09	0.65	0.98	0.51	0.65
		0.8	0.89	0.30	0.44	1.04	0.05	0.64	0.99	0.48	0.15	0.63	0.96	0.48	0.65
		1.0	0.89	0.30	0.44	1.06	0.07	0.63	0.98	0.45	0.21	0.61	0.94	0.47	0.66
	0.9	0.6	0.89	0.08	0.45	0.99	0.06	0.83	0.98	0.51	0.43	0.75	0.73	0.58	0.63
		0.8	0.89	0.08	0.45	0.99	0.10	0.82	0.96	0.47	0.53	0.69	0.65	0.58	0.61
		1.0	0.89	0.08	0.45	0.99	0.14	0.80	0.94	0.45	0.59	0.64	0.61	0.58	0.59
	1.0	0.6	0.89	0.12	0.45	0.97	0.06	0.93	0.98	0.51	0.57	0.75	0.59	0.58	0.59
		0.8	0.89	0.12	0.45	0.97	0.10	0.91	0.97	0.47	0.62	0.70	0.56	0.56	0.56
		1.0	0.89	0.12	0.45	0.96	0.12	0.89	0.96	0.45	0.66	0.66	0.54	0.54	0.54
0.2	0.5	0.6	0.83	0.38	0.36	1.00	0.07	0.44	0.97	0.43	0.10	0.44	0.96	0.44	0.56
		0.8	0.83	0.38	0.36	1.01	0.08	0.43	0.97	0.41	0.14	0.42	0.94	0.42	0.56
		1.0	0.83	0.38	0.36	1.02	0.10	0.41	0.96	0.39	0.17	0.40	0.92	0.40	0.58
	0.7	0.6	0.85	0.45	0.36	1.11	0.09	0.62	0.96	0.44	0.24	0.59	0.87	0.45	0.58
		0.8	0.85	0.44	0.36	1.14	0.12	0.59	0.94	0.41	0.32	0.55	0.81	0.45	0.58
		1.0	0.86	0.44	0.36	1.18	0.14	0.58	0.93	0.39	0.39	0.51	0.75	0.46	0.58
	0.9	0.6	0.81	0.13	0.40	0.95	0.17	0.78	0.87	0.43	0.49	0.69	0.55	0.49	0.51
		0.8	0.81	0.13	0.40	0.94	0.20	0.75	0.85	0.40	0.54	0.64	0.52	0.47	0.49
		1.0	0.81	0.13	0.40	0.93	0.23	0.72	0.83	0.38	0.58	0.60	0.49	0.46	0.48
	1.0	0.6	0.81	0.18	0.39	0.93	0.14	0.87	0.91	0.43	0.55	0.72	0.48	0.48	0.48
		0.8	0.81	0.18	0.39	0.90	0.16	0.84	0.89	0.41	0.60	0.67	0.45	0.46	0.45
		1.0	0.81	0.18	0.39	0.88	0.18	0.81	0.88	0.39	0.63	0.63	0.44	0.44	0.44

（续表）

μ_0	β	μ	目标 I				目标 II				目标 III				
			β_{01}	β_{02}	R_1	R_2	β_{01}	β_{02}	R_1	R_2	β_{01}	β_{02}	R_1	R_2	R_3
0.3	0.5	0.6	0.80	0.43	0.32	1.05	0.09	0.42	0.94	0.40	0.15	0.41	0.90	0.41	0.52
		0.8	0.80	0.43	0.32	1.06	0.11	0.40	0.93	0.38	0.19	0.39	0.87	0.39	0.53
		1.0	0.81	0.43	0.32	1.08	0.12	0.38	0.92	0.37	0.22	0.37	0.85	0.39	0.54
	0.7	0.6	0.81	0.56	0.36	1.11	0.14	0.58	0.90	0.40	0.33	0.54	0.73	0.44	0.53
		0.8	0.81	0.56	0.36	1.15	0.16	0.56	0.89	0.38	0.40	0.49	0.66	0.44	0.52
		1.0	0.80	0.56	0.36	1.16	0.18	0.53	0.87	0.37	0.44	0.46	0.62	0.45	0.52
	0.9	0.6	0.75	0.15	0.38	0.92	0.22	0.73	0.77	0.39	0.49	0.66	0.48	0.43	0.45
		0.8	0.75	0.15	0.38	0.89	0.26	0.69	0.73	0.37	0.53	0.61	0.46	0.42	0.43
		1.0	0.75	0.15	0.38	0.87	0.27	0.66	0.73	0.36	0.57	0.57	0.43	0.41	0.42
	1.0	0.6	0.75	0.21	0.37	0.88	0.18	0.82	0.83	0.40	0.53	0.70	0.43	0.43	0.43
		0.8	0.75	0.21	0.37	0.84	0.20	0.78	0.81	0.38	0.57	0.65	0.41	0.41	0.41
		1.0	0.75	0.21	0.37	0.81	0.21	0.75	0.81	0.37	0.60	0.60	0.40	0.40	0.40
0.4	0.5	0.6	0.78	0.43	0.30	1.08	0.11	0.4	0.91	0.38	0.18	0.39	0.84	0.39	0.50
		0.8	0.79	0.43	0.30	1.11	0.12	0.38	0.90	0.37	0.22	0.36	0.81	0.38	0.50
		1.0	0.79	0.42	0.29	1.14	0.13	0.36	0.89	0.35	0.25	0.34	0.78	0.38	0.51
	0.7	0.6	0.70	0.70	0.37	1.03	0.15	0.56	0.86	0.38	0.36	0.51	0.64	0.42	0.49
		0.8	0.69	0.68	0.37	1.03	0.18	0.53	0.84	0.36	0.42	0.46	0.58	0.43	0.48
		1.0	0.69	0.65	0.37	1.03	0.20	0.50	0.82	0.35	0.46	0.42	0.53	0.43	0.48
	0.9	0.6	0.70	0.16	0.36	0.89	0.25	0.69	0.68	0.37	0.47	0.64	0.44	0.40	0.41
		0.8	0.70	0.16	0.36	0.85	0.27	0.65	0.67	0.35	0.51	0.59	0.42	0.38	0.40
		1.0	0.70	0.16	0.36	0.82	0.30	0.61	0.64	0.34	0.55	0.54	0.41	0.38	0.39
	1.0	0.6	0.70	0.22	0.35	0.84	0.20	0.78	0.76	0.38	0.51	0.68	0.40	0.40	0.40
		0.8	0.70	0.22	0.35	0.79	0.21	0.74	0.76	0.36	0.55	0.62	0.38	0.38	0.38
		1.0	0.70	0.22	0.35	0.75	0.22	0.70	0.75	0.35	0.58	0.57	0.37	0.37	0.37

（续表）

μ_0	β	μ	目标 I				目标 II				目标 III				
			β_{01}	β_{02}	R_1	R_2	β_{01}	β_{02}	R_1	R_2	β_{01}	β_{02}	R_1	R_2	R_3
0.5	0.5	0.6	0.77	0.41	0.29	1.11	0.12	0.38	0.88	0.37	0.21	0.37	0.78	0.38	0.47
		0.8	0.77	0.39	0.29	1.15	0.13	0.36	0.87	0.35	0.24	0.34	0.74	0.38	0.48
		1.0	0.78	0.38	0.29	1.18	0.14	0.34	0.86	0.34	0.28	0.31	0.70	0.38	0.49
	0.7	0.6	0.65	0.09	0.37	0.92	0.18	0.53	0.80	0.37	0.38	0.48	0.57	0.41	0.46
		0.8	0.65	0.09	0.37	0.90	0.19	0.50	0.79	0.35	0.43	0.44	0.52	0.41	0.45
		1.0	0.65	0.09	0.37	0.88	0.21	0.47	0.77	0.34	0.46	0.40	0.49	0.41	0.44
	0.9	0.6	0.66	0.17	0.36	0.85	0.27	0.66	0.61	0.36	0.46	0.62	0.42	0.38	0.39
		0.8	0.66	0.17	0.36	0.81	0.29	0.61	0.60	0.34	0.50	0.56	0.40	0.37	0.38
		1.0	0.66	0.17	0.36	0.77	0.31	0.57	0.59	0.33	0.53	0.52	0.39	0.36	0.37
	1.0	0.6	0.65	0.24	0.35	0.79	0.21	0.75	0.71	0.37	0.50	0.65	0.37	0.38	0.38
		0.8	0.65	0.25	0.35	0.72	0.24	0.69	0.68	0.35	0.53	0.60	0.36	0.37	0.37
		1.0	0.65	0.25	0.35	0.67	0.25	0.65	0.67	0.35	0.55	0.55	0.36	0.36	0.36

附表 D.2 非对称连接时最优连接阻尼参数 ξ_{01}, ξ_{02}

μ_0	β	μ	目标I				目标II				目标III				
			ξ_{01}	ξ_{02}	R_1	R_2	ξ_{01}	ξ_{02}	R_1	R_2	ξ_{01}	ξ_{02}	R_1	R_2	R_3
0.1	0.5	0.6	0.08	0.30*	0.43	0.91	0.01	0.12	1.00	0.51	0.30*	0.10	0.98	0.51	0.62
		0.8	0.08	0.30*	0.43	0.89	0.29	0.11	0.98	0.47	0.30*	0.10	0.96	0.47	0.61
		1.0	0.08	0.30*	0.43	0.87	0.21	0.12	0.97	0.44	0.30*	0.09	0.95	0.45	0.62
	0.7	0.6	0.08	0.23	0.43	1.03	0.01	0.12	1.00	0.51	0.30*	0.08	0.94	0.52	0.64
		0.8	0.08	0.23	0.43	1.04	0.04	0.13	0.99	0.47	0.30*	0.07	0.91	0.49	0.64
		1.0	0.08	0.22	0.43	1.05	0.07	0.14	0.99	0.44	0.30*	0.06	0.87	0.48	0.64
	0.9	0.6	0.15	0.01	0.44	0.99	0.01	0.12	0.99	0.51	0.19	0.01	0.66	0.56	0.59
		0.8	0.15	0.01	0.44	0.99	0.23	0.10	0.93	0.47	0.17	0.01	0.60	0.55	0.57
		1.0	0.15	0.01	0.44	0.99	0.22	0.10	0.90	0.44	0.16	0.01	0.57	0.54	0.56
	1.0	0.6	0.10	0.30*	0.44	0.96	0.30*	0.10	0.97	0.51	0.06	0.07	0.58	0.57	0.57
		0.8	0.10	0.30*	0.44	0.94	0.30*	0.10	0.94	0.47	0.07	0.08	0.55	0.55	0.55
		1.0	0.10	0.30*	0.44	0.93	0.30*	0.11	0.93	0.44	0.08	0.07	0.53	0.53	0.53
0.2	0.5	0.6	0.10	0.25	0.34	0.92	0.15	0.14	0.96	0.42	0.30*	0.10	0.89	0.43	0.54
		0.8	0.10	0.25	0.34	0.90	0.23	0.14	0.93	0.39	0.30*	0.10	0.85	0.41	0.54
		1.0	0.10	0.25	0.34	0.89	0.16	0.16	0.93	0.37	0.30*	0.11	0.82	0.40	0.54
	0.7	0.6	0.11	0.15	0.36	1.09	0.12	0.14	0.95	0.42	0.30*	0.06	0.74	0.47	0.55
		0.8	0.11	0.14	0.36	1.12	0.05	0.17	0.97	0.39	0.30*	0.05	0.67	0.48	0.55
		1.0	0.11	0.15	0.36	1.15	0.13	0.16	0.92	0.37	0.27	0.03	0.62	0.49	0.54
	0.9	0.6	0.18	0.17	0.36	0.95	0.19	0.11	0.81	0.42	0.22	0.01	0.48	0.48	0.48
		0.8	0.18	0.17	0.36	0.94	0.21	0.11	0.78	0.39	0.22	0.01	0.46	0.46	0.46
		1.0	0.18	0.17	0.36	0.92	0.22	0.11	0.75	0.37	0.21	0.01	0.44	0.45	0.45
	1.0	0.6	0.13	0.30*	0.36	0.87	0.27	0.12	0.86	0.42	0.08	0.10	0.48	0.48	0.48
		0.8	0.14	0.27	0.36	0.85	0.28	0.13	0.84	0.38	0.09	0.11	0.45	0.45	0.45
		1.0	0.14	0.27	0.36	0.82	0.27	0.14	0.82	0.36	0.11	0.10	0.44	0.44	0.44

（续表）

μ_0	β	μ	目标I ξ_{01}	目标I ξ_{02}	目标I R_1	目标I R_2	目标II ξ_{01}	目标II ξ_{02}	目标II R_1	目标II R_2	目标III ξ_{01}	目标III ξ_{02}	目标III R_1	目标III R_2	目标III R_3
0.3	0.5	0.6	0.11	0.24	0.30	0.95	0.19	0.15	0.90	0.38	0.30*	0.11	0.78	0.41	0.49
		0.8	0.12	0.23	0.30	0.94	0.17	0.17	0.89	0.35	0.30*	0.11	0.73	0.39	0.49
		1.0	0.11	0.24	0.30	0.94	0.17	0.18	0.88	0.34	0.30*	0.11	0.69	0.39	0.49
	0.7	0.6	0.14	0.12	0.35	1.05	0.07	0.17	0.92	0.38	0.28	0.05	0.57	0.46	0.49
		0.8	0.15	0.12	0.35	1.06	0.13	0.17	0.86	0.36	0.26	0.05	0.51	0.47	0.49
		1.0	0.16	0.11	0.35	1.04	0.12	0.18	0.85	0.34	0.25	0.04	0.48	0.47	0.48
	0.9	0.6	0.20	0.22	0.32	0.89	0.16	0.13	0.72	0.38	0.22	0.04	0.42	0.43	0.43
		0.8	0.20	0.22	0.32	0.86	0.18	0.13	0.66	0.35	0.22	0.04	0.40	0.42	0.41
		1.0	0.20	0.22	0.32	0.83	0.20	0.13	0.65	0.33	0.22	0.04	0.39	0.41	0.40
	1.0	0.6	0.15	0.29	0.32	0.80	0.25	0.14	0.77	0.37	0.10	0.12	0.43	0.42	0.42
		0.8	0.15	0.30	0.32	0.75	0.26	0.15	0.74	0.34	0.12	0.12	0.41	0.40	0.40
		1.0	0.15	0.30	0.32	0.71	0.30*	0.15	0.71	0.32	0.13	0.12	0.39	0.39	0.39
0.4	0.5	0.6	0.14	0.22	0.28	0.96	0.17	0.17	0.86	0.35	0.30*	0.11	0.68	0.39	0.45
		0.8	0.14	0.22	0.28	0.96	0.20	0.18	0.83	0.33	0.30*	0.12	0.63	0.39	0.45
		1.0	0.14	0.21	0.28	0.97	0.20	0.19	0.81	0.31	0.30*	0.12	0.59	0.38	0.45
	0.7	0.6	0.18	0.10	0.36	0.89	0.13	0.17	0.83	0.36	0.27	0.06	0.48	0.44	0.45
		0.8	0.20	0.10	0.36	0.84	0.15	0.18	0.78	0.33	0.25	0.06	0.43	0.44	0.44
		1.0	0.21	0.09	0.35	0.81	0.15	0.18	0.76	0.32	0.24	0.06	0.41	0.45	0.43
	0.9	0.6	0.21	0.26	0.30	0.83	0.16	0.14	0.63	0.35	0.21	0.07	0.39	0.40	0.39
		0.8	0.21	0.26	0.30	0.79	0.19	0.14	0.59	0.33	0.22	0.07	0.37	0.38	0.37
		1.0	0.21	0.26	0.30	0.75	0.20	0.14	0.55	0.31	0.22	0.07	0.35	0.38	0.36
	1.0	0.6	0.16	0.30	0.30	0.74	0.26	0.15	0.68	0.34	0.11	0.14	0.39	0.39	0.39
		0.8	0.16	0.30	0.30	0.68	0.29	0.16	0.65	0.32	0.13	0.14	0.37	0.37	0.37
		1.0	0.17	0.29	0.30	0.64	0.29	0.17	0.64	0.30	0.14	0.14	0.36	0.36	0.36

（续表）

μ_0	β	μ	目标 I				目标 II				目标 III				
			ξ_{01}	ξ_{02}	R_1	R_2	ξ_{01}	ξ_{02}	R_1	R_2	ξ_{01}	ξ_{02}	R_1	R_2	R_3
0.5	0.5	0.6	0.17	0.21	0.27	0.95	0.17	0.18	0.82	0.34	0.30*	0.12	0.59	0.38	0.43
		0.8	0.18	0.20	0.27	0.95	0.20	0.19	0.78	0.31	0.30*	0.13	0.55	0.38	0.43
		1.0	0.18	0.20	0.27	0.95	0.21	0.20	0.75	0.30	0.30*	0.13	0.50	0.39	0.43
	0.7	0.6	0.28	0.01	0.28	0.98	0.12	0.18	0.77	0.34	0.26	0.08	0.41	0.42	0.42
		0.8	0.28	0.01	0.28	0.97	0.15	0.19	0.73	0.32	0.26	0.07	0.38	0.42	0.41
		1.0	0.28	0.02	0.28	0.95	0.16	0.19	0.69	0.31	0.25	0.07	0.36	0.43	0.40
	0.9	0.6	0.21	0.30	0.28	0.76	0.19	0.14	0.53	0.33	0.21	0.09	0.36	0.37	0.37
		0.8	0.21	0.30	0.28	0.71	0.19	0.15	0.52	0.31	0.22	0.09	0.34	0.36	0.35
		1.0	0.21	0.30	0.28	0.66	0.20	0.15	0.49	0.30	0.22	0.10	0.33	0.35	0.34
	1.0	0.6	0.18	0.27	0.29	0.68	0.28	0.16	0.61	0.32	0.12	0.15	0.37	0.37	0.37
		0.8	0.17	0.29	0.29	0.60	0.27	0.17	0.57	0.30	0.14	0.15	0.35	0.35	0.35
		1.0	0.18	0.27	0.29	0.56	0.27	0.18	0.56	0.29	0.16	0.15	0.34	0.34	0.34

注：* 连接阻尼越大，减震效果越优，但连接阻尼在最优值附近变化时引起的减震系数变化不显著，本表中连接阻尼最大值取 0.30。

附表 D.3　对称连接时最优连接参数 β_0, ξ_0

μ_0	β	μ	目标I				目标II				目标III				
			β_0	ξ_0	R_1	R_2	β_0	ξ_0	R_1	R_2	β_0	ξ_0	R_1	R_2	R_3
0.1	0.5	0.6	0.69	0.06	0.57	1.05	0.34	0.04	0.94	0.69	0.34	0.05	0.93	0.69	0.75
		0.8	0.69	0.05	0.57	1.08	0.33	0.05	0.94	0.65	0.34	0.06	0.93	0.66	0.73
		1.0	0.69	0.05	0.57	1.10	0.33	0.06	0.93	0.62	0.33	0.07	0.92	0.62	0.72
	0.7	0.6	0.71	0.05	0.53	1.09	0.47	0.04	0.89	0.68	0.47	0.05	0.87	0.68	0.74
		0.8	0.71	0.05	0.53	1.13	0.47	0.05	0.87	0.64	0.47	0.06	0.85	0.64	0.72
		1.0	0.71	0.05	0.54	1.16	0.46	0.05	0.87	0.61	0.47	0.08	0.83	0.62	0.71
	0.9	0.6	0.73	0.07	0.53	0.89	0.61	0.04	0.73	0.62	0.62	0.07	0.62	0.65	0.64
		0.8	0.72	0.07	0.52	0.86	0.60	0.05	0.69	0.58	0.62	0.07	0.61	0.60	0.61
		1.0	0.72	0.06	0.51	0.89	0.59	0.05	0.70	0.55	0.62	0.08	0.6	0.58	0.59
	1.0	0.6	0.65	0.09	0.54	0.63	0.69	0.05	0.62	0.60	0.67	0.07	0.55	0.61	0.59
		0.8	0.66	0.08	0.54	0.57	0.67	0.06	0.55	0.56	0.67	0.07	0.54	0.56	0.55
		1.0	0.66	0.08	0.53	0.53	0.66	0.08	0.53	0.53	0.66	0.08	0.53	0.53	0.53
0.2	0.5	0.6	0.69	0.08	0.44	1.07	0.33	0.06	0.87	0.59	0.33	0.07	0.85	0.59	0.65
		0.8	0.69	0.08	0.45	1.09	0.32	0.07	0.86	0.55	0.33	0.09	0.83	0.55	0.63
		1.0	0.69	0.07	0.45	1.14	0.32	0.08	0.85	0.52	0.32	0.11	0.82	0.52	0.62
	0.7	0.6	0.72	0.07	0.41	1.12	0.46	0.06	0.76	0.58	0.47	0.09	0.69	0.60	0.62
		0.8	0.71	0.07	0.42	1.15	0.45	0.07	0.75	0.54	0.46	0.11	0.68	0.56	0.60
		1.0	0.71	0.07	0.42	1.18	0.44	0.08	0.74	0.51	0.46	0.13	0.65	0.54	0.59
	0.9	0.6	0.64	0.15	0.45	0.62	0.59	0.06	0.59	0.53	0.60	0.09	0.51	0.54	0.53
		0.8	0.65	0.14	0.45	0.59	0.58	0.07	0.55	0.48	0.60	0.10	0.48	0.50	0.49
		1.0	0.66	0.13	0.44	0.59	0.56	0.08	0.55	0.45	0.59	0.11	0.48	0.47	0.48
	1.0	0.6	0.61	0.11	0.44	0.54	0.67	0.07	0.53	0.51	0.64	0.10	0.46	0.52	0.50
		0.8	0.62	0.11	0.44	0.48	0.65	0.09	0.45	0.47	0.63	0.10	0.44	0.47	0.46
		1.0	0.63	0.11	0.44	0.44	0.63	0.11	0.44	0.44	0.63	0.11	0.44	0.44	0.44

（续表）

μ_0	β	μ	目标I β_0	ξ_0	R_1	R_2	目标II β_0	ξ_0	R_1	R_2	目标III β_0	ξ_0	R_1	R_2	R_3
0.3	0.5	0.6	0.69	0.10	0.38	1.06	0.32	0.08	0.79	0.53	0.32	0.10	0.76	0.54	0.59
		0.8	0.69	0.10	0.38	1.07	0.31	0.09	0.78	0.49	0.32	0.13	0.72	0.50	0.56
		1.0	0.69	0.10	0.38	1.09	0.31	0.10	0.77	0.46	0.31	0.18	0.68	0.49	0.55
	0.7	0.6	0.72	0.09	0.38	1.09	0.45	0.08	0.65	0.52	0.46	0.11	0.59	0.53	0.55
		0.8	0.71	0.10	0.38	1.08	0.44	0.09	0.64	0.48	0.45	0.13	0.57	0.50	0.52
		1.0	0.71	0.11	0.38	1.07	0.43	0.10	0.63	0.45	0.45	0.16	0.54	0.49	0.51
	0.9	0.6	0.59	0.18	0.40	0.53	0.58	0.08	0.49	0.47	0.58	0.12	0.42	0.49	0.46
		0.8	0.60	0.17	0.40	0.49	0.56	0.09	0.46	0.43	0.57	0.12	0.42	0.44	0.43
		1.0	0.61	0.16	0.39	0.47	0.54	0.10	0.46	0.40	0.56	0.13	0.42	0.41	0.42
	1.0	0.6	0.58	0.13	0.39	0.49	0.65	0.10	0.45	0.46	0.62	0.12	0.41	0.46	0.44
		0.8	0.59	0.13	0.39	0.42	0.62	0.11	0.40	0.42	0.61	0.12	0.39	0.42	0.41
		1.0	0.60	0.13	0.39	0.39	0.60	0.13	0.39	0.39	0.6	0.13	0.39	0.39	0.39
0.4	0.5	0.6	0.83	0.30*	0.33	0.78	0.32	0.09	0.72	0.49	0.32	0.12	0.67	0.50	0.54
		0.8	0.84	0.30*	0.33	0.76	0.31	0.10	0.71	0.45	0.31	0.16	0.63	0.46	0.51
		1.0	0.84	0.30*	0.32	0.74	0.30	0.11	0.71	0.42	0.30	0.18	0.62	0.43	0.50
	0.7	0.6	0.63	0.26	0.36	0.76	0.44	0.09	0.58	0.48	0.45	0.13	0.50	0.49	0.49
		0.8	0.64	0.27	0.36	0.74	0.43	0.10	0.57	0.44	0.44	0.16	0.48	0.46	0.47
		1.0	0.64	0.28	0.35	0.72	0.41	0.11	0.57	0.41	0.43	0.18	0.47	0.44	0.45
	0.9	0.6	0.55	0.19	0.37	0.47	0.57	0.10	0.42	0.44	0.57	0.13	0.38	0.44	0.42
		0.8	0.56	0.19	0.36	0.43	0.54	0.11	0.40	0.40	0.55	0.14	0.37	0.40	0.39
		1.0	0.57	0.18	0.36	0.41	0.52	0.12	0.40	0.37	0.54	0.15	0.37	0.38	0.38
	1.0	0.6	0.55	0.15	0.36	0.46	0.63	0.12	0.41	0.42	0.60	0.13	0.38	0.43	0.41
		0.8	0.56	0.14	0.36	0.39	0.60	0.13	0.37	0.38	0.58	0.14	0.36	0.39	0.37
		1.0	0.57	0.14	0.36	0.36	0.57	0.14	0.36	0.36	0.57	0.14	0.36	0.36	0.36

（续表）

μ₀	β	μ	目标I				目标II				目标III				
			β_0	ξ_0	R_1	R_2	β_0	ξ_0	R_1	R_2	β_0	ξ_0	R_1	R_2	R_3
0.5	0.5	0.6	0.70	0.30*	0.31	0.75	0.31	0.10	0.66	0.45	0.31	0.14	0.60	0.46	0.50
		0.8	0.71	0.30*	0.31	0.72	0.30	0.12	0.64	0.42	0.30	0.20	0.55	0.44	0.47
		1.0	0.71	0.30*	0.31	0.70	0.29	0.13	0.64	0.39	0.30	0.20	0.55	0.41	0.46
	0.7	0.6	0.56	0.30*	0.34	0.64	0.43	0.10	0.52	0.44	0.44	0.14	0.45	0.45	0.45
		0.8	0.57	0.30*	0.33	0.62	0.41	0.12	0.50	0.41	0.43	0.17	0.43	0.43	0.43
		1.0	0.58	0.30*	0.33	0.61	0.40	0.12	0.51	0.38	0.42	0.20	0.41	0.41	0.41
	0.9	0.6	0.52	0.20	0.34	0.44	0.55	0.11	0.39	0.41	0.55	0.14	0.36	0.41	0.39
		0.8	0.53	0.20	0.34	0.40	0.52	0.12	0.37	0.37	0.53	0.15	0.35	0.38	0.36
		1.0	0.54	0.20	0.34	0.38	0.50	0.13	0.37	0.35	0.52	0.16	0.34	0.35	0.35
	1.0	0.6	0.53	0.15	0.34	0.43	0.62	0.13	0.39	0.39	0.58	0.15	0.35	0.40	0.38
		0.8	0.54	0.15	0.34	0.37	0.58	0.15	0.35	0.36	0.56	0.15	0.34	0.36	0.35
		1.0	0.55	0.16	0.34	0.34	0.55	0.16	0.34	0.34	0.55	0.16	0.34	0.34	0.34

注：* 连接阻尼越大，减震效果越好，但提升幅度微小，本表中连接阻尼最大值取 0.30。